▶▶ 光盘主要内容

　　本光盘为《计算机应用案例教程系列》丛书的配套多媒体教学光盘，光盘中的内容包括18 小时与图书内容同步的视频教学录像和相关素材文件。光盘采用真实详细的操作演示方式，详细讲解了电脑以及各种应用软件的使用方法和技巧。此外，本光盘附赠大量学习资料，其中包括 3～5 套与本书内容相关的多媒体教学演示视频。

▶▶ 光盘操作方法

　　将 DVD 光盘放入 DVD 光驱，几秒钟后光盘将自动运行。如果光盘没有自动运行，可双击桌面上的【我的电脑】或【计算机】图标，在打开的窗口中双击 DVD 光驱所在盘符，或者右击该盘符，在弹出的快捷菜单中选择【自动播放】命令，即可启动光盘进入多媒体互动教学光盘主界面。

　　光盘运行后会自动播放一段片头动画，若您想直接进入主界面，可单击鼠标跳过片头动画。

▶▶ 光盘运行环境

- 赛扬 1.0GHz 以上 CPU
- 512MB 以上内存
- 500MB 以上硬盘空间
- Windows XP/Vista/7/8 操作系统
- 屏幕分辨率 1280×768 以上
- 8 倍速以上的 DVD 光驱

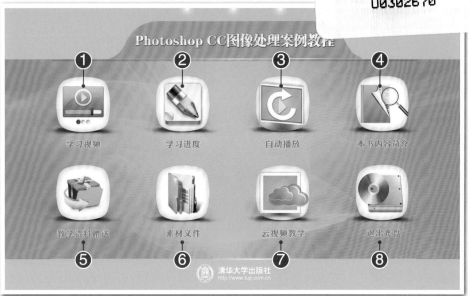

Photoshop CC图像处理案例教程

① 学习视频　② 学习进度　③ 自动播放　④ 本书内容简介

⑤ 教学资料赠送　⑥ 素材文件　⑦ 云视频教学　⑧ 退出光盘

清华大学出版社
http://www.tup.com.cn

① 进入普通视频教学模式　② 进入学习进度查看模式　③ 进入自动播放演示模式　④ 阅读本书内容介绍

⑤ 打开赠送的学习资料文件夹　⑥ 打开素材文件夹　⑦ 进入云视频教学界面　⑧ 退出光盘学习

[光盘使用说明]

▶▶ 普通视频教学模式

▶▶ 学习进度查看模式

▶▶ 自动播放演示模式

▶▶ 赠送的教学资料

▶ Access 2010启动界面

▶ 查询设计视图

▶ 创建报表

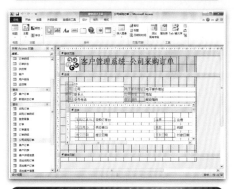

▶ 创建公司采购订单窗体

▶ 创建宏

▶ 创建考勤管理系统

▶ 创建客户订单窗体

▶ 制作采购订单明细表

▶ 创建新增状态订单查询

▶ 创建与设计宏组

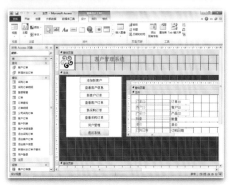

▶ 创建主页窗体

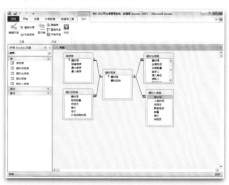

▶ 建立表之间的关系

▶ 使用报表向导

▶ 使用查询向导

▶ 使用打印预览

▶ 创建图表窗体

计算机应用案例教程系列

Access 2010 数据库应用
案例教程

曹小震◎编著

清华大学出版社

北京

内 容 简 介

　　本书是《计算机应用案例教程系列》丛书之一，全书以通俗易懂的语言、翔实生动的案例，全面介绍了 Access 2010 软件应用的相关知识。本书共分 11 章，涵盖了初识数据库与 Access 2010、创建与管理数据库、创建与使用表、操作与修饰表、查询、窗体、报表、宏、VBA 编程语言、Access 在人事管理和客户管理中的应用等内容。

　　本书内容丰富，图文并茂，双栏紧排，附赠的光盘中包含书中实例素材文件、18 小时与图书内容同步的视频教学录像以及 3～5 套与本书内容相关的多媒体教学视频，可以方便读者扩展学习。本书具有很强的实用性和可操作性，既适合作为高等院校及各类社会培训学校的优秀教材，也适合广大初中级计算机用户和不同年龄阶段计算机爱好者作为学习计算机知识的首选参考书。

　　本书对应的电子教案可以到 http://www.tupwk.com.cn/teaching 网站下载。

　图书在版编目(CIP)数据

　Access 2010 数据库应用案例教程 / 曹小震 编著.—北京：清华大学出版社，2016（2023.1 重印）
　(计算机应用案例教程系列)
　ISBN 978-7-302-43515-0

　Ⅰ．①A… Ⅱ．①曹… Ⅲ．①关系数据库系统－教材 Ⅳ．①TP311.138

　中国版本图书馆 CIP 数据核字(2016)第 079521 号

责任编辑：胡辰浩　李维杰
版式设计：妙思品位
封面设计：孔祥峰
责任校对：成凤进
责任印制：曹婉颖

出版发行：清华大学出版社
　　　　　网　　　址：http://www.tup.com.cn，http://www.wqbook.com
　　　　　地　　　址：北京清华大学学研大厦 A 座　　　　邮　　编：100084
　　　　　社 总 机：010-83470000　　　　　　　　　　邮　　购：010-62786544
　　　　　投稿与读者服务：010-62776969，c-service@tup.tsinghua.edu.cn
　　　　　质 量 反 馈：010-62772015，zhiliang@tup.tsinghua.edu.cn
　　　　　课 件 下 载：http://www.tup.com.cn，010-83470236
印 装 者：涿州市般润文化传播有限公司
经　　销：全国新华书店
开　　本：185mm×260mm　　印　　张：18.75　　字　　数：480 千字
　　　　　(附光盘 1 张)　　　　　　印　　次：2023 年 1 月第 8 次印刷
版　　次：2016 年 7 月第 1 版
定　　价：69.00 元

产品编号：065449-03

前言

熟练使用计算机已经成为当今社会不同年龄层次的人群必须掌握的一门技能。为了使读者在短时间内轻松掌握计算机各方面应用的基本知识，并快速解决生活和工作中遇到的各种问题，清华大学出版社组织了一批教学精英和业内专家特别为计算机学习用户量身定制了这套"计算机应用案例教程系列"丛书。

丛书、光盘和教案定制特色

➤ 选题新颖，结构合理，为计算机教学量身打造

本套丛书注重理论知识与实践操作的紧密结合，同时贯彻"理论+实例+实战"3阶段教学模式，在内容选择、结构安排上更加符合读者的认知习惯，从而达到老师易教、学生易学的目的。丛书完全以高等院校、职业学校及各类社会培训学校的教学需要为出发点，紧密结合学科的教学特点，由浅入深地安排章节内容，循序渐进地完成各种复杂知识的讲解，使学生能够一学就会、即学即用。

➤ 版式紧凑，内容精炼，案例技巧精彩实用

本套丛书采用双栏紧排的格式，合理安排图与文字的占用空间，其中290多页的篇幅容纳了传统图书一倍以上的内容，从而在有限的篇幅内为读者奉献更多的计算机知识和实战案例。丛书内容丰富，信息量大，章节结构完全按照教学大纲的要求来安排，并细化了每一章内容，符合教学需要和计算机用户的学习习惯。书中的案例通过添加大量的"知识点滴"和"实用技巧"的注释方式突出重要知识点，使读者轻松领悟每一个案例的精髓所在。

➤ 书盘结合，素材丰富，全方位扩展知识能力

本套丛书附赠一张精心开发的多媒体教学光盘,其中包含了18小时左右与图书内容同步的视频教学录像。光盘采用真实详细的操作演示方式，紧密结合书中的内容对各个知识点进行深入的讲解，读者只需要单击相应的按钮，即可方便地进入相关程序或执行相关操作。附赠光盘收录书中实例视频、素材文件以及3～5套与本书内容相关的多媒体教学视频。

➤ 在线服务，贴心周到，方便老师定制教案

本套丛书精心创建的技术交流QQ群(101617400、2463548)为读者提供24小时便捷的在线交流服务和免费教学资源。便捷的教材专用通道(QQ：22800898)为老师量身定制实用的教学课件。老师也可以登录本丛书的信息支持网站(http://www.tupwk.com.cn/teaching)下载图书的相关教学资源。

本书内容介绍

《Access 2010数据库应用案例教程》是这套丛书中的一本，该书从读者的学习兴趣和实际需求出发，合理安排知识结构，由浅入深、循序渐进，通过图文并茂的方式讲解Access 2010软件的各种应用方法。全书共分为11章，主要内容如下：

第1章：介绍数据库的功能和Access 2010软件的基本知识。

第2章：介绍创建和打开Access数据库、在数据库窗口中创建组、打开与插入数据库对

象、复制与删除数据库对象以及备份数据库的方法。

第 3 章：介绍创建与编辑数据表、设置字段类型和设置字段属性的方法。

第 4 章：介绍格式化数据表，查找、替换和筛选数据，创建子数据表以及创建表之间关系的方法。

第 5 章：介绍在 Access 2010 中创建查询、操作查询与 SQL 查询的方法与技巧。

第 6 章：介绍创建各种窗体的一般方法、窗体的属性设置、控件和宏在窗体中的应用以及嵌套窗体的创建等知识。

第 7 章：介绍建立报表、设计报表的方法。

第 8 章：介绍有关宏的知识，包括宏的概念、宏的类型、创建与运行宏等。

第 9 章：简要介绍了 VBA 编程的相关知识。

第 10 章：介绍使用 Access 制作人事管理系统的方法。

第 11 章：介绍使用 Access 制作客户管理系统的方法。

读者定位和售后服务

本套丛书为所有从事计算机教学的老师和自学人员而编写，是一套适合于高等院校及各类社会培训学校的优秀教材，也可作为计算机初中级用户和计算机爱好者学习计算机知识的首选参考书。

如果您在阅读图书或使用电脑的过程中有疑惑或需要帮助，可以登录本丛书的信息支持网站(http://www.tupwk.com.cn/teaching)或通过 E-mail(wkservice@vip.163.com)联系，本丛书的作者或技术人员会提供相应的技术支持。

除封面署名的作者外，参加本书编写的人员还有陈笑、曹小震、高娟妮、李亮辉、洪妍、孔祥亮、陈跃华、杜思明、熊晓磊、曹汉鸣、陶晓云、王通、方峻、李小凤、曹晓松、蒋晓冬、邱培强等。由于作者水平所限，本书难免有不足之处，欢迎广大读者批评指正。我们的邮箱是 huchenhao@263.net，电话是 010-62796045。

最后感谢您对本丛书的支持和信任，我们将再接再厉，继续为读者奉献更多更好的优秀图书，并祝愿您早日成为计算机应用高手！

本书对应的电子教案可以到http://www.tupwk.com.cn/teaching网站下载。

《计算机应用案例教程系列》丛书编委会

2016 年 2 月

目录

第1章

初识数据库与 Access 2010

　　Access 2010 是一种新型的关系型数据库，它能够帮助用户处理各种海量信息，不仅能存储数据，更能够对数据进行分析和处理，使用户将精力聚焦于各种有用的数据。本章将重点介绍数据库的功能和 Access 2010 软件的基本知识，并帮助用户建立起数据库对象的概念。

 对应光盘视频

1.1 数据库的基础知识

数据库技术和系统已经成为信息基础设施的核心技术和重要基础。数据库技术作为数据管理的最有效手段，极大地促进了计算机应用的发展。

1.1.1 数据库

数据库(Database，DB)是计算机应用系统中的一种专门管理数据资源的系统。数据有多种形式，如文字、数码、符号、图形、图像以及声音等。

1. 数据库的概念

数据库就是数据的集合，例如，日常生活中，公司记录了每个员工的姓名、地址、电话、员工编号等信息，这个员工记录就是一个简单的【数据库】。每个员工的姓名、员工编号、性别等信息就是这个数据库中的"数据"，我们可以在这个【数据库】中添加新员工的信息，也可以由于某个员工的离职或联系方式变动而删除或修改该数据。

实际上【数据库】就是为了实现一定的目的按某种规则组织起来的【数据】的【集合】，在信息社会中，数据库的应用非常广泛，如银行业用数据库存储客户的信息、账户、贷款以及银行的交易记录；外贸公司用数据库存储仓储信息、交易额、交易量等。

【员工基本资料】数据表　　　　数据字段

一共 12 笔数据

在左下方的图中，【员工基本资料】数据表内有 12 笔数据。事实上，每一笔数据(即每一行)就是一条【记录】，而每条记录包含多项数据，如第 3 条记录含 Q003、赵霖、女、人事助理等多项数据，每一数据项就是一个【字段】。所以在数据表中，一行就是一条记录，在每一条记录中，每一个数据项就是一个字段。例如，在【员工基本资料】数据表中，12 行代表有 12 条记录，而每一条记录由 6 个字段(员工编号、姓名、性别、职务、联系电话和基本工资)组成。

综上所述，将得到：许多个【字段】可以组成一条【记录】，许多条【记录】可以组成一个【数据表】，许多个【数据表】可以组成一个【数据库】，而许多【数据库】就可以组成一个完整的【应用系统】。

> **知识点滴**
>
> 上面介绍中的【许多】也包含【1个】，可以说 1 个字段也可以组成 1 条记录，1 条记录也可以组成 1 个数据表，1 个数据表也可以组成 1 个数据库。

2. 数据处理

数据处理就是将数据转换为信息的过程，包括对数据库中的数据进行收集、存储、传播、检索、分类、加工或计算、打印和输出等操作。数据是对事实、概念或指令的一种表达形式，可由人工或自动化装置进行处理，数据经过解释并被赋予一定的意义之后，便成为信息。数据处理的基本目的是从大量的、可能是杂乱无章的、难以理解的数据中抽取并推导出对于某些特定的人们来说是有价值、有意义的数据。数据处理是系统工程和自动控制的基本环节。数据处理贯穿于社会生产和社会生活的各个领域。例如，向【员工基本资料】数据表中增加一条记录，或者从中查找某员工的员工编号等都是数据处理。

1.1.2 数据库系统

数据库系统，从根本上说是计算机化的记录保持系统，目的是存储和产生所需的有用信息。这些有用的信息可以是使用该系统的个人或组织的有意义的任何事情，是对个人或组织辅助决策过程中不可少的事情。

1. 数据库系统的概念

狭义地讲，数据库系统由数据库、数据库管理系统和用户构成。广义地讲，数据库系统是指采用了数据库技术的计算机系统，包括数据库(Database，DB)、数据库管理系统(Database Management System，DBMS)、操作系统、硬件、数据库应用程序、数据库管理员及终端用户。

知识点滴

随着互联网的爆炸式发展，数据库比以前有了更加广泛的应用。现在数据库系统必须支持很高的事务处理速度，而且还要很高的可靠性和网络支持。

2. 数据库系统的特点

面向文件的系统存在着严重的局限性，随着信息需求的不断扩大，克服这些局限性就显得愈加迫切。右上图所示是传统的文件管理系统的示意图。

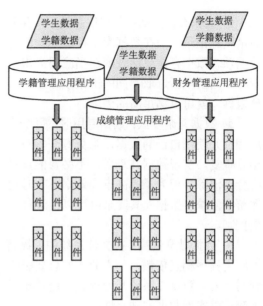

从上图中可以得知，传统的文件管理系统产生了许多平面文件，文件中存在着大量的冗余数据，而且文件之间并无关联。相对于传统的文件管理系统，数据库系统具有以下优点：

➤ 数据结构化：在数据库系统中，使用了复杂的数据模型，这种模型不仅描述数据本身的特征，而且还描述数据之间的联系。这种联系通过存取路径来实现，通过存取路径表示自然的数据联系是数据库系统与传统文件系统之间的本质差别。这样，所要管理的数据不再面向特定的某个或某些应用程序，而是面向整个系统。

➤ 数据共享性强：共享是数据库的目的，也是它的重要特点。数据库中的数据不仅可以为同一企业或机构内的各个部门所共享，也可为不同单位、地域甚至不同国家的用户所共享，如下图所示。而在文件系统中，数据一般是由特定用户专用的。

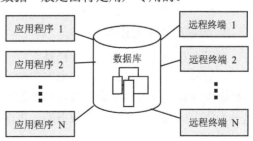

> 数据存储灵活：在文件系统下，存取的精度是记录，而在数据库中存取的精度是数据项。数据存储灵活表现在当应用需求改变时，只要重新选取不同的子集或加上一部分数据，就可以满足新的需求。

> 数据冗余度低：数据专用时，每个用户拥有并使用自己的数据，难免有许多数据相互重复。实现数据共享后，不必要的重复将全部消除，但为了提高查询效率，有时也保留少量重复数据，其冗余度可以由设计人员控制。

> 数据独立性高：在文件系统中，数据和应用程序相互依赖，一方的改变总要影响到另一方。数据库系统则力求减少这种相互依赖，以实现数据的独立性。

下图给出了数据库系统管理数据的一般方式。

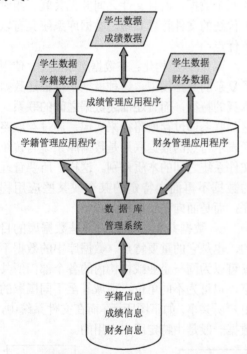

3. 数据库系统的分类

对于企业而言，数据信息同样是宝贵的资产，应该妥善地使用、管理并加以保护。根据数据库存放位置的不同，数据库系统可以分为集中式数据库和分布式数据库。下面将具体介绍这两种数据库系统。

(1) 集中式数据库

在客户机/服务器体系结构中，数据库驻留于服务器，整个数据库保存在单个服务器中，并存放在一个中心位置。集中式数据库技术是比较原始的一种方法，它采用的计算机系统是大型的带多个终端的系统结构。

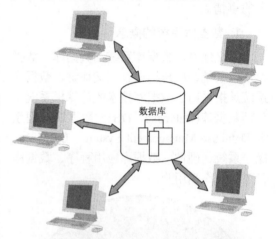

集中式数据库的每个终端只负责用户的输入与输出操作，数据库、数据库管理系统及应用程序全部存放在主机中，由主机对用户的各种操作做出响应，然后将结果送往终端，显示给用户。

知识点滴

这种数据库过多地依赖于主机系统，全部工作都由主机完成，主机工作负荷比较大，整个系统的工作分配不尽合理。随着个人计算机性能的不断提高及网络的兴起，这种结构将逐渐被淘汰。

(2) 分布式数据库

分布式数据库就是在多台计算机上进行存储和处理的数据库。对数据库进行分布主要有两个原因：性能和控制。在多台计算机上放置数据库可以提高吞吐量，这是因为多台计算机可以共享工作量，或是因为缩短用户和计算机的距离而减少了通信延迟。数据库分布可以通过将数据库的不同部分分离到不同计算机上来改进控制能力，这些不同部分都有自己的授权用户集和权限。

分布式数据库可以通过分区(partitioning)

来实现，即将数据库分割为不同的片段并将这些片段存储在多台计算机中；也可以通过复制(replication)来分布数据库，也就是将数据库的副本存储在多台计算机中；或者联合使用分区和复制这两种方式。

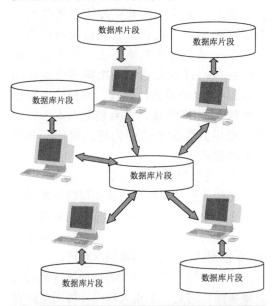

4. 数据库系统的体系结构

数据库系统有着严谨的体系结构。虽然目前许多用户运行的数据库类型和规模有所不同，但是它们的体系结构却大体相同。美国国家标准委员会所属标准计划和要求委员会(Standards Planning and Requirements Committee)在1975年公布了一份关于数据库标准的报告，提出了数据库的三级结构组织，也就是SPARC分级结构。三级结构对数据库的组织从内到外分3个层次描述，分别为内模式、概念模式(简称为模式)和外模式。

数据视图是从某个角度看到的数据特性。单个用户使用的数据视图的描述称为外模式；涉及所有用户的数据定义，全局数据视图的描述称为概念模式；涉及实际数据存储的结构，物理存储数据视图的描述称为内模式。下图是三级模式的示意图。

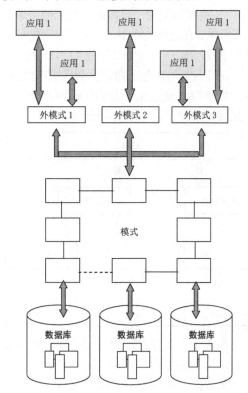

事实上，三级模式中只有内模式才能真正地存储数据。另外，这3种模式之间存在以下两种映射关系：

➤ 外模式和模式之间的映射，它把用户数据库与概念数据库联系起来。

➤ 模式和内模式之间的映射，它把概念数据库与物理数据库联系起来。

5. 数据库系统的发展

经过近几十年的发展，数据库系统已经经历了第1代的非关系型数据库系统和第2代的关系型数据库系统(RDBS，全称 Relational Database Systems)，并向新一代数据库技术——对象-关系型数据库系统(ORDBS，全称 Object-Relational Database Systems)发展。

(1) 非关系型数据库系统

非关系型数据库系统是对第1代数据库系统的总称，其中又包括层次型数据库系统和网状型数据库系统两种。

层次型数据库系统的结构如下图所示，有如下特点：

> 相邻级别的一对数据结构间的关系为父子关系。在这种关系中，一个父段可能包括多个子段，而一个子段只能对应一个父段。

> 层次模型通过物理指针存储地址链接。物理指针通过父子前向(或后向)指针，将父段记录和子段记录链接起来。

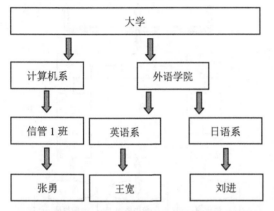

在表示内在包含排列级别的任何业务数据时，层次型数据库非常适用。但在现实中，大多数数据结构并不符合层次排列。

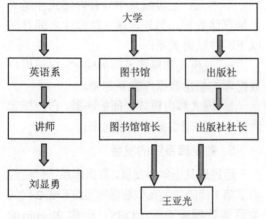

在上图中，每条记录之间存在两种或多种联系。这就是网状数据库模型，有如下特点：

> 网状数据库模型中的线型在必要时链接适当的数据库对象，而不像层次结构那样只链接连续级别。

> 在该结构中，可以出现一子两父或多

父的数据排列类型。

> 网状数据库模型中两种不同记录类型的相关事物同样由物理指针存储地址链接。通过前向(或后向)指针，可将一个事件链接到另一个事件。

总之，无论层次数据库模型还是网状数据库模型，一次查询只能访问数据库中的一条记录，存取效率不高。对于关系复杂的系统，还需要用户详细描述数据库的访问路径(即外模式、模式、内模式以及相互映像)，相当麻烦。关系型数据库一经定义，便以其强大的生命力逐渐取代了非关系型数据库。

(2) 关系型数据库系统

支持关系数据模型的关系型数据库系统是第 2 代数据库系统。关系型数据库系统从实验室走向了社会，因此，在计算机领域中把 20 世纪 70 年代称为数据库时代。

非关系型数据库通过物理指针链接相关数据事件，这是一个重大缺陷，每当重新组织数据、将数据移到不同存储区域或更改为另一存储媒介时，将不得不重写数据记录的物理地址。而关系型数据库通过逻辑链接建立相关数据事件间的链接，逻辑链接通过外键实现。

通过长期实践，人们总结出关系模型数据库系统有以下优点：

> 关系模型的概念单一，实体以及实体之间的联系都用关系(二维表)来表示。

> 采用表格作为基本的数据结构，通过公共的关键字来实现不同关系(二维表)之间的数据联系。

> 一次查询仅用一条命令或语句，即可访问整个关系(二维表)。通过多表联合操作，还可以对有联系的若干关系实现【关联】查询。

> 数据独立性强，数据的物理存储和存取路径对用户隐蔽。

(3) 对象型数据库系统

ORDBS 的力量源于对象和关系属性的

融合，同时还具有一些独有的特性，如基本数据类型扩展、管理大对象、高级函数等。20 世纪 80 年代以来，数据库技术在商业领域的巨大成功刺激了其他领域对数据库技术需求的迅速增长。　另一方面在应用中提出的一些新的数据管理的需求也直接推动了数据库技术的研究与发展，尤其是面向对象数据库系统(OODBS，Object-Oriented Database Systems)的研究与发展。面向对象数据库系统和关系型数据库系统，构成了新一代数据库技术，即第 3 代数据库系统。

可以说新一代数据库技术的研究以及新一代数据库系统的发展呈现了百花齐放的局面，特点如下：

➤　面向对象的方法和技术对数据库发展的影响最为深远。

➤　数据库技术与多学科技术的有机结合是当前数据库技术发展的重要特征。

➤　面向应用领域的数据库技术的研究。

总之，随着数据库技术、操纵和管理数据库的大型软件以及用户需求的发展变化，将使得数据库系统在计算机系统和各项科研工作中处于重要位置。

1.1.3　数据库管理系统

数据库管理系统简称 DBMS，由互相关联的数据的集合和一组访问这些数据的程序组成，负责对数据库存储的数据进行定义、管理、维护和使用等操作，因此 DBMS 是一种非常复杂的、综合性的、在数据库系统中对数据进行管理的大型计算机系统软件，是数据库系统的核心组成部分。

1. 数据库管理系统的功能

数据库管理系统是位于用户与操作系统之间的一层数据管理软件，主要包括以下功能：

➤　数据定义功能：数据库管理系统提供数据定义语言(DDL，全称 Data Definition Language)，用户可以使用它定义数据库中的

数据对象。以结构化查询语言 SQL 为例，其 DDL 语言有 Create Table/Index、Drop Table/Index 等语句，可分别供用户建立和删除关系型数据库的关系(二维表)，或者建立和删除数据库关系的索引。

➤　数据操纵功能：数据库管理系统提供数据操纵语言(DML，全称 Data Manipulation Language)，用户可以使用它实现对数据库中数据的查询、更新等操纵，如 SQL 语言中的 SELECT、FROM、WEHERE 等。

➤　数据库的运行管理：数据库的建立、运用和维护由数据库管理系统统一管理和控制，保证数据的安全性、完整性、并发控制以及出现故障后的系统恢复。

➤　数据库的建立和维护功能：使用该功能可以完成对数据库开始数据的录入和转换，数据的转换、恢复和重组织，实现对数据库的性能监视和性能分析等。

➤　数据通信功能：主要包括数据库与用户应用程序的接口，数据库与操作系统的接口。

2. 数据库管理系统的组成

DBMS 大多是由许多系统程序组成的一个集合。每个程序都有各自的功能，一个或几个程序一起协调完成 DBMS 的一件或几件工作任务。各种 DBMS 的组成因系统而异，一般来说，它由以下几个部分组成：

➤　语言编译处理程序：主要包括数据描述语言翻译程序、数据操作语言处理程序、终端命令解释程序、数据库控制命令解释程序等。

➤　系统运行控制程序：主要包括系统总控程序、存取控制程序、并发控制程序、完整性控制程序、保密性控制程序、数据存取和更新程序、通信控制程序等。

➤　系统建立、维护程序：主要包括数据装入程序、数据库重组织程序、数据库系统恢复程序和性能监督程序等。

➤　数据字典：数据字典通常是一系列表，存储着数据库中有关信息的当前描述，

能帮助用户、数据库管理员和数据库管理系统本身使用和管理数据库。

1.1.4 数据库设计的步骤

数据库应用程序的开发过程是一项复杂的系统工程。通过大量的研究和实践，人们提出了不少开发数据库的方法，如新奥尔良法(New Orleans)、规范化法和基于E-R模型的数据库设计方法等。这些方法都将数据库开发纳入软件工程的范畴，把软件工程的原理、技术和方法应用到数据库开发中。

实际上，数据库设计是指对于给定的应用环境，构造最优的数据库模式，建立数据库及其应用系统，使之能够有效地存储数据，满足各种用户的应用需求。

如今，数据库设计一般分为需求分析、概念结构设计、逻辑结构设计、物理结构设计、数据库的实施和数据库的运行与维护6个步骤，如下图所示。

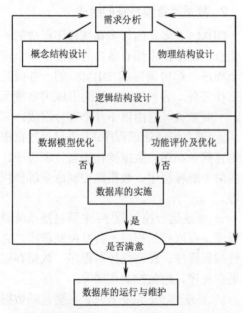

1. 需求分析

整个数据库开发活动从对系统的需求分析开始。需求分析阶段是进行数据库设计的第1个阶段，必须准确地了解与分析用户需求(包括数据与处理)。这个过程是整个设计过程的基础，必须做到充分而准确，它的质量将决定整个数据库设计的质量。

系统需求包括对数据的需求和对应用功能的需求两方面内容。该阶段应与系统用户相互交流，了解他们对数据的要求及已有的业务流程，并把这些信息用数据流图或文字的形式记录下来，最终获得处理需求。需求分析的具体步骤如下：

step 1 调查基本情况：包括了解各部分的组成情况和职责等，为分析信息流程做准备。

step 2 调查业务活动情况：包括了解各部分使用的数据类型、输入内容、数据处理、输出等。此步骤是需求分析的重点调查对象。

step 3 明确需求：掌握了业务活动后，协助用户明确对新系统的各种需求，包括信息要求、处理要求、安全与完整性要求等。

step 4 确定新系统的边界：对调查结果进行初步分析，确定分别由计算机和人工完成各个功能。

鉴于在开发初期所做的设计方案往往会对最终结果产生很大的影响，为了能更好地实现数据库设计的最终目标，必须认真细致地进行研究、规划。

2. 概念结构设计

概念结构设计是数据库设计的第2个阶段，也是整个数据库设计的关键。结合第1个阶段的需求分析进行综合、归纳和抽象，以形成独立于具体的数据库管理系统的概念模型。

概念结构设计的主要特点如下：

▶ 能够真实地反映现实世界。

▶ 易于理解：可以使用它与其他用户交换意见，用户积极参与是数据库设计成功的关键。

▶ 易于更改：当应用环境与应用需求改变时，容易对概念模型修改和扩充。

▶ 易于数据模型的转换：能够实现向关系、网状、层次等各种数据模型转换。

此外,对概念结构而言有 4 种设计思路,即自顶向下设计、自底向上设计、逐步分解设计、混合策略设计。

▶ 自顶向下:首先定义全局概念结构的框架,然后逐步细化。

▶ 自底向上:首先定义各个局部概念结构,然后再将它们组合起来。

▶ 逐步分解:首先定义核心内容,然后向外分解,从而形成其他概念结构,直到形成总体概念结构。

▶ 混合策略:将自顶向下和自底向上结合起来,用自顶向下策略设计全局概念结构框架,然后根据自底向上策略设计各个局部概念结构。

3. 逻辑结构设计

逻辑结构设计是数据库设计的第 3 个阶段,它将概念结构设计的结构转换为某个数据库管理系统所支持的数据模型,并对其进行优化。

由于逻辑设计与具体的数据库管理系统有关。以 Microsoft Office Access 为例,逻辑结构设计主要完成如下两个任务:

▶ 按照一定的原则将数据组织成一个或多个数据库,指明每个数据库中包含哪几个表,并指出每个表包含的字段。

▶ 确定表间关系。通俗地说,就是设计一种逻辑结构,通过该逻辑结构能够导出与用户需求一致的结果。如果不能达到用户的需求,就要反复修正或重新设计。

4. 物理结构设计

物理结构设计是数据库设计的第 4 个阶段,它将为逻辑结构设计的结构选择一个最为合适的应用环境的物理结构——存储结构和存储方法。

物理结构设计同样依赖于具体的数据库管理系统。对于 Access 来说,物理结构的设计过程通常包括以下步骤:

step ① 创建数据库。

step ② 创建表。

step ③ 创建表之间的关系。

针对不同的数据库管理系统,要根据其特点和处理的需要,进行物理存储的安排,建立索引,形成数据库的内模式。

5. 数据库的实施

数据库的实施是数据库设计的第 5 个阶段,是建立数据库的实质性阶段,需要完成装入数据、完成编码、进行测试等工作。

完成以上工作后,即可投入试运行,即把数据库连同有关的应用程序一起装入计算机,从而考察它们在各种应用中能否达到预定的功能和性能要求。

6. 数据库的运行与维护

数据库的运行与维护是数据库设计的最后一个阶段,数据库系统经过调试运行后即可正式投入运行。在运行过程中还需要对其评价、调整和修改,甚至还要进行备份。

完成了数据库系统的部署,用户也开始使用系统,但这并不标志着数据库开发周期的结束。要保持数据库持续稳定地运行,需要数据库管理员具备特殊的技能,同时要付出更多的劳动。而且,由于数据库环境是动态的,随着时间的推移,用户数量和数据库事务不断扩大,数据库系统必然增加。因此,数据库管理员必须持续关注数据库管理,并在必要的时候对数据库进行升级。

1.1.5 关系型数据库简介

关系模型是用二维表结构来表示实体与实体之间联系的数据模型。关系模型的数据结构是由二维表框架组成的集合,而每个二维表又可称为关系,每个二维表都有一个名字。目前大多数数据库管理系统都是关系型的,如 Access 就是一种关系型的数据库管理系统。

本节将介绍关系数据模型最基本的术语、概念和常见的关系运算。

1. 关系

关系模型是目前在数据库处理方面最为重要的一个标准,它以关系代数理论为基础,是一种以二维表的形式表示实体数据和实体之间关系等信息的数据库模型。

关系是一个具有如下特点的二维表:

> 行存储实体的数据,列存储实体属性的数据。

> 表中的单元格存储单个值。

> 每列具有唯一名称且数据类型一致。

> 列的顺序任意,行的顺序也任意。

> 任意两行内容不能完全重复。

对于一个关系,可以这样理解。首先,关系的每行存储了某个实体或实体某个部分的数据。其次,关系的每列存储了用于表示实体某个属性的数据。例如,一个"员工信息"的关系,它的每行存储了某个员工的全部或部分数据,它的每列存储了员工的某一项属性。

> **知识点滴**
>
> 实体所具有的某一种特性称为属性。一个实体可以由若干个属性来描述。例如,员工实体可以由员工编号、姓名、部门、性别、雇佣日期以及联系电话组成,给这些属性分别赋值,就可以表示一个员工了。

此外,关系中每个单元格的值都必须为单值,单元格中不允许有重复元素出现。任意一列中的所有条目的类型也必须一致。例如,若【员工信息表】数据表中第 1 行第 1 列包含的是员工编号,那么其他行的第 1 列也必须是员工编号。另外,关系中的每列都必须具有唯一的名称,但列与列之间的顺序任意;同样,行与行之间的顺序也是任意的。特别要注意的是,表中的两行不能完全相同。

2. 函数依赖

函数依赖是从数学角度来定义的,在关系中用来标识关系各属性之间相互制约而又相互依赖的情况。函数依赖普遍存在于现实生活中,例如,在下图所示的【员工基本资料】关系中,可以有员工编号、员工姓名、籍贯等多个属性。由于一个员工编号对应且仅对应一个员工,一个员工属于一个特定的地区,因而当【员工编号】属性的值确定之后,【姓名】与【职务】的值也就唯一地确定了。此时,就可以称【姓名】和【职务】函数依赖于【员工编号】,或者说【员工编号】函数决定【姓名】和【职务】,记作:员工编号→姓名、员工编号→职务。

关系中的唯一键

员工编号	姓名	性别	职务	联系电话	基本工资
Q001	李琳	女	行政秘书	35636363-(101)	￥1,800.00
Q002	王芳	女	前台出纳	35632233-(102)	￥1,900.00
Q003	赵霖	女	人事助理	35632252-(102)	￥2,000.00
Q004	王晓丽	女	销售总监	35636632-(103)	￥2,200.00
Q005	王志远	男	销售员	35635563-(106)	￥1,900.00
Q006	李国强	男	销售员	35635563-(106)	￥1,600.00
Q007	张文峰	男	销售员	35635563-(106)	￥1,200.00
Q008	孙素冰	男	销售员	35635563-(106)	￥1,200.00
Q009	杨秀梅	女	销售员	35635563-(106)	￥2,300.00
Q010	王圆圆	女	销售员	35635563-(106)	￥1,500.00
Q011	王乐乐	男	部门策划	35638868-(108)	￥1,500.00
Q012	郭亚丽	女	部门策划	35638868-(108)	￥1,680.00

在上图中,假设【员工基本资料】关系中所有的员工没有重名的,那么【姓名】就和【员工编号】一样,都是该关系中的唯一键。然而在设计数据库时,需要从这些唯一标识符中选出一个作为主键,相应地,其余的唯一键就成为该主键的候选,称为候选键。

下面对函数依赖赋予确切的定义。

定义:设 U{A1, A2, …, An}是属性集合,R(U)是 U 上的一个关系,x、y 是 U 的子集。若对于 R(U)下的任何一个可能的关系,均有 y 的一个值对应于 x 的唯一具体值,称 y 函数依赖于 x,记作 x→y(x 为决定因素)。进而若又有 y→x,则称 x 与 y 相互依赖,记作 x←→y。

根据函数依赖的不同性质,可将其分为完全函数依赖、部分函数依赖和传递函数依赖。下面分别予以介绍:

(1) 完全函数依赖

设 R(U)是属性集 U 上的关系,x、y 是 U 的子集,x'是 x 的真子集。若对于 R(U)的任何一个可能的关系,有 x→y 成立但 x'→y 不成立,则称 y 完全函数依赖于 x,记作:

x→fy。

假设有关系结构 R：R(学号，姓名，班级，课程编号，成绩)，其中(学号，课程编号)和(成绩)是 R 的子集，学号+课程编号→成绩成立(学号→姓名，再加上课程编号，即可获知该生该课程的考试成绩)，但学号→成绩或课程编号→成绩则不成立。

(2) 部分函数依赖

设 R(U)是属性集 U 上的关系，x、y 是 U 的子集，x→y 成立，但 y 不完全依赖于 x，则称 y 部分依赖于 x，记作 x→py。显然，当且仅当 x 为复合属性组时，才有可能出现部分函数依赖。

假设有关系结构 R：R(学号，姓名，班级，课程编号，成绩)，(学号，课程编号，系名)和(成绩)是 R 的子集，系名+学号+课程编号→成绩成立，但学号+课程编号→成绩也成立，因而成绩部分函数依赖于(系名，学号，课程编号)。

(3) 传递函数依赖

设 R(U)是属性集 U 上的关系，x、y、z 是 U 的子集，若 x→y，y→z，则 x→z，称 z 传递函数依赖于 x，记作 x→tz。

假设有关系结构 R：R(学号，班级，辅导员)，学号→班级，班级→辅导员，因而学号→辅导员(学号决定了该生位于哪个班级，每个班级都有一名辅导员，因而知道了该生的学级，即可知其辅导员是谁)。

3. 范式

一般而言，关系数据库设计的目标是生成一组关系模式，使人们既不必存储不必要的重复信息，又可以方便地获取信息。方法之一就是设计满足适当范式的模式。在学习范式前，首先来了解非规范化的表格。

▶ 当一个关系中的所有字段都是不可分割的数据项时，称该关系是规范化的。但是，当表格中有一个字段具有组合数据项时，就是不规范化的表。

学号	姓名	学期成绩		
		2013-2014 上半学期	2013-2014 下半学期	2013-2014 上半学期

当表格中含有多值数据项时，该表格同样为不规范化的表格，如下图所示，其中员工【许为】的【职务】和【到任日期】均有两个。

工号	姓名	性别	部门	职务	到任日期
A001	王蓓	男	采购部	采购部经理	2013.6
B002	许为	女	质检部	质检工程师	2013.7
				质检部经理	2013.11

多值数据项

知识点滴

关系数据库中的二维表按其规范化程度从低到高可分为 5 级范式，它们分别称为 1NF、2NF、3NF(还有改进的 3NF-BCNF)、4NF 和 5NF。规范化程序较高者必是较低者的子集。下面介绍这些关系范式。

(1) 第一范式(1NF)

如果在关系模式 R 的所有属性的值域中，每个值都是不可再分解的值，则称 R 属于第一范式(1NF)。第一范式的模式要求属性值不可再分成更小的部分，即属性项不能是属性组合或由组属性组成。

从非规范化关系转换为 1NF 的方法很简单，以上图所示的两个表格为例，分别进行转变，即可满足第一范式的关系。

横向展开成第一范式关系，如下图所示。

学号	姓名	2012-2013 上学期成绩	2012-2013 下学期成绩	2013-2014 上学期成绩

纵向展开成第一范式关系，如下图所示。

工号	姓名	性别	部门	职务	到任日期
A001	王蓓	男	采购部	采购部经理	2013.6
B002	许为	女	质检部	质检工程师	2013.7
B002	许为	女	质检部	质检部经理	2013.7

(2) 第二范式(2NF)

上图所示的表格虽然已经符合 1NF 的要求，但表中仍然存在着大量的数据冗余和潜在的数据更新异常。此时，可以将表格分解成两个关系。

工号	姓名	性别	部门
A001	王蓓	男	采购部
B002	许为	女	质检部

工号	职务	到任日期
A001	采购部经理	2013.6
B002	质检工程师	2013.7
B002	质检部经理	2013.7

由上一页的右下图可知，满足第一范式并且关系模式 R 中的所有非主属性都完全依赖于任意一个候选关键字，称关系 R 属于第二范式。

(3) 第三范式(3NF)

如果关系模式R(U)满足第一、第二范式，且 R 中的所有非主属性对任何候选关键字都不存在传递信赖，则称关系 R 属于第三范式。3NF 是一个可用的关系模式应满足的最低范式，也就是说，如果一个关系不服从 3NF，这个关系其实是不能使用的。

下图所示的关系满足第二范式，但是【级别】字段与【工资】字段仍然存在较高的数据冗余。

员工编号	级别	工资
0012	6	1200
0013	6	1200
0014	7	1500
0015	8	1800
0016	9	2200
0017	9	2200

该关系模式中存在员工编号→级别、级别→工资这样的传递依赖，因此可以将其转换为第三范式。

转换为第三范式后的关系模式如下图所示。

员工编号	级别
0012	6
0013	6
0014	7
0015	8
0016	9
0017	9

级别	工资
6	1200
7	1500
8	1800
9	2200

(4) 其他范式

除了上面 3 种常见的范式外，还有其他范式，如 BC 范式(BCNF)、第四范式(4NF)、第五范式(5NF)。虽然它们并不常用，但用户仍需对它们有所了解。

▶ BC 范式(BCNF)：如果关系模式 R(U) 的所有属性(包括主属性和非主属性)都不传递依赖于 R 的任何候选关键字，那么称关系 R 属于 BCNF。

▶ 第四范式(4NF)：4NF 禁止主键列和非主键列，一对多关系不受约束。

▶ 第五范式(5NF)：5NF 将表分割成尽可能小的块，为了排除表中所有的冗余。

其中，BC 范式(BCNF)是修正的第三范式，从定义可以得出满足 BCNF 的关系模式需要满足以下条件：

▶ R 中所有非主属性对每一个键(key)都是完全函数依赖。其中，键是指能够唯一标识实体的属性集。

▶ R 中所有主属性对每一个不包含它的键都是完全函数依赖。

▶ R 中没有任何属性完全函数依赖于非主键的任何一组属性。

知识点滴

规范化的目的是使结构更合理，消除存储异常，使数据冗余尽量小，便于插入、删除和更新。其根本目的是节省存储空间，避免数据不一致，提高对关系的操作效率。

1.2 Access 2010 简介

Access 是美国 Microsoft 公司推出的关系型数据库管理系统(RDBMS)，它作为 Office 的一部分，具有与 Word、Excel 和 PowerPoint 等相同的操作界面和使用环境，深受广大用户的喜爱。本节将主要介绍 Access 数据库的工作界面、数据库对象以及它们之间的关系，Access 数据库中使用的数据类型以及表达式和函数。

1.2.1 启动与关闭 Access

用户安装完 Office 2010(典型安装)之后，Access 2010 也将成功安装到系统中。这时就可以使用 Access 2010 开始创建并管理数据库。

1. 启动 Access 2010

启动 Access 2010 的方法很多，最常用的方法有以下几种：

▶ 通过快捷方式启动：安装 Access

2010 之后，桌面会添加 Access 2010 快捷图标，双击该图标即可。

➤ 通过【开始】菜单启动：选择【开始】|【所有程序】| Microsoft Office | Microsoft Access 2010 命令。

选择 Microsoft Access 2010 命令

➤ 双击启动 Access 文件：在【我的电脑】中找到已经存在的 Access 文件，双击打开该文件。

2. 关闭 Access 2010

使用 Access 2010 处理完数据后，当用户不再使用 Access0 时，应将其退出。退出 Access 2010 的常用方法主要有以下几种：

➤ 直接单击 Access 2010 主界面右上角的【关闭】按钮 ×。

➤ 单击 Access 2010 主界面功能区左侧的【文件】按钮，然后在弹出的【文件】菜单中单击【退出】按钮。

➤ 直接按下 Alt+F4 快捷键。

使用以上 3 种方法退出 Access 2010 时，如果对数据库所做的修改已经保存，则 Access 2010 会直接退出。若工作表尚未保存，则系统会弹出如下图所示的提示对话框，提示用户是否保存工作表，用户根据具体情况单击相应的按钮即可。

1.2.2 Access 2010 工作界面

启动 Access 2010 后，就可以看到如下图所示的工作界面。Access 2010 的界面与 Access 2007 非常类似，主要由快速访问工具栏、功能区和窗格等组成。

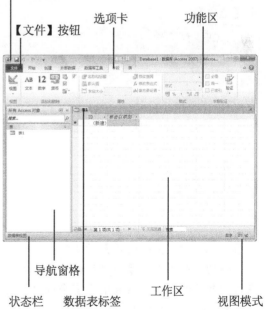

1. 【文件】按钮

单击【文件】按钮，可打开如下图所示的【文件】菜单，可实现打开、保存、打印、新建、关闭以及发布等操作。

在【文件】菜单中选择【选项】命令，打开【Access 选项】对话框。在该对话框中，用户可以设置 Access 常规选项、数据表、对象设计器、校对、加载项等相关参数。

【例 1-1】在 Access 2010 中设置重叠显示窗口。

视频+素材 (光盘素材第 01 章\例 1-1)

step 1 在 Access 2010 中创建数据库时，若需要重叠显示数据库窗口，可以单击软件界面左侧的【文件】按钮，在弹出的菜单中选中【选项】。

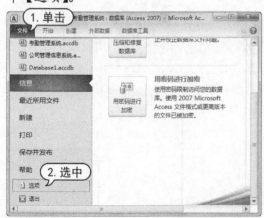

step 2 打开【Access选项】对话框，在对话框左侧的列表中选中【当前数据库】选项，在其后显示的选项区域选中【重叠窗口】选项，然后单击【确定】按钮。

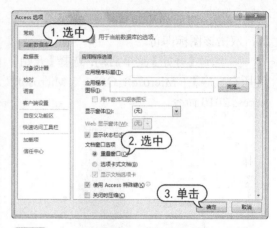

step 3 在弹出的提示框中单击【确定】按钮，然后重新打开当前数据库。

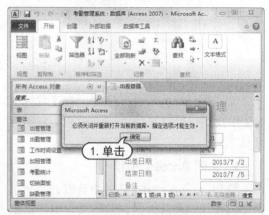

step 4 此时，当前数据库将可以重叠显示，同时打开几个数据表，可以看到原来的选项卡式文档已变为重叠窗口。

step 5 若用户需要恢复窗口的显示模式，在【Access选项】对话框中选中【选项卡式文档】单选按钮即可。

2. 快速访问工具栏

用户可以使用快速访问工具栏执行常用的功能，如保存、撤销、恢复、打印预览和快速打印等。

单击 Access 2010 软件窗口右侧的【自定义快速访问工具栏】按钮，在弹出的下拉菜单中可以选择快速访问工具栏中显示的工具按钮，即可快速添加命令按钮至快速访问工具栏。

> **知识点滴**
>
> 将命令添加到快速访问工具栏中，此时在【自定义快速访问工具栏】下拉菜单中的命令的前方将出现"√"提示，再次单击该命令，可将该命令从快速访问工具栏中删除。

3. 标题栏

标题栏位于窗口的最上方，用于显示当前正在运行的程序名及文件名等信息。如果是新建立的空白数据库文件，用户所看到的文件名是 Database1，这是 Access 2010 默认建立的文件名。单击标题栏右端的 □、□、⊠ 按钮，可以最小化、最大化或关闭窗口。

4. 功能区

功能区是菜单和工具栏的主要显示区域，几乎涵盖了所有的按钮、库和对话框。功能区首先将控件对象分为多个选项卡，然后在选项卡中将控件细化为不同的组。

Access 2010 的功能区中的选项卡包括【开始】选项卡、【创建】选项卡、【外部数据】选项卡、【数据库工具】选项卡和上下文命令选项卡，各自功能如下：

> ▶ 【开始】选项卡：设置视图模式、字体、文本格式，并可对数据进行排序、筛选和查找等。

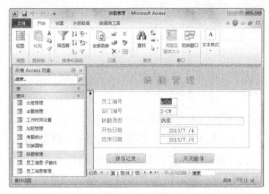

> ▶ 【创建】选项卡：创建数据表、窗体、报表等。

> ▶ 【外部数据】选项卡：可以进行导入和导出外部相关数据文件的操作。

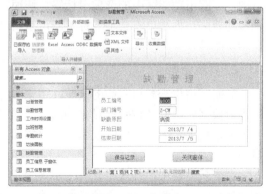

> ▶ 【数据库工具】选项卡：可以进行编写宏、显示和隐藏相关对象、分析数据、移

动数据等操作。

> 上下文命令选项卡: 这是一类根据用户正在使用的对象或正在执行的任务而显示的选项卡, 如下图所示为【表格工具】的【字段】和【表】选项卡, 用于进行设计字段、数据表以及设置格式等操作。

另外, 用户若想扩大表格编辑区的视图范围, 可双击功能区中的选项卡标签, 快速隐藏功能区, 再次单击选项卡标签即可重新显示功能区。

5. 导航窗格

导航窗格位于窗口左侧的区域, 用来显示当前数据库中的各种数据对象的名称。导航窗格取代了 Access 早期版本中的数据库窗口。

在导航窗格中单击【所有 Access 对象】下拉按钮, 即可弹出【浏览类别】菜单, 可供用户选择浏览类别和筛选条件。

6. 工作区

工作区是 Access 2010 工作界面中最大的部分, 用来显示数据库中的各种对象, 是使用 Access 进行数据库操作的主要工作区域。

7. 状态栏与视图模式

状态栏位于程序窗口的底部, 用于显示状态信息, 并且包括可用于更改视图的按钮。

Access 2010 支持 4 种显示模式, 分别为【数据表视图】模式、【数据透视表视图】模式、【数据透视图视图】模式与【设计视图】模式, 单击 Access 2010 窗口左下角的按钮组中相应的按钮, 可以切换显示模式。

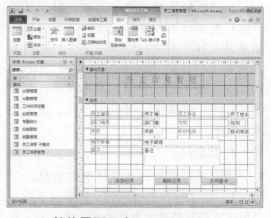

8. 其他界面元素

除了标题栏、快速访问工具栏、功能区、导航窗格、工作区、状态栏和视图模式之外, Access 2010 中还包括数据表标签和滚动条等界面元素。

> 数据表标签：用于显示数据表的名称，单击数据表标签将激活相应数据表。

> 滚动条：水平、垂直滚动条用来在水平、垂直方向改变数据表的可见区域，单击滚动条两端的方向按钮，可以使数据表的显示区域按指定方向滚动一个单元格位置。

1.2.3 自定义操作环境

Access 2010 支持自定义设置工作环境，用户可以根据自己的喜好安排 Access 的界面元素，从而使 Access 的工作界面趋于人性化。

1. 自定义快速访问工具栏

在快速访问工具栏右侧单击【自定义快速访问工具栏】按钮，将弹出常用命令菜单。选择需要的命令后，与该命令对应的按钮将自动添加到快速访问工具栏中。

(1) 添加命令按钮

当用户需要添加其他命令按钮时，可以在【Access 选项】对话框的【快速访问工具栏】选项卡中进行设置。

【例 1-2】在快速访问工具栏中添加【打开】按钮。

视频+素材 (光盘素材第 01 章\例 1-2)

step 1　单击快速访问工具栏右侧的【自定义快速访问工具栏】按钮，在弹出的菜单中选择【其他命令】命令。

step 2　打开【Access 选项】对话框的【自定义快速访问工具栏】选项卡。

step 3　在【从下列位置选择命令】下拉列表框中选择【常用命令】选项，并在下方的列表框中选择【打开】选项。

step 4　在对话框中单击【添加】按钮，此时【打开】选项被添加到右侧的列表框中。

step 5　单击【确定】按钮，此时快速访问工具栏的效果如下图所示。

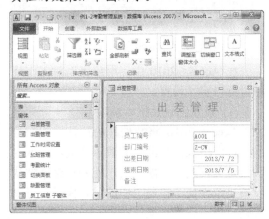

(2) 调整快速访问工具栏的位置

默认状态下，快速访问工具栏位于功能区的上方，单击【自定义快速访问工具栏】按钮，在弹出的菜单中选择【在功能区下方显示】命令。

该工具栏将被放置在功能区的下方。同时，菜单中的相应命令改为【在功能区上方显示】。

2. 自定义 Access 工作环境

在 Access 2010 中，用户可以对工作环境进行自定义设置。

(1) 设置创建数据库选项

Access 2010 将数据库的默认格式保存为.accdb 格式，将创建的演示文稿自动保存在指定文件夹中。如果用户需要将这些默认设置更改为便于自己工作的状态模式，可以根据以下步骤进行操作：

【例 1-3】根据工作需要设置创建数据库的选项。

📀视频+素材 (光盘素材第 01 章\例 1-3)

step 1 启动 Access 2010，在打开的工作界面中单击【文件】按钮，在弹出的菜单中选择【选项】命令。

step 2 打开【Access选项】对话框，在对话框左侧的列表中选中【常规】选项。

step 3 在对话框右侧的【创建数据库】选项区域的【空白数据库的默认文件格式】下拉列表中选择Access 2002-2003 选项。

step 4 在【默认数据库文件夹】文本框的右侧单击【浏览】按钮。

step 5 打开【默认的数据库路径】对话框，选择需要的路径后，单击【确定】按钮。

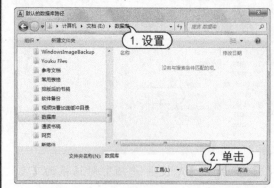

step⑥ 在【Access选项】对话框中单击【确定】按钮，即可完成创建数据库选项的设置。

step⑦ 完成以上设置后，当创建新数据库时，系统将自动把数据库保存在【E:\数据库】路径中，且数据库的保存类型为 Access 2002-2003 格式。

(2) 隐藏功能区

在编辑数据库的过程中，如果需要更大的工作区域，可以使用隐藏功能区来实现。

【例 1-4】设置隐藏 Access 2010 的功能区。

视频+素材 (光盘素材\第 01 章\例 1-4)

step① 在功能区空白处右击，从弹出的快捷菜单中选择【功能区最小化】命令（或者单击功能区最右侧的【功能区最小化】按钮 ^ ，或者双击标题栏下方的选项卡标签）。

step② 此时功能区将被隐藏，隐藏效果如右上图所示。

step③ 要恢复被隐藏的功能区，可以在选项卡上右击鼠标，在弹出的菜单中取消【功能区最小化】选项的选中状态即可。

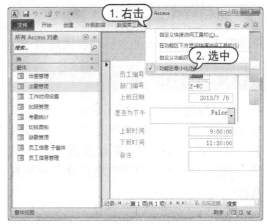

(3) 设置程序窗口的颜色

Access 2010 提供 3 种配色方案，它们是默认的【银色】、【蓝色】和【黑色】。

【例 1-5】将 Access 2010 程序窗口的颜色设置为黑色。

视频+素材 (光盘素材\第 01 章\例 1-4)

step① 启动 Access 2010，在打开的工作界面中单击【文件】按钮，在弹出的菜单中选择【选项】命令。

step② 打开【Access选项】对话框，在对话框左侧的列表中选中【常规】选项。

step③ 在【用户界面选项】选项区域中单击【配色方案】下拉列表按钮，在弹出的下拉列表中选中【黑色】选项。

程序窗口的颜色将如下图所示。

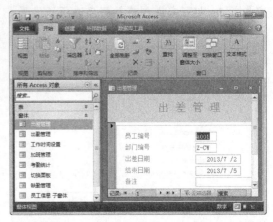

step 4 单击【确定】按钮，Access 2010 的

1.3 Access 六大对象

表是 Access 数据库的对象，此外，Access 2010 数据库的对象还包括查询、窗体、报表、宏和模块等。Access 的主要功能就是通过这 6 大对象来完成的。

1.3.1 表

表是数据库最基本的组成单位。建立和规划数据库，首先要做的就是建立各种数据表。数据表是数据库中存储数据的唯一单位，可将各种信息分门别类地存放在各种数据表中。

表是同一类数据的集合体，它在人们的生活和工作中也是相当重要的。其最大特点就是能够按照主题分类，使各种信息一目了然。下图所示是一个数据表。

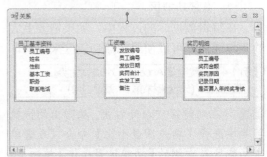

一个数据库中可以包含一个或多个表，表与表之间可以根据需要创建关系，效果如右上图所示。

虽然各个表存储的内容各不相同，但是它们都有共同的表结构。表的第一行为标题行，标题行的每个标题称为字段。下面的行为表中的具体数据，每一行的数据称为一条记录，而记录用来存储各条信息。每一条记录包含一个或多个字段。字段对应于表中的列。另外，表在外观上与 Excel 电子表格相似，因为二者都是以行和列存储数据的。这样，就可以很容易地将 Excel 电子表格导入到数据库表中。

1.3.2 查询

查询是数据库中应用最多的对象之一，可执行很多不同的功能。最常用的功能是从表中检索特定的数据。

下图所示为女性员工的信息查询：

下图所示为所有销售员的信息查询：

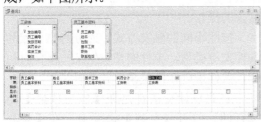

若要查看多个表中的数据，可以通过查询将不同表中的数据检索出来，并在一个数据表中显示这些数据。而且，由于用户通常不需要一次看到所有记录，只需查看某些符合条件的特定记录，因此用户可以在查询中添加查询条件，以筛选出有用的数据。数据库中查询的设计通常在【查询设计器】中完成，如下图所示。

在 Access 2010 中，查询有选择查询和操作查询两种基本类型：

▶ 选择查询：仅检索数据以供查看。用户可以在屏幕中查看查询结果，将结果打印出来，或将其复制到剪贴板中，或将查询结果作为窗体或报表的记录源。

▶ 操作查询：可以对数据执行一项任务，如该查询可用来创建新表，向现有表中添加、更新或删除数据。

💧 知识点滴

查询和数据表最大的区别在于：查询中的所有数据都不是真正单独存在的。查询实际上是固定的筛选，它将数据表中的数据筛选出来，并以数据表的形式返回筛选结果。

1.3.3 窗体

窗体是用户与 Access 数据库应用程序

进行数据传递的桥梁，其功能在于建立一个可以查询、输入、修改、删除数据的操作界面，以便用户能够在最舒适的环境中输入或查阅数据。

窗体的类型比较多，大致可以分为以下 3 类：

▶ 提示型窗体：主要用于显示一些文字和图片等信息，没有实际性的数据，也基本没有什么功能，主要作为数据库应用系统的主界面。

▶ 控制型窗体：使用该类型的窗体可以设置相应菜单和一些命令按钮，用于完成各种控制功能的转移，如下图所示：

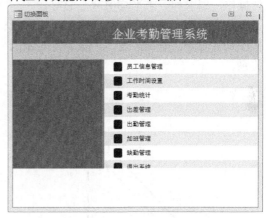

▶ 数据型窗体：使用该类型的窗体可以实现用户对数据库中相关数据的操作界面，是数据库应用系统中使用最多的窗体类型。

1.3.4 报表

报表主要用于将选定的数据以特定的版式显示或打印，是表现用户数据的一种有效方式，其内容可以来自某个表，也可来自某个查询。

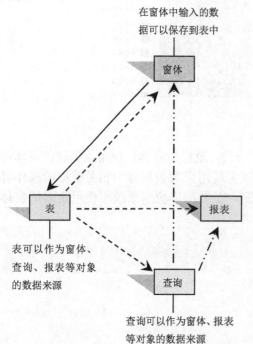

在 Access 2010 中，报表能对数据进行多重的数据分组并可将分组的结果作为另一个分组的依据，报表还支持对数据的各种统计操作，如求和、求平均值或汇总等。

在介绍完上述 4 个对象之后，可以用流程图来说明表、查询、窗体、报表等对象的关系。

表可以作为窗体、查询、报表等对象的数据来源

查询可以作为窗体、报表等对象的数据来源

运用报表，还可以创建标签。将标签报表打印出来，就可以将报表裁剪成一个个小的标签，贴在物品或本子上，用于对该物品或员工进行说明。如右上图所示的【标签工资表】就是一个典型的标签报表。

1.3.5 宏

宏是一个或多个命令的集合，其中每个命令都可以实现特定的功能，通过将这些命令组合起来，可以自动完成某些经常重复或复杂的操作。

按照不同的触发方式，宏分为事件宏和条件宏等类型，事件宏在发生某一事件时执行，条件宏则在满足某一条件时执行。

宏的设计一般都是在【宏生成器】中执行的，打开【创建】选项卡，在【宏与代码】组中单击【宏】按钮，进入【宏生成器】窗口。

1.3.6 模块

模块就是所谓的"程序"。Access 虽然在不需要撰写任何程序的情况下就可以满足

大部分用户的需求，但对于较复杂的应用系统而言，只靠 Access 的向导及宏仍然稍显不足。所以 Access 提供了 VBA(Visual Basic for Application)程序命令，从而使你可以自如地控制细微或较复杂的操作。

VBA 与 Visual Basic 语言相似，可自由地调用 Access 的宏，所以有了 VBA，Access 就能跟 Visual FoxPro 或 Delphi 一样，编写出非常专业的应用系统。

> **知识点滴**
>
> 在 Access 2010 中，不支持数据库访问页对象。如果希望在 Web 上部署数据输入窗体并在 Access 中存储所生成的数据，则需要将数据库部署到 Microsoft Windows SharePoint Services 3.0 服务器上，使用 Windows SharePoint Services 提供的工具实现所要求的目标。

1.4 Access 中的数据

作为数据库管理系统，Access 与常见的高级编程语言一样，相应的字段必须使用明确的数据类型，同时支持在数据库及应用程序中使用表达式和函数。

1.4.1 可用的字段数据类型

Access 2010 定义了 11 种数据类型：文本、备注、数字、日期/时间、货币、是/否、超链接、OLE 对象、查阅、计算字段和附件。各个字段数据类型的内容介绍如下：

数据类型	使用说明
文本	用于文本或文本与数字的组合，如地址；或者用于不需要计算的数字，如电话号码、零件编号或邮政编码。最多存储 255 个字符。【字段大小】(FieldSize)属性可以控制输入的字符个数
备注	用于长文本或数字，如注释或说明等。最多存储 65 536 个字符
数字	用于数学计算的数值数据，但是有两种数字用单独的数据类型表示：货币和日期/时间。数字为 1、2、4、8 或 16 个字节(如果将 FieldSize 属性设为 Replication ID，则为 16 个字节)
日期/时间	用于日期和时间，如出生日期、参加工作时间等。存储 8 个字节
货币	用来表示货币值或用于数学计算的数值数据，可以精确到小数点左侧 15 位以及小数点右侧 4 位

(续表)

数据类型	使用说明
自动编号	用于在添加记录时自动插入的唯一顺序(每次递增 1)或随机编号。存储 4 个字节;用于【同步复制 ID】(GUID)时存储 16 个字节
是/否	用于只可能是两个值中的一个(如【是/否】、【真/假】、【开/关】)之类的数据。不允许 Null 值。存储 1 位。在 Access 中，使用【-1】表示所有的"是"值，使用【0】表示所有的【否】值
超链接	用于超链接。超链接可以是 UNC 或 URL 路径。最多存储 64 000 个字符
OLE 对象	用于在其他程序中创建的、可链接或嵌入到 Access 数据库中的对象(如 Microsoft Word 文档、Microsoft Excel 电子表格、图片、声音或其他二进制数据)。最多存储 1GB(受磁盘空间限制)
附件	任何受支持的文件类型，Access 2010 创建的 ACCDB 格式的文件是一种新的类型，它可以将图像、电子格式文件、文档、图表等各种文件附加到数据库记录中

(续表)

数据类型	使用说明
计算字段	计算的结果。计算时必须引用同一张表中的其他字段。可以使用表达式生成器创建计算字段
查阅	显示从表或查询中检索到的一组值，或显示创建字段指定的一组值。查阅向导将会启动，用户可以创建查阅字段。查阅字段的数据类型是【文本】或【数字】，具体取决于在该向导中所做的选择

Access 2010 中还提供了以下几种快速入门类型的数据：

➤ 地址：包含完整邮政地址的字段。

➤ 电话：包含住宅电话、手机号码和办公电话的字段。

➤ 优先级：包含【低】、【中】、【高】优先级选项的下拉列表框。

➤ 状态：包含【未开始】、【正在进行】、【已完成】和【已取消】选项的下拉列表框。

💡 知识点滴

通过上面的介绍，可以了解到各种数据类型的存储特性有所不同，因此在设定字段的数据类型时要根据数据类型的特性来设定。例如，产品表中的【单价】字段应设置为【货币】类型，【销售数量】字段应设置为【数字】类型，【产品名称】字段应设置为【文本】类型，【产品说明】字段应设置为【备注】类型等。

1.4.2 表达式

表达式是各种数据、运算符、函数、控件和属性的任意组合，其运算结果为单个确定类型的值。表达式具有计算、判断和数据类型转换等作用。在以后的学习中将会经常看到，许多操作(筛选条件、有效性规则、查询、测试数据等)都要用到表达式。

1. Access 中的运算符

运算符和操作数共同组成了表达式。运算符适用于表明运算性质的符号，它指明了对操作数即将进行运算的方法和规则，当然这些规则都是事先定义过的。Access 共有 6 类运算符(算术运算符、比较运算符、逻辑运算符、连接运算符、引用运算符和日期/时间)，下面将给出几种常用的运算符及示例。

(1) 算术运算符

算术运算符用于实现常见的算术运算，常见的算术运算符及示例如下：

运 算 符	含 义	示 例
+	加	1+2=3
−	减	3−1=2
*	乘	3*4=12
/	除	9/3=3
∧	乘方	3∧3=27
\	整除	15\4=3
mod	取余	15\4=3

(2) 比较运算符

比较运算符用于比较两个值或表达式之间的关系，数字型数据按照数值大小进行比较；日期型数据按照日期的先后顺序进行比较；字符型数据按照相应位置上两个字符 ASCII 码值的大小进行比较。比较的结果为 True、False 或 Null 值。

常用的比较运算符及示例如下：

运 算 符	含 义	示 例	
<	小于	1<2	True
<=	小于等于	#08-8-8#<=#05-10-1 False	
==	等于	1==2	False
>=	大于等于	"A">="B"	True

(3) 逻辑运算符

逻辑运算符用于描述复合条件，常用的逻辑运算符及示例如下：

运 算 符	含 义	示 例
Not	非，逻辑否定，即"求反"	Not 1>2 True

(续表)

运 算 符	含 义	示 例
And	与，只有当所有的条件都满足时，结果才成立	1<2 And 2>1 True
Or	或，只要一个条件满足，结果就成立	1<2 Or 1 >2 True
Xor	异或，只有在两个逻辑变量的值不同时，"异或"运算的结果为1；否则，"异或"运算的结果为0	1<2 Xor 2>1 False

(4) 连接运算符

连接运算符主要用于字符串运算。通过连接运算符可以将两个或多个字符串连接起来生成一个新的字符串，连接运算符包括&和+。如表达式："计算" & "机"，运算结果为字符串"计算机"。

(5) 引用运算符

叹号(!)和点号(.)是 Access 2010 用于访问数据库对象及其所属控件的专用符号，称为项目访问符。前者用于访问用户自定义的对象或控件，后者用于访问 Access 定义的项目或应用于 SQL 语句和 Visual Basic 代码中。

!运算符可用来引用集合(集合通常包括一组相关的对象，如每个窗体均是名为 Forms 的窗体集合中的一员，所有的报表也都属于名为 Reports 的报表集合)中由用户定义的一项，包括打开的窗体、报表及其控件等。

在 Access 中引用对象的语法为：

对象类型![对象名称]

例如，Forms![订单]引用订单窗体，Reports![发票]引用发票报表。

.运算符引用窗体或报表时必须从集合开始。例如，Forms![订单].Controls 将引用【订单】窗体的 Controls 集合。

> 💡 **知识点滴**
>
> 引用打开窗体或报表的方法是对象集![对象]；引用窗体或报表中控件值的方法是对象集![对象]![控件名]；引用对象的属性值的方法是对象集![对象]![控件名].属性名；引用子窗体或子报表的方法是对象集![对象]![子对象].对象类型。

(6) 日期/时间运算符

用于计算时间差、某个特定的日期等。

假设今天是 2016 年 9 月 25 日，要计算到 2018 年 12 月 25 日圣诞节还有多少天，可以通过表达式#2018-12-25#-#2016-9-25#进行计算。

2. 运算符的优先级

由系统事先规定的运算符在参加运算时的先后顺序被称为运算符的优先级。当在表达式中涉及多于一个的运算符时，就涉及运算符的优先级问题。

在 Access 中，运算符的优先级可以按照下表中的顺序进行处理。

运 算 符	说 明
:(冒号) (单个空格)，(逗号)	引用运算符
–	负号
%	百分比
^	幂运算
* 和 /	乘和除
+ 和 –	加和减
&(连接)	连接两个文本字符串
= < > <= >= <>	比较运算符

1.4.3 函数

与其他高级编程语言一样，Access 也支持使用函数。函数由事先定义好的一系列确定功能的语句组成，它们实现特定的功能并返回一个值。有时，也可以将一些用于实现特殊计算的表达式抽象出来组成自定义函数。调用时，只需输入相应的参数即可实现相应的功能。

1. 函数的组成

函数由函数名、参数和返回值三部分组成，各部分功能如下所述：

> 函数名起标识作用。

> 参数就是写在函数名称后面圆括号内的常量值、变量、表达式或函数。

> 经过计算，函数会返回一个值，称为返回值。返回值因参数值而异。

例如，SUM 函数用于计算字段值的总和，可以使用 SUM 函数来确定运货的总费用。

默认参数的函数称为哑参数，但仍有返回值。例如函数 Time()将以 00:00:00 格式返回系统当前时间，如 12:30:30。

2. 函数的类型

Access 中内置了大量函数，这些函数根据功能的不同可以分为算术函数、文本函数、转换函数、数组函数、输入/输出函数、常规函数、财务函数、出错处理函数、域集合函数、DDE/OLE 函数、日期/时间函数、SQL 函数、程序流程函数、消息函数和检查函数等 16 种。

下表给出了算术函数中常用的一些函数及示例。

函 数	含 义	示 例
Sum(expr)	计算字段值的总和	Sum(UnitPrice*Quantity)
Abs(number)	number 的绝对值	Abs(-4)
Sqr(number)	number 的平方根	Sqr(9)
Int(number)	对 number 取整	Int(-8.1)

函 数	含 义	示 例
Round (expression [numdecimal-places])	以四舍五入的方法对 expression 保留 numdecimalplaces 位小数	Round(2.518, 2)

下表给出了日期/时间函数中常用的一些函数及示例。

函 数	含 义	示 例
Time()	返回系统当前时间	"现在是北京时间"&Time()
Date()	返回系统当前日期	Date()
Now()	返回系统当前日期和时间	Now()
Year(date)	从日期或字符串 date 返回年份整数	Year(Date())

下表给出了文本函数中常用的一些函数及示例。

函 数	含 义	示 例
Left(string, length)	字符串 string 左起 length 个字符的子串	Left("Microsoft",5)
Len(string)	字符串长度	Len(Access)
Str(number)	将 number 转换为字符串，非负数以空格开头，负数以负号开头	Str(100)
Asc(string)	string 中首字母的 ASCII 码	Asc("Abs")

1.5 案例演练

本章的案例演练部分包括自定义 Access 工作环境，使用软件帮助和重置 Access 自定义项等多个综合实例操作，用户通过练习可巩固本章所学知识。

【例1-6】在 Access 2010 中重新设置软件的工作环境。 ◎视频

step 1 选择【开始】|【所有程序】|Microsoft Office | Microsoft Access 2010 命令，启动

Access 2010。

step 2 单击【文件】按钮，弹出的【文件】菜单中选择【选项】命令。

step 3 打开【Access选项】对话框的【常规】选项卡，在【创建数据库】选项区域单击【浏览】按钮。

step 4 打开【默认的数据库路径】对话框，选择数据库的保存路径，然后单击【确定】按钮。

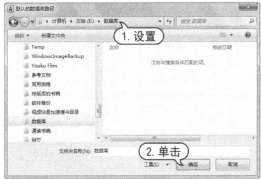

step 5 返回【Access选项】对话框，单击【确定】按钮。

step 6 在【开始】菜单中选择【新建】选项，然后双击【空数据库】选项，新建一个空白数据库。

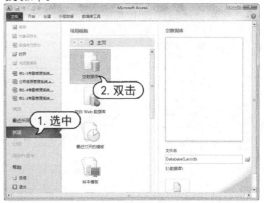

step 7 在快速访问工具栏中，单击【自定义快递访问工具栏】按钮，从弹出的快捷菜单中选择【其他命令】命令。

step 8 打开【Access选项】对话框，选择【快递访问工具栏】选项卡。

step 9 在【常用命令】列表框中选择【格式刷】选项，单击【添加】按钮。

step 10 将【格式刷】选项添加到【自定义快递访问工具栏】列表框后，选中该选项，单击【下移】按钮和【上移】按钮，调整选项在快递访问工具栏中的位置。

step 11 在【Access选项】对话框中选择【常规】选项卡，在【用户界面选项】选项区域中的【配色方案】下拉列表中选择【蓝色】选项。

step 12 单击【确定】按钮，设置Access工作界面颜色为蓝色，效果如下图所示。

step 13 右击Access功能区，在弹出的菜单中选择【自定义功能区】命令。

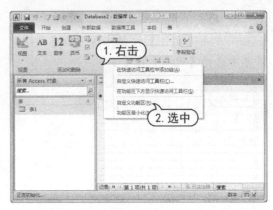

step 14 在打开的对话框中单击【新建选项卡】按钮，在【自定义功能区】列表框中创建【新建选项卡(自定义)】和【新建组(自定义)】。

step 15 在【自定义功能区】列表框中，选中【新建选项卡(自定义)】选项，单击【重命名】按钮，在打开的对话框中输入【常用工具】，并单击【确定】按钮。

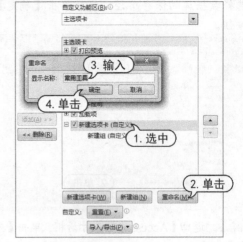

step 16 在【自定义功能区】列表框中，选中【新建组(自定义)】选项，单击【重命名】按钮，在打开的对话框的【显示名称】文本框中输入【文本工具】，并单击【确定】按钮。

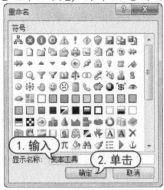

step 17 在【常用命令】列表框中分别选择【字号】、【字体】和【字体颜色】选项，并单击【添加】按钮，将其添加至【自定义功能区】列表框。

step 18 单击【确定】按钮，即可在Access 2010中添加并显示如下图所示的【常用工具】选项卡。

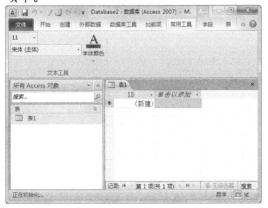

【例1-7】在 Access 2010 中，使用帮助系统查询关于 "Access 2010 的 Backstage 视图" 的内容。

🎬 视频

step 1 启动Access 2010，单击功能区右侧的【帮助】按钮❓（或者按F1键）。

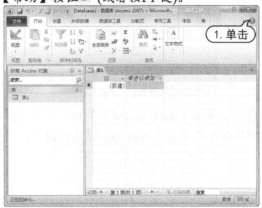

step 2 打开【Access帮助】窗口，在【搜索条件】文本框中输入要搜索的内容【Access 2010】。

step 3 单击右侧的搜索按钮🔍，开始搜索内容，搜索完毕后，在帮助文本区域将显示搜索结果的相关内容。

step 4 单击【Access 2010 用户界面指南】

标题链接，即可打开并查看其详细内容。

step 5 单击【Backstage视图】标题链接，打开页面并查看关于Backstage视图的内容。

【例1-8】在 Access 2010 中，重置所有自定义项。
◉ 视频

step 1 启动Access 2010 后，单击【开始】按钮，在弹出的菜单中选中【选项】选项，打开【Access选项】对话框。

step 2 在对话框左侧的列表中选中【自定义快速访问工具栏】选项，然后单击【重置】下拉列表按钮，在弹出的下拉列表中选中【重置所有自定义项】选项。

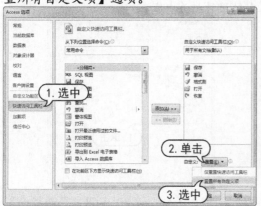

step 3 在弹出的提示对话框中单击【是】按钮，然后在【Access选项】对话框中单击【确定】按钮，即可重置所有自定义项，将Access 2010 恢复到初始状态。

第2章

创建与管理数据库

　　在 Access 数据库管理系统中，数据库是一个容器，用于存储数据库应用系统中的其他数据库对象。也就是说，构成数据库应用系统的其他对象都存储在数据库中。本章主要介绍创建和打开 Access 数据库、在数据库窗口中创建组、打开与插入数据库对象、复制与删除数据库对象以及备份数据库的方法。

对应光盘视频

2.1 建立新数据库

在 Access 中建立数据库，有两种方法：一种是通过数据库向导，在向导的指引下向数据库中添加需要的表、窗体及报表，这是创建数据库最简单的方法；另一种是先建立一个空数据库，然后再添加表、窗体、报表等其他对象，这种方法较为灵活，但需要分别定义每个数据库元素。无论采用哪种方法，都可以随时修改或扩展数据库。

2.1.1 创建一个空数据库

通常情况下，用户都是先建立一个空数据库，然后再根据需要向空数据库中添加表、查询、窗体、宏等组件，这样能够灵活地创建更加符合实际需要的数据库系统。

【例 2-1】创建一个空数据库，以【公司管理信息系统】为文件名保存。

视频+素材 (光盘素材\第 02 章\例 2-1)

step 1 启动 Access 2010，在自动弹出的【文件】菜单中选择【新建】命令，在中间的窗格中选择【空数据库】选项。

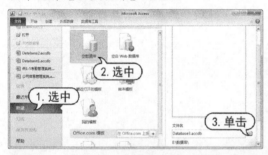

step 2 在右侧的预览窗格中，单击【文件名】文本框右侧的文件夹图标按钮 ，在打开的【文件新建数据库】对话框的【文件名】文本框中输入文件名称【公司管理信息系统】。

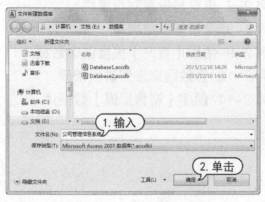

step 3 单击【确定】按钮，返回【开始】菜单，单击【创建】图标按钮。

step 4 这时，将新建一个空数据库，并在数据库中自动创建一个数据表。

知识点滴

使用这种方法创建空数据库的过程较为简单，可以更加有针对性地设计自己所需的数据库系统。相对于被动地使用模板而言，增强了用户的主动创造性。

2.1.2 使用模板创建数据库

Access 2010 提供了种类繁多的模板，使用它们可以简化数据库的创建过程。模板是随时可用的数据库，其中包含执行特定任务时所需的所有表、窗体和报表。通过对模板进行修改，可以使其符合自己的需要。

【例 2-2】 在 Access 2010 中，使用软件自带的模板创建一个名为【教职员】的数据库。

▶ **视频+素材** (光盘素材\第 02 章\例 2-2)

step 1 启动 Access 2010，在弹出的【文件】菜单中选择【新建】选项，在软件中间的窗格中选择【样本模板】选项。

step 2 在显示的【样本模板】列表框中选择【教职员】选项，然后在软件右侧的预览窗格中的【文件名】中输入数据库文件名【教职员.accdb】。

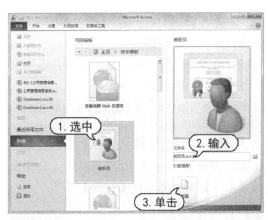

step 3 在 Access 窗口右侧的窗格中单击【创建】按钮。此时，Access 将选择模板应用到数据库中。

💡 **知识点滴**

通过数据库模板可以创建专业的数据库系统，但这些系统有时不太符合要求，因此最简单的方法就是先利用模板生成一个数据库，然后再进行修改，使其更贴近目标要求。

2.2　数据库的基本操作

数据库的基本操作包括数据库的打开、保存和关闭，这些基本操作对于学习数据库是必不可少的。

2.2.1　打开数据库

当用户需要使用已创建的数据库时，就需要打开已创建的数据库，这是数据库基本操作中最基本、最简单的操作。Access 2010 提供了以共享方式打开、以独占方式打开、以只读方式打开和以独占只读方式打开这 4 种打开方式。

▶ 以共享方式打开：选择这种方式打开数据库，即以共享模式打开数据库，允许在同一时间能够有多位用户同时读取与写入数据库。

▶ 以独占方式打开：选择这种方式打开数据库，在用户读取和写入数据库期间，其他用户都无法使用该数据库。

▶ 以只读方式打开：选择这种方式打开数据库，只能查看而无法编辑数据库。

▶ 以独占只读方式打开：如果想要以只读且独占的模式来打开数据库，则选择该选项。所谓的【独占只读方式】，指在一个用户以此模式打开某个数据库之后，其他用户将只能以只读模式打开此数据库，而并非限制其他用户都不能打开此数据库。

> **【例2-3】** 以只读方式打开【例2-2】创建的【教职员】数据库，练习打开数据库的一般步骤。
>
> 📀 **视频+素材** (光盘素材\第02章\例2-3)

step 1 启动 Access 2010 应用程序，在弹出的【文件】菜单中选择【打开】选项。

step 2 打开【打开】对话框，在【查找范围】下拉列表中选择打开文件所在的路径，在列表中选中要打开的文件，单击【打开】按钮右侧的下拉箭头，从弹出的下拉菜单中选择【以只读方式打开】命令。

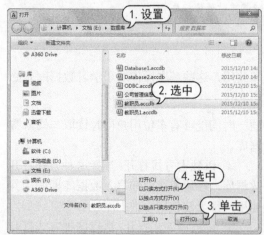

step 3 此时，Access 将以只读方式打开数据库，效果如右上图所示。

另外，要以独占只读模式打开数据库，先决条件是该数据库目前尚未被其他用户以非只读方式打开。如果某个数据库已被其他用户以非只读方式打开，当尝试以独占只读方式打开它时，Access 会以单纯的只读方式来打开它。

Access 中自动记忆了最近打开过的数据库，对于最近使用过的文件，在【文件】菜单中选择【最近所用文件】命令，即可在右侧的窗格中显示最近使用过的数据库，单击要打开的数据库，即可快速打开该数据库。

2.2.2 保存数据库

创建数据库，并为数据库添加了表等数据对象后，就需要对数据库进行保存，从而保存添加的项。通常情况下，用户在处理数据库时，需要随时保存数据库，以免出现错误导致大量数据丢失。

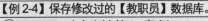

【例2-4】保存修改过的【教职员】数据库。

视频+素材 (光盘素材第 02 章\例2-4)

step 1 启动 Access 2010，打开【教职员】数据库，进行数据处理。

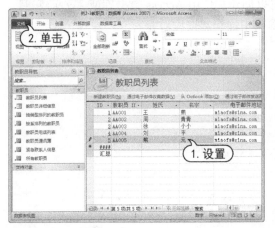

step 2 单击【文件】按钮，从弹出的【文件】菜单中选择【保存】命令，即可快速按照原路径保存数据库。

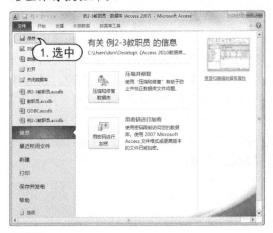

step 3 单击【文件】按钮，从弹出的【文件】菜单中选择【数据库另存为】命令。

step 4 此时，系统自动弹出信息提示框，提示保存数据库前必须关闭所有打开的对象。单击【是】按钮。

step 5 打开【另存为】对话框，选择文件的

存储位置，并在【文件名】文本框中输入新文件名。

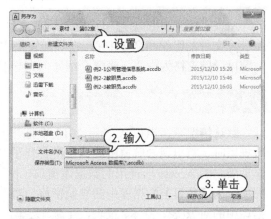

step 6 单击【保存】按钮，此时数据库将保存在新的路径中。

知识点滴

用户还可以单击快速访问工具栏中的【保存】按钮，或者按 Ctrl+S 快捷键来保存编辑后的数据库。

2.2.3 关闭数据库

在完成对数据库的保存后，当不再需要使用该数据库时，就可以关闭该数据库了。常用的关闭方法如下：

➢ 单击屏幕右上角的【关闭】按钮，即可关闭数据库。

➢ 单击【文件】按钮，从弹出的【文件】菜单中选择【关闭数据库】命令，即可关闭数据库。

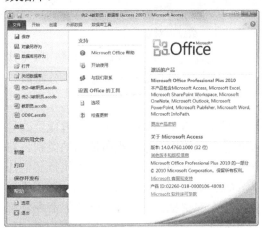

2.3 操作数据库对象

　　Access 数据库的创建和管理，是通过对 Access 数据库对象的操作实现的。导航窗格是 Access 文件的组织和命令中心，在导航窗格中可以创建和使用 Access 数据库或 Access 项目。本节以导航窗格为中心，简要介绍如何在导航窗格中操作数据库对象。

2.3.1 使用导航窗格

　　默认情况下，当在 Access 2010 中打开数据库时，将出现导航窗格。该窗格替代了早期版本的 Access 所使用的数据库窗口。下图所示为【项目】数据库中的导航窗格，数据库中的对象(表、窗体、报表、查询、宏等)出现在导航窗格中。

　　导航窗格主要由菜单、百叶窗开/关按钮、搜索栏、组和数据库对象等部分组成。

1. 菜单栏

　　导航窗格中的菜单栏用于设置或更改导航窗格对数据库对象分组所依据的类别。右击菜单栏，在弹出的菜单中可以执行其他任务，如选择【导航选项】命令，可以打开【导航选项】对话框；选择【搜索栏】命令，可以显示或隐藏导航窗格中的搜索栏。

　　单击导航窗格中的菜单栏，在弹出的菜单中，上半部分为类别，下半部分为组。当选择不同的类别时，组将发生更改，当选择不同的组或类别时，菜单标题也将发生更改。例如，如果选择【表和相关视图】类别，Access 将创建名为【所有表】的组，并且该组名将成为菜单标题。

2. 百叶窗开/关按钮

百叶窗开/关按钮用于展开或折叠导航窗格。单击《按钮折叠窗格，单击》按钮展开导航窗格(键盘快捷键为 F11)。

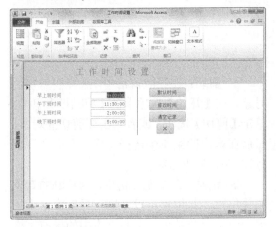

3. 搜索栏

通过在搜索栏中输入部分或全部对象名称，可在大型数据库中快速查找对象。在搜索栏中输入文本时，窗格将隐藏任何不包含与搜索文本匹配的对象的组。

4. 组

默认情况下，该窗格会将可见的组显示为多组栏。如果要展开或关闭组，单击向上键《或向下键》即可。更改类别时，组名会随着发生更改。

5. 数据库对象

显示数据库中的表、窗体、报表、查询以及其他对象。如果一个对象基于多个表，

该对象将出现在为每个表创建的组中。例如，如果一个报表从两个表中获取数据，该报表将出现在为每个表创建的组中。

> **知识点滴**
>
> 默认情况下，当在 Access 2010 中打开数据库(包括在较早版本的 Access 中创建的数据库)时，导航窗格便会出现。通过设置可以阻止导航窗格默认出现，方法为：打开 Access 2010 数据库，单击【文件】按钮，从弹出的【文件】菜单中选择【选项】命令，打开【Access 选项】对话框的【当前数据库】选项卡，在【导航】选项区域中取消选中【显示导航窗格】复选框，单击【确定】按钮即可。

2.3.2 打开数据库对象

在 Access 中打开数据库对象的方法主要有以下 3 种：

➤ 在导航窗格中双击需要打开的表、查询、报表或其他对象。

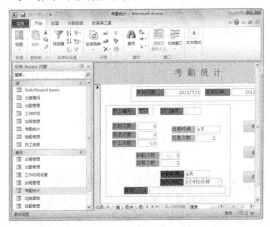

➤ 在导航窗格中选中对象，然后按下 Enter 键。

➤ 在导航窗格中选中并拖动对象到工作区的空白处。

使用导航窗格打开宏和模块时，需要注意以下两点：

➤ 用户可以从窗格运行宏，但是可能看不到可见的结果，并且根据宏所执行的操作，可能会造成错误。

➤ 不能从窗格执行 Visual Basic for Applications (VBA)代码模块。双击模块(或选择模块并按下 Enter 键)，只会启动 Visual Basic 编辑器。

2.3.3 搜索数据库对象

大型数据库包含大量表、窗体、报表、查询等对象。如果需要快速查找对象，可以使用搜索栏。

【例 2-5】使用搜索栏搜索【教职员】数据库中与【客户】有关的对象。

📀视频+素材 (光盘素材\第 02 章\例 2-5)

step ① 启动 Access 2010 应用程序，打开【教职员】数据库。

step ② 在导航窗格中的【搜索栏】文本框中输入【教职员】，此时导航窗格显示与【教职员】有关的所有对象。

📝 知识点滴

当导航窗格中未显示搜索栏时，可以右击搜索栏中的菜单栏，从弹出的快捷菜单中选择【搜索栏】命令，打开搜索栏。只要在搜索框中输入了文本，导航窗格中的组列表就会自动发生更改。如果输入的文本与数据库中的对象不对应，导航窗格将隐藏打开数据库的所有组。要停止搜索并还原所有隐藏的组，可以删除搜索文本，或单击位于搜索栏右侧的【清除搜索字符串】按钮。

2.3.4 复制、剪切与粘贴数据库对象

在执行复制、剪切与粘贴数据库对象之前，需要将执行这些操作的数据库对象关闭。

▶ 复制：在导航窗格中，选择要复制的对象，在【开始】选项卡的【剪贴板】组中，单击【复制】按钮，或者右击要复制的对象，然后在弹出的菜单中选择【复制】命令，或者按 Ctrl+C 快捷键。

▶ 剪切：在导航窗格中，选择要剪切的对象，在【开始】选项卡的【剪贴板】组中，单击【剪切】按钮，或者右击要剪切的对象，然后在弹出的菜单中选择【剪切】命令，或者按 Ctrl+X 快捷键。

▶ 粘贴：在导航窗格中，为粘贴的对象选择位置。此位置可以是同一导航窗格中的另一个位置或是另一个数据库中的导航窗格中的位置。在【开始】选项卡的【剪贴板】组中单击【粘贴】按钮，或者将光标放置在某个组上，然后按 Ctrl+V 快捷键。

2.3.5 重命名与删除数据库对象

在导航窗格中重命名和删除数据库对象，可以进行如下操作：

1. 重命名数据库对象

右击要重命名的对象，在弹出的快捷菜单中选择【重命名】命令，此时以可编辑文本框显示文本，然后输入对象名称，按 Enter 键即可完成操作。

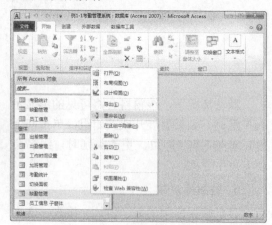

2. 删除数据库对象

右击要删除的对象,在弹出的快捷菜单中选择【删除】命令,或者选中对象,然后按下 Delete 键,此时打开如下图所示的提示信息框。

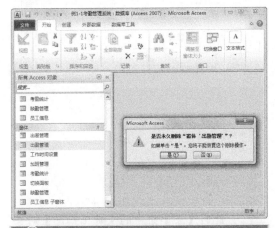

> 📎 **知识点滴**
>
> 删除数据库对象时,首先需要关闭要删除的数据库对象。在多用户环境下,应确保所有用户都已关闭了该数据库对象。

2.3.6 显示与隐藏数据库对象

用户可以隐藏现有类别和自定义类别中的组,还可以隐藏给定组中的指定对象。在隐藏组和对象时,可以设置使它们完全不可见,也可以设置将它们作为半透明的禁用图标显示在导航窗格中。

【例 2-6】在 Access 2010 导航窗格中隐藏【考勤管理系统】数据库中的对象,设置它们以半透明和禁用状态显示。

🔘 **视频+素材** (光盘素材\第 02 章\例 2-6)

step 1 启动 Access 2010 应用程序,打开【考勤管理系统】数据库。

step 2 在导航窗格中右击菜单栏,在弹出的菜单中选择【导航选项】命令,打开【导航选项】对话框。

step 3 在【导航选项】对话框的【显示选项】选项区域选中【显示隐藏对象】复选框,然后单击【确定】按钮,关闭【导航选项】对话框。

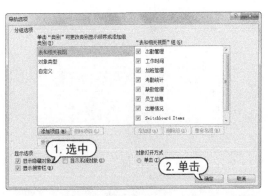

step 4 单击导航窗格菜单栏右侧的下拉箭头,在弹出的菜单中选择【表格相关视图】选项。

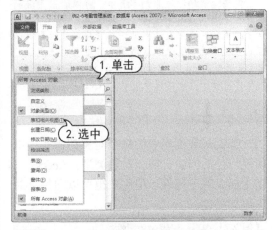

step 5 右击【考勤统计】组的标题栏,在弹出的快捷菜单中选择【隐藏】命令。

step 6 此时【考勤统计】组中的所有对象显示为半透明,效果如下图所示。

知识点滴

要将隐藏的组还原到类别中，可以右击隐藏的组，在弹出的菜单中选择【取消隐藏】命令即可。要使隐藏的对象完全不可见，在【导航选项】对话框的【显示选项】选项区域取消选中【显示隐藏对象】复选框即可；要想使完全隐藏的对象重新显示，只需重新选中【显示隐藏对象】复选框即可。

2.3.7 查看数据库对象的属性

Access 数据库中的每个对象都带有一组属性，包括创建日期和对象类型。Access 自动生成大部分属性，但用户也可以向每个对象添加描述。

【例2-7】查看与设置对象属性。
视频+素材 (光盘素材\第02章\例2-7)

step 1 启动 Access 2010 应用程序，打开【考勤管理系统】数据库，在导航窗格的【表】组中右击【员工信息】对象，在弹出的快捷菜单中选择【表属性】命令。

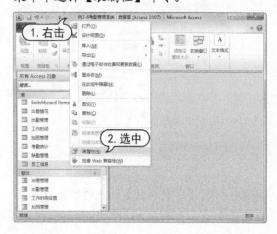

step 2 打开【员工信息 属性】对话框。在【说明】框中输入对象的说明信息，在【属性】选项区域选中【隐藏】复选框，单击【确定】按钮。

step 3 此时【表】组中的【员工信息】对象将不可见。

step 3 要显示隐藏的对象，首先右击导航窗格，在弹出的菜单中选择【导航选项】命令，打开【导航选项】对话框，选中该对话框中的【显示隐藏对象】复选框，然后返回导航窗格展开隐藏对象所在的组，右击被隐藏的对象，打开该对象的属性对话框，取消选中【隐藏】复选框即可。

2.4　备份数据库

在使用 Access 数据库的过程中，随着使用次数的逐渐增加，难免会产生大量的无用数据，使数据库变得非常庞大。此时，为了保护数据的安全，用户需要对数据库执行备份操作。

【例2-8】在 Access 2010 中备份【考勤管理系统】数据库。

（视频+素材）(光盘素材第 02 章\例 2-8)

step 1　启动 Access 2010，打开【考勤管理系统】数据库，然后单击【文件】按钮，在弹出的菜单中选中【保存并发布】选项。

step 2　在窗口中间的窗格中选中【数据库另存为】，在窗口右侧的窗格中选中【备份数据库】选项。

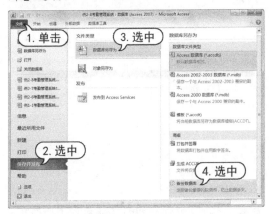

step 3　打开【另存为】对话框，默认备份文件名为【数据库名+备份日期】，如下图所示。

step 4　单击【保存】按钮，即可完成数据库的备份操作。

> **知识点滴**
>
> 数据库的备份功能类似于文件的【另存为】功能，用户利用 Windows 的【复制】功能或者 Access 的【另存为】功能也可以备份数据库。

2.5　案例演练

本章的案例演练部分将使用 Access 2010 自带的模板创建【资产】、【销售渠道】和【联系人】数据库，用户可以通过练习巩固本章所学知识。

【例 2-9】从 Office.com 下载模板，然后使用下载的模板创建一个基于 【资产】模板的数据库，并关闭该数据库库。

（视频+素材）(光盘素材第 02 章\例 2-9)

step 1　启动 Access 2010 应用程序，在打开的【文件】菜单中选中【新建】选项。

step 2　在窗口中间的窗格中选中并单击【资产】模板。

step 3　在显示的【Office.com 模板】列表框中选择【资产】数据库，并在右侧的预览窗格中查看【资产】数据库的预览效果。

step 4　单击文件夹图标，打开【文件新建

数据库】对话框，设置保存路径，然后在【文件名】文本框中输入【我的资产】。

step 5 单击【确定】按钮，开始下载【资产】模板。

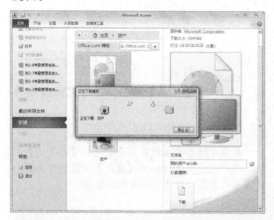

step 6 数据库模板下载完毕后，将自动打开【资产】数据库。

step 7 在打开的【登录】对话框中单击【新建用户】按钮，打开【用户详细信息】对话

框，输入资料。

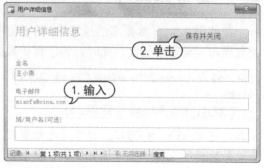

step 8 单击【保存并关闭】按钮，返回【登录】对话框，选择用户，单击【登录】按钮，打开数据库。

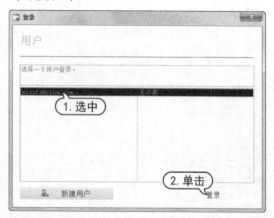

step 9 此时，数据库的打开效果如下图所示。

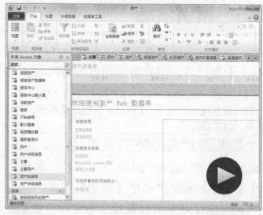

step 10 单击【文件】按钮，从弹出的【文件】菜单中选择【数据库另存为】命令。

step 11 在打开的提示对话框中单击【是】按钮，关闭数据库中所有打开的对象。

step 12 在打开的【另存为】对话框中设置数据的保存路径和名称后，单击【保存】按钮将数据库保存在指定的文件夹中。

step 13 返回【文件】菜单，选择【关闭数据库】，将数据库关闭但不退出 Access。

【例 2-10】创建一个名为【联系人】的数据库，并在为该数据库设置访问密码后，将其备份。

🎬 视频+素材 (光盘素材第 02 章\例 2-10)

step 1 启动 Access 2010 后，单击【样本模板】选项，从列出的模板中双击需要的模板。

step 2 此时，Access 将创建如下图所示的数据库。

step 3 单击【文件】按钮，在弹出的菜单中选择【信息】选项。

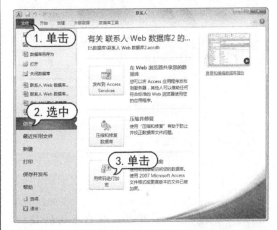

step 4 单击【用密码进行加密】按钮，打开【设置数据库密码】对话框，在【密码】和【验证】文本框中分别输入数据库访问密码，然后单击【确定】按钮。

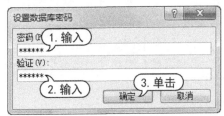

step 5 单击【文件】按钮，在弹出的菜单中选中【保存并发布】选项，在打开的选项区域选中【数据库另存为】和【备份数据库】

选项，并单击【另存为】按钮。

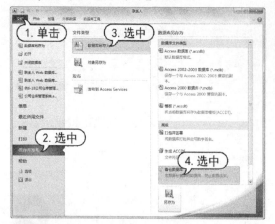

访问密码。

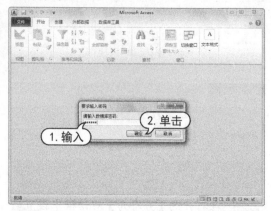

step ⑥ 打开【另存为】对话框，设置数据库的备份路径和备份文件名后，单击【保存】按钮，即可将数据库备份。

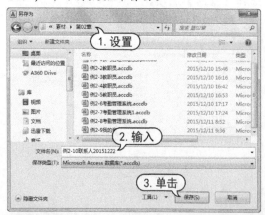

step ⑨ 在【要求输入密码】对话框中输入数据库访问密码，单击【确定】按钮即可打开数据库。

step ⑦ 关闭 Access 2010，双击备份的数据库文件。

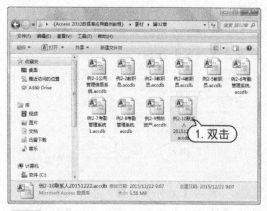

step ⑧ 此时，将启动 Access 2010，打开【要求输入密码】对话框，提示用户输入数据库

【例 2-11】使用模板创建【销售渠道】数据库，并修改此数据库中的对象。

▶ 视频+素材 (光盘素材\第 02 章\例 2-10)

step ① 启动 Access 2010 后，单击【样本模板】选项。

step 2 在【可用模板】选项区域选中【销售渠道】选项，然后在【文件名】文本框中输入【销售渠道】，并单击📁按钮。

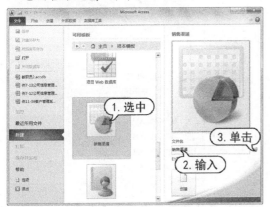

step 3 打开【文件新建数据库】对话框，选中数据库的保存路径，然后单击【确定】按钮，如下图所示。

step 4 返回 Access 后，单击【创建】按钮，创建如下图所示的【销售渠道】数据库。

step 5 在导航窗格中右击【机会】组，在弹出的菜单中选中【删除】命令，删除该组。

step 6 在导航窗格中展开【员工】组，然后右击【员工详细信息】表，在弹出的菜单中选中【在此组中隐藏】命令。

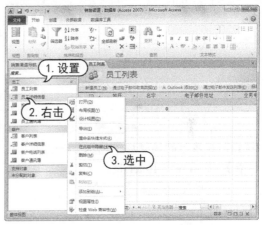

step 7 此时，【员工详细信息】表将被隐藏，效果如下图所示。

step 8 在导航窗格中选中【员工】组中的【按员工排列的预测】表，然后按下 Delete 键，删除该表。

step 9 在导航窗格的【员工】组中右击【员工电话列表】表，在弹出的菜单中选中【重命名快捷方式】命令。

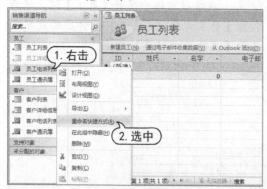

step 10 在显示的编辑框中输入【公司员工电话表】，然后按下 Enter 键。

step 11 参考上面介绍的方法，对数据库中的其他对象进行编辑。

step 12 在快捷菜单中单击【保存】按钮，将创建的数据库保存。

step 13 单击【文件】按钮，在弹出的菜单中选中【关闭数据库】选项，关闭创建的【销售渠道】数据库。

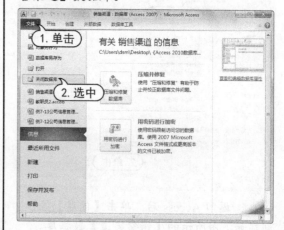

第3章

创建与使用表

　　Access 是关系数据库管理系统，其中表是存储数据的基本单位。在 Access 中，表从属于某个数据库，在 Access 中建立好数据库之后，可以直接输入数据、使用表模板、使用字段模板和使用表设计等多种方法来创建表。本章主要介绍创建表的方法，以及编辑数据表、设置字段类型和设置字段属性等。

对应光盘视频

3.1 创建新表

表是关系型数据库系统的基本结构，是关于特定主题数据的集合。与其他数据库管理系统一样，Access 中的表也由结构和数据两部分组成。

3.1.1 表的结构和创建方法

简单地讲，表就是特定主题的数据集合，它将具有相同性质或相关联的数据存储在一起，以行和列的形式来记录数据。

作为数据库中其他对象的数据源，表结构设计的好坏直接影响到数据库的性能，也直接影响整个系统设计的复杂程度。因此设计结构、关系良好的数据表在信息系统开发中是相当重要的。

在 Access 中，所有的数据表都包括结构和数据两部分。所谓创建表结构，主要就是定义表的字段。数据表的结构设计应该具备如下几点：

➤ 将信息划分到基于主题的表中，以减少冗余数据。

➤ 向 Access 提供根据需要连接表中信息时所需的信息。

➤ 可帮助支持和确保信息的准确性和完整性。

➤ 可满足数据处理和报表需求。

数据表的主要功能就是存储数据，Access 数据库提供了以下几种创建数据表对象的方法：

➤ 直接输入数据：和 Excel 表一样，直接在数据表中输入数据。Access 2010 会自动识别存储在数据表中的数据类型，并根据数据类型设置表的字段属性。

➤ 通过表模板创建表：使用 Access 内置的表模板来建立。

➤ 通过表设计创建表：在表的设计视图中设计表，用户需要设置每个字段的各种属性。

➤ 通过字段模板创建表：通过 Access 自带的字段模板创建数据表。

➤ 通过从外表导入数据建立表：导入或链接来自其他 Microsoft Access 数据库中的数据，或来自其他程序的各种文件格式的数据。

➤ 通过 SharePoint 列表创建表：在 SharePoint 网站上建立一个列表，然后在本地建立一个新表，并将其连接到 SharePoint 列表。

3.1.2 直接输入数据创建表

直接输入数据创建表是指在空白数据表中添加字段名和数据，同时 Access 会根据输入的记录自动地指定字段类型。

【例 3-1】使用直接输入数据的方法创建【产品信息表】数据表。

视频+素材 (光盘素材\第 03 章\例 3-1)

step 1 启动 Access 2010，新建一个空数据库，并将其命名为【公司信息管理系统】，此时自动创建一个名为【表 1】的数据表。

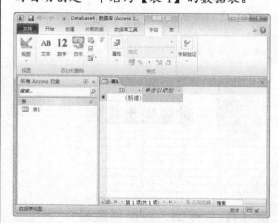

step 2 单击【单击以添加】列，当单元格内出现闪烁的光标时，输入文字【C001】，然后按 Enter 键，此时【字段 1】右侧的单元格内出现闪烁光标。

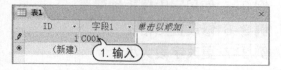

step ③ 右击【字段 1】列，从弹出的快捷菜单中选择【重命名字段】命令。

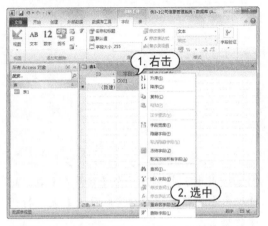

step ④ 此时，即可在光标闪烁处输入字段名【产品编号】，按 Enter 键即可。

step ⑤ 使用同样的方法，输入记录，并重命名【产品名称】、【库存数量】、【订货数量】、【单价】和【备注】。

step ⑥ 直接在单元格中输入多条产品信息记录，使得数据表的效果如下图所示。

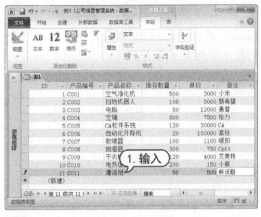

step ⑦ 在 Access 2010 界面中，单击数据表右上角的【关闭】按钮 ×，在弹出的提示框中单击【是】按钮，打开【另存为】对话框。

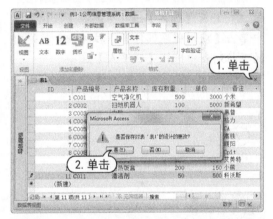

step ⑧ 在【另存为】对话框的【表名称】文本框中输入文字【产品信息表】，然后单击【确定】按钮，完成对数据表的保存操作。

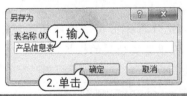

3.1.3　使用表模板创建表

使用表模板创建表是一种快速建表的方式，这是由于 Access 在模板中内置了一些常见的示例表，如联系人、资产等，这些表中都包含了足够多的字段名，用户可以根据需要在数据表中添加和删除字段。

【例3-2】 使用表模板创建【联系人】数据表。

视频+素材 (光盘素材\第03章\例3-2)

step① 启动 Access 2010 应用程序，打开【公司信息管理系统】数据库。

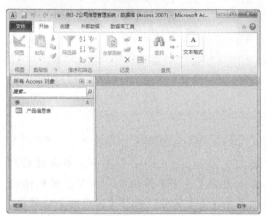

step② 打开【创建】选项卡，在【模板】组中单击【应用程序部件】下拉按钮，从弹出的下拉列表中选择【联系人】选项。

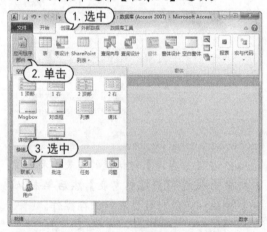

step③ 此时将弹出如下图所示的提示信息框，正在准备要使用的模板。

step④ 在打开的【创建关系】对话框中，选中【不存在关系】单选按钮，单击【创建】按钮。

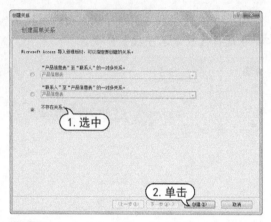

step⑤ 此时，将创建一个【联系人】表。此时双击左侧导航栏中的【联系人】表，打开该数据表。

step⑥ 在数据表中右击 ID 列，在弹出的快捷菜单中选择【重命名字段】命令，此时字段名称变成可编辑状态，设置字段名为【联系人编号】，按 Enter 键。

step ⑦ 右击【公司】列，在弹出的快捷菜单中选择【删除字段】命令，删除该列。

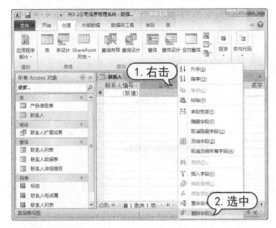

step ⑧ 参照步骤 1 的操作，删除【姓氏】、【名字】、【职务】、【住宅电话】、【城市】、【省/市/自治区】、【国家/地区】、【网页】、【附件】和【另存档为】列，使表的结构如下图所示。

step ⑨ 选中【联系人姓名】列，将其拖动到【联系人编号】列后。

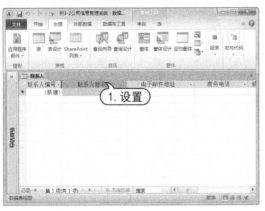

step ⑩ 在数据表中输入数据，完成数据表的创建。在快速访问工具栏中单击【保存】按钮，即可快速保存【联系人】数据表。

3.1.4 使用表设计器创建表

表设计器是一种可视化工具，用于设计和编辑数据库中的表。该方法以设计器提供的设计视图为界面，引导用户通过人机交互来完成对表的定义。使用表设计视图来创建表主要是设置表的各种字段信息，而它创建的仅仅是表的结构，各种数据记录还需要在数据表视图中输入。

【例 3-3】使用表设计器创建【员工信息表】数据表。
视频+素材 (光盘素材\第 03 章\例 3-3)

step ① 启动 Access 2010 应用程序，打开创建的【公司信息管理系统】数据库。

step ② 打开【创建】选项卡，在【表格】组中单击【表设计】按钮。

step ③ 打开表设计器窗口，在第一条记录的【字段名称】单元格中输入字段名【员工编号】，并按 Enter 键。

step ④ 此时记录的【数据类型】单元格自动定义为【文本】格式。

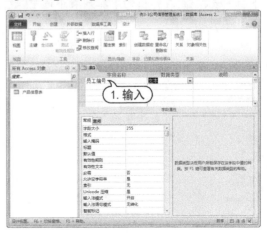

step ⑤ 根据下表所示的数据表的字段信息继续建立【员工信息表】。

字段名称	字段类型	字段大小	说　明
员工编号	文本	5	关键字
员工姓名	文本	4	-
性别	文本	1	-
年龄	数字	长整型	-
职务	文本	10	-
电子邮箱	文本	30	-
联系方式	文本	11	-

step ⑥ 在【字段名称】列输入相应的字段名称，并选中【员工编号】字段，在【说明】文本框中输入【关键字】，在【字段属性】选项区域的【字段大小】文本框中输入5。

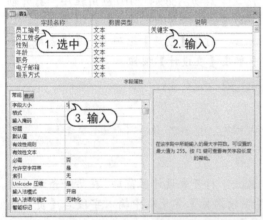

step ⑦ 使用同样的方法，设置其他字段的大小，选中【年龄】字段，单击【数据类型】下拉列表按钮，在弹出的下拉列表中选中【数字】选项。

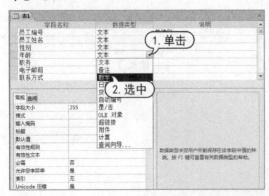

step ⑧ 在【字段属性】选项区域单击【字段大小】下拉列表按钮，在弹出的下拉列表中选中【长整型】选项。

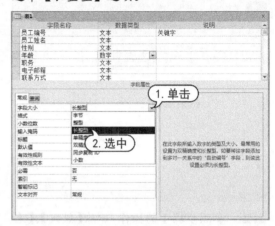

step ⑨ 在【员工编号】字段名称单元格中右击，在弹出的快捷菜单中选择【主键】命令，将【员工编号】字段设置为关键字。

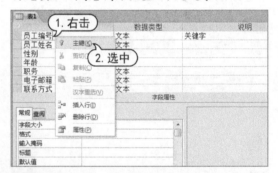

step ⑩ 在【开始】选项卡的【视图】组中单击【视图】按钮下方的箭头，在打开的菜单中选择【数据表视图】命令。

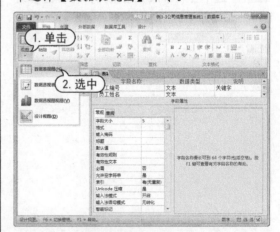

step ⑪ 打开下图所示的提示框，提示用户应首先保存数据表。

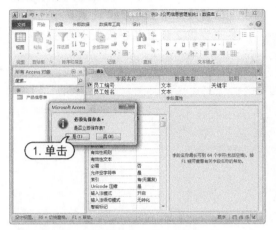

step ⑫ 单击【是】按钮，打开【另存为】对话框，在【表名称】文本框中输入表名称【员工信息表】。

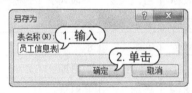

step ⑬ 单击【确定】按钮，此时打开数据表视图。

step ⑭ 在视图中直接输入数据。在快速访问工具栏中单击【保存】按钮 ，保存【员工信息表】数据表。

3.1.5 在现有数据库中创建表

在使用数据库时，经常要在现有数据库中建立新表。下面将以实例来介绍在现有数据库中创建新表的方法。

【例 3-4】在【公司信息管理系统】数据库中创建新数据表【公司订单表】。

视频+素材 (光盘素材第 03 章\例 3-4)

step ① 启动 Access 2010 应用程序，打开创建的【公司信息管理系统】数据库。

step ② 选择【创建】选项卡，在【表格】组中单击【表】按钮，即可在数据库中插入一个名为【表 1】的新表。

step ③ 按 Ctrl+S 快捷键，打开【另存为】对话框，在【表名称】文本框中输入【公司订单表】，单击【确定】按钮，完成新表的建立操作。

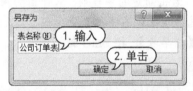

3.1.6 使用字段模板创建表

Access 2010 提供了一种新的创建数据表的方法，就是通过 Access 自带的字段模板创建数据表。模板中已经设计好了各种字段属性，可以直接使用该字段模板中的字段。下面将以实例来介绍使用字段模板创建表的方法。

【例 3-5】使用字段模板建立【公司订单表】数据表。

视频+素材 (光盘素材第 03 章\例 3-5)

step ① 启动 Access 2010 应用程序，打开【公

司信息管理系统】数据库的【公司订单表】。

step ② 打开【表格工具】的【字段】选项卡，在【添加和删除】组中单击【文本】按钮，在【属性】组的【字段大小】微调框中输入8，新建一个字段列。

step ③ 右击新建的字段列，从弹出的快捷菜单中选择【重命名字段】命令，重新输入字段名【订单号】，按 Enter 键。

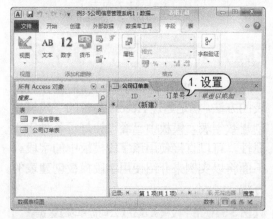

step ④ 右击 ID 列，从弹出的快捷菜单中选择【重命名字段】命令，重新输入字段名，

在【表格工具】的【字段】选项卡的【格式】组中单击【数据类型】下拉按钮，从弹出的列表中选择【文本】命令，设置其属性为文本，参照步骤2设置其字段大小为8。

step ⑤ 根据下表所示的数据表字段信息继续建立【公司订单表】字段。

字段名称	字段类型	字段大小	说　明
订单号	文本	8	唯一
产品编号	文本	8	-
订单日期	时间/日期	短日期	-
联系人编号	数字	长整型	-
签署人	文本	4	-
是否执行完毕	是/否	是/否	-

step ⑥ 单击【单击以添加】下拉列表按钮，在弹出的下拉列表中选中【日期和时间】选项。

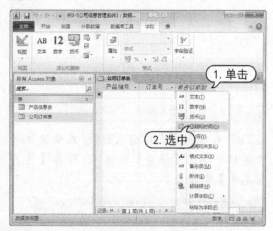

step ⑦ 输入字段名【字段日期】，按下 Enter

键，在显示的菜单中选中【数字】选项。

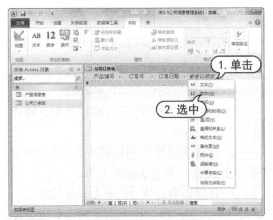

step⑧ 输入字段名【联系人编号】，然后使用相同的方法设置表中的其他字段，完成后的效果如下图所示。

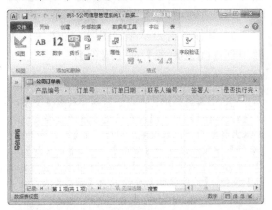

step⑨ 选中【订单号】字段，然后在【字段】选项卡的【字段验证】组中选中【唯一】复选框。

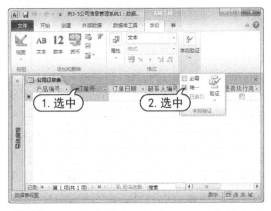

step⑩ 在数据表中输入数据，完成数据表的

创建。在快速访问工具栏中单击【保存】按钮，保存【员工信息表】数据表。

3.1.7 使用 SharePoint 创建表

用户可以在数据库中创建从 SharePoint 列表导入的或链接到 SharePoint 列表的表，还可以使用预定义模板创建新的 SharePoint 列表。Access 中的预定义模板包括联系人、任务、问题和事件等。

在 Access 中使用 SharePoint 列表创建数据表的方法如下：

step① 启动 Access 2010 应用程序，打开【创建】选项卡，在【表格】组中单击【SharePoint 列表】下拉按钮，从弹出的列表中选择【事件】选项。

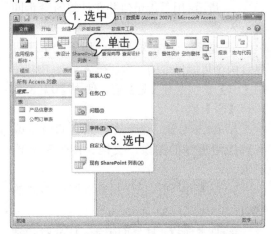

step② 在打开的【创建新列表】对话框中输入 SharePoint 网站的 URL、名称和说明等，单击【确定】按钮，即可打开创建的表。

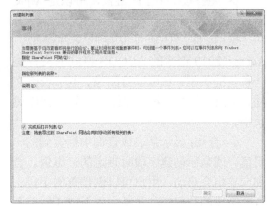

3.2 数据类型

Access 2010 提供的数据类型包括【基本】、【数字】、【日期和时间】、【是/否】等，每种类型都有特定的用途。

Access 中的基本数据类型有以下几种：

➢ 文本：用于文字或文字和数字的组合，如住址；或是不需要计算的数字，如电话号码。该类型最多可以存储 255 个字符。

➢ 备注：用于较长的文本或数字，如文章正文。最多可用 640 000 个字符。

➢ 数字：用于需要进行算术运算的数值数据，用户可以使用【字段大小】属性来设置包含的值的大小。可将字段大小设置为 1、2、4 或 8 个字节。

➢ 货币：用于货币值并在计算时禁止四舍五入。

➢ 是/否：即布尔类型，用于的字段只包含两个可能值中的一个。在 Access 中，使用【-1】表示所有【是】值，使用【0】表示所有【否】值。

➢ OLE 对象：用于存储来自 Office 或各种应用程序的图像、文档、图形和其他对象。

➢ 日期/时间：用于日期和时间格式的字段。

➢ 计算字段：计算的结果。计算时必须引用同一张表中的其他字段。可以使用表达式生成器创建计算字段。

➢ 超链接：用于超链接，可以是 UNC 路径或 URL 网址。

➢ 附件：任何受支持的文件类型，Access 2010 创建的 ACCDB 格式的文件是一种新的类型，它可以将图像、电子表格文件、文档、图表等各种文件附加到数据库记录中。

➢ 查阅：显示从表或查询中检索到的一组值，或显示创建字段时指定的一组值。查询向导将会启动，用户可以创建查阅字段。查阅字段的数据类型是【文本】或【数字】，具体取决于在该向导中做出的选择。

对于字段该选择哪一种数据类型，可由以下几点来确定：

➢ 存储在表格中的数据内容。比如设置【数字】类型，则无法输入文本。

➢ 存储内容的大小。如果要存储的是一篇文章的正文，那么设置成【文本】类型显然是不合适的，因为只能存储 255 个字符。

➢ 存储内容的用途。如果存储的数据要进行统计计算，则必然要设置为【数字】或【货币】。

➢ 其他。比如要存储图像、图表等，则要用到【OLE 对象】或【附件】。

实用技巧

通过上面的介绍，可以了解到各种数据类型的存储特性有所不同，因此在设定字段的数据类型时要根据类型的特性来设定。例如，在【产品表】中，【单价】字段应设置为【货币】类型，【销售量】字段应设置成【数字】类型，【产品名称】应设置为【文本】类型，【产品说明】应设置为【备注】类型。

3.2.1 数字类型

Access 中数据的数字类型有以下几种：

➢ 常规：存储时没有明确进行其他格式设置的数字。

➢ 货币：用于应用 Windows 区域设置中指定的货币符号和格式。

➢ 欧元：用于对数值数据应用欧元符号(€)，但对其他数据使用 Windows 区域设置中指定的货币格式。

➢ 固定：用于显示数字，使用两个小数位，但不使用千位数分隔符。如果字段中的值包含两个以上的小数位，则 Access 会对该数字进行四舍五入。

➢ 标注：用于显示数字，使用千位数分

隔符和两个小数位。如果字段中的值包含两个以上的小数位，Access 会将该数字四舍五入两个小数位。

> 百分比：用于以百分比的形式显示数字，使用两个小数位和一个尾随百分号。如果基础值包含 4 个以上的小数位，则 Access 会对该值进行四舍五入。

> 科学计数：用于使用科学(指数)计数法来显示数字。

3.2.2 日期和时间类型

Access 提供了以下几种日期和时间类型的数据：

> 短日期：显示短格式的日期。具体取决于读者所在区域的日期和时间设置，如美国的短日期格式为 3/14/2001。

> 中日期：显示中等格式的日期，如美国的中日期格式为 14-Mar-01。

> 长日期：显示长日期格式。具体取决于用户所在区域的日期和时间设置，如美国的长日期格式为 Wednesda，March 14，2001。

> 时间(上午/下午)：仅使用 12 小时制显示时间，该格式会随着所在区域的日期和时间设置的变化而变化。

> 中时间：显示的时间带【上午】或【下午】字样。

> 时间(24 小时)：仅使用 24 小时制显

示时间，该格式会随着所在区域的日期和时间设置的变化而变化。

3.2.3 是/否类型

Access 2010 提供了以下几种是/否类型的数据：

> 复选框：显示一个复选框。

> 是/否：用于将 0 显示为【否】，并将任何非零值显示为【是】。

> 真/假：用于将 0 显示为【假】，并将任何非零值显示为【真】。

> 开/关：用于将 0 显示为【关】，并将任何非零值显示为【开】。

3.2.4 快速入门类型

Access 2010 提供了多种快速入门类型的数据，其中常用的几种如下：

> 地址：包含完整邮政地址的字段。

> 电话：包含住宅电话、手机号码和办公电话字段。

> 优先级：包含【低】、【中】、【高】优先级选项的下拉列表框。

> 状态：包含【未开始】、【正在进行】、【已完成】和【已取消】选项的下拉列表框。

> 【OLE 对象】：用于存储来自 Office 或各种应用程序的图像、文档、图形和其他对象。

3.3　字段属性

使用设计视图创建表是 Access 中最常用的方法之一，在设计视图中，用户可以为字段设置属性。在 Access 数据表中，每一个字段的可用属性取决于为该字段选择的数据类型。

在 Access 中，表的各个字段提供了【类型属性】、【常规属性】和【查询属性】3 种属性设置。

打开一个设计好的表，可以看到窗口的上部分设置【字段名称】、【数据类型】等分类，下部分是设置字段的各种特性的【字段属性】表，如右图所示。

3.3.1 类型属性

字段的数据类型决定了可以设置哪些其他字段属性，如只能为具有【超链接】数据类型或【备注】数据类型的字段设置【仅追加】属性。

例如，下图所示为数据类型为【文本】和【数字】的字段属性的对比。【数字】数据类的【字段属性】窗口中有【小数位数】属性，而【文本】数据类型的【字段属性】窗口中则没有。

3.3.2 常规属性

【常规属性】根据字段的数据类型的不同而不同。下面以【数字】和【文本】型字段的属性设置情况为例，介绍字段的常规属性。

在数据表中，【产品编号】字段为【数字】型时，字段属性如下图所示。

其中各项常规属性说明如下：

➤ 【字段大小】设置为【长整型】。在

这里，【产品编号】字段中的数据是不用进行数值计算的，由于其字段中的值都是数字字符，为了防止用户输入其他类型的字符，将其设置为【数字】型。【产品编号】必然为整数型，在这里编号大于 32550001，因此要设置为【长整型】。

➤ 【小数位数】设置为【0】。

➤ 【标题】就是在数据表视图中要显示的列名，默认的列名就是字段名。

➤ 【有效性规则】和【有效性文本】是检查输入值的选项，这里设置检查规则为【>32550001 And <32550059】，即输入的编号要大于 32550001、小于 32550059。如果输入的内容不在这个范围内，则会出现下图所示的提示框。

➤ 【必须】字段选择【是】，这样的设置可以使用户在没有完成【产品编号】字段中的输入就去输入其他记录时，Access 弹出下图所示的提示。

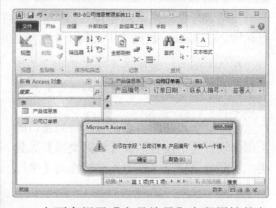

上面介绍了【产品编号】字段属性的各

项设置,如果在数据表中选中数据类型为【文本框】的【订单号】字段,其字段属性将如下图所示。

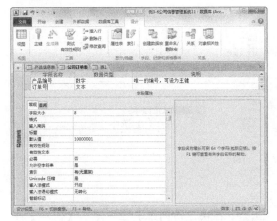

▶ 【字段大小】设置为8,即该字段中可以输入8个英文字母或汉字,用于【订单号】名称的显示。

▶ 【默认值】用于设置用户在输入数据时该字段的默认值,这里输入【10000001】,作为默认值。

3.3.3 查询属性

【查询】属性也是字段的一种属性,在Access中可以查询【行来源】、【行来源类型】、【列数】及【列宽】等内容。

常规	查阅	
显示控件		组合框
行来源类型		表/查询
行来源		SELECT [产品信息表].[ID], [产品信息表].[产品编号] FROM
绑定列		1
列数		2
列标题		否
列宽		0cm;2.54cm
列表行数		16
列表宽度		2.54cm
限于列表		是
允许多值		否
允许编辑值列表		是
列表项目编辑窗体		
仅显示行来源值		否

其中各项属性说明如下:

▶ 【显示控件】:窗体上用来显示该字段的控件类型。

▶ 【行来源类型】:控件源的数据类型。

▶ 【行来源】:控件源的数据。

▶ 【列数】:待显示的列数。

▶ 【列标题】:是否用字段名、标题或数据的首行作为列标题或图标标签。

▶ 【允许多值】:一次查阅是否允许多值。

▶ 【列表行数】:在组合框列表中显示行的最大数目。

▶ 【限于列表】:是否只在于所列的选择之一相符时才接受文本。

▶ 【仅显示行来源值】:是否仅显示与行来源匹配的数值。

3.4 修改数据表与数据表结构

数据表的结构对数据库的管理有很大的影响,好的表结构不仅可以节省硬盘空间,还可以加快处理速度。用户在首次定义数据表结构时,设置的表结构不一定能够满足工作的需求(特别是在使用模板自动创建表时),因此进行适当的修改是必需的。

在日常工作中,使用【设计视图】对自动创建的数据进行修改是必需的操作。例如,在【例3-2】创建的【联系人】表中,很多字段可能是无用的,而很多需要的字段却没有创建,这都可以在【设计视图】中进行修改。

在【开始】选项卡中单击【视图】按钮,可以进入表的【设计】视图,用户可以在该视图中实现对字段的添加、修改或删除操作,

也可以对【字段属性】进行设置。

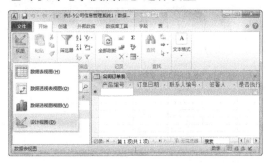

3.4.1 修改数据格式

Access 允许为字段数据选择一种格式，【数字】、【日期/时间】和【是/否】字段都可以选择数据格式。选择数据格式可以确保数据表示方式的一致性。

【例 3-6】将【公司订单表】中的【日期/时间】字段的格式改为【中日期】。

视频+素材 (光盘素材\第 03 章\例 3-6)

step 1 启动 Access 2010 应用程序，打开【公司信息管理系统】数据库。

step 2 在导航窗格的【表】组中双击【公司订单表】对象，打开数据表视图。

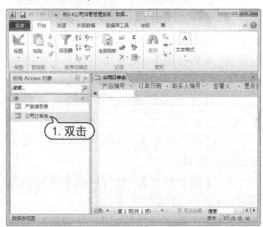

step 3 在【开始】选项卡的【视图】组中，单击【视图】按钮，从弹出的菜单中选择【设计视图】选项，打开【公司订单表】的设计视图窗口。

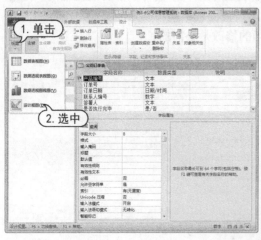

step 4 选中【订单日期】，单击【字段属性】选项区域的【格式】下拉箭头，在弹出的下拉列表中选择【中日期】选项。

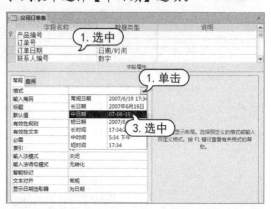

step 5 在快速访问工具栏中单击【保存】按钮，将修改的字段属性保存。

step 6 切换到数据表视图，此时数据表中【订单日期】字段均更改为【中日期】格式。

实用技巧

若需要在创建【格式】属性时获得帮助，可以在【字段属性】中的【格式】文本框处于激活状态时，按 F1 键获取创建数据格式的帮助。

3.4.2 更改字段大小

Access 2010 允许更改字段默认的字符数。改变字段大小可以保证字符数目不超过特定限制，从而减少数据输入错误。

【例 3-7】在【产品信息表】数据表中，将【产品编号】字段的字段大小设置为 6，将【产品名称】字段的字段大小设置为 18。

视频+素材 (光盘素材\第 03 章\例 3-7)

step 1 启动 Access 2010 应用程序, 打开【公司信息管理系统】数据库的【产品信息表】数据表。

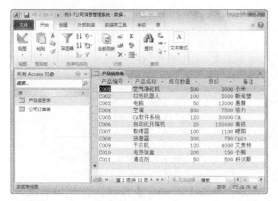

step 2 在【开始】选项卡的【视图】组中, 单击【视图】按钮, 从弹出的菜单中选择【设计视图】选项, 打开【产品信息表】的设计视图窗口。

step 3 选中【产品编号】, 在【字段属性】选项区域的【字段大小】文本框中输入 6, 如下图所示。

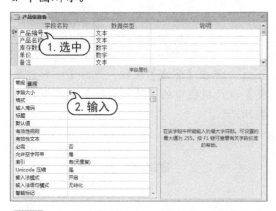

step 4 使用同样的方法, 将【产品名称】字段的字段大小设置为 18。

step 5 在快速访问工具栏中单击【保存】按钮, 将修改的字段大小保存。

🖱 实用技巧

　　如果在【产品信息表】数据表的【产品编号】字段中错误地输入超过 6 个字符长度的文字, 单元格将不允许显示多余的文字, 在【产品名称】字段中超过前 18 个字符的其他文字也将不会显示。

3.4.3 设置输入掩码

　　输入掩码用于设置字段、文本框以及组合框中数据的格式, 并可对允许输入的数值类型进行控制。要设置字段的【输入掩码】属性, 可以使用 Access 自带的【输入掩码向导】来完成。

　　输入掩码可以要求用户输入遵循特定国家/地区惯例的日期, 例如 YYYY/MM/DD, 当在含有输入掩码的字段中输入数据时, 就会发现可以用输入的值替换占位符, 但无法更改或删除输入掩码中的分隔符, 即可以填写日期, 修改【YYYY】、【MM】和【DD】, 但无法更改分隔日期各部分的连字符。

　　数据表中的字段掩码必须按照一定的格式进行设置。掩码表达式的格式如下表所示:

字　符	说　明
0	数字, 0~9, 必选项, 不允许使用加号和减号
9	数字或空格, 非必选项, 不允许使用加号和减号。当用户移动光标通过该位置而没有输入任何字符时, Access 将不存储任何内容
#	数字或空格, 非必选项, 允许使用加号和减号。当用户移动光标通过该位置而没有输入任何字符时, Access 将默认为空格
A	字母或数字, 必选项
L	字母, A 到 Z, 必选项
?	字母 A 到 Z, 可选项。当用户移动光标通过该位置而没有输入任何字符时, Access 将不存储任何内容
&	任意字符或空格, 必选项
C	任意字符或空格, 可选项。当用户移动光标通过该位置而没有输入任何字符时, Access 将不存储任何内容
<	使其后所有的字符转换为小写
>	使其后所有的字符转换为大写

(续表)

字　符	说　明
\	使其后的字符显示为原义字符。可用于将该表中的任何字符显示为原义字符(如\A显示为A)
Password	文本框中键入的任何字符都按字面字符保存，但显示为星号(*)

【例3-8】为【公司订单表】数据表的【订单日期】字段设置掩码。

视频+素材 (光盘素材\第03章\例3-8)

step 1 启动 Access 2010 应用程序，打开【公司信息管理系统】的【公司订单表】数据表。

step 2 在【开始】选项卡的【视图】组中单击【视图】按钮，从弹出的菜单中选择【设计视图】选项，打开【公司订单表】的设计视图窗口。

step 3 选中【订单日期】，然后在【字段属性】选项区域的【输入掩码】文本框中单击鼠标，并在其右侧单击 ... 按钮。

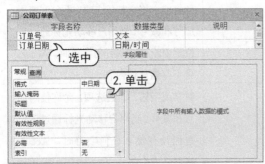

step 4 打开【输入掩码向导】对话框，在列表框中选择【中日期】选项，单击【尝试】文本框，在文本框中显示掩码格式。

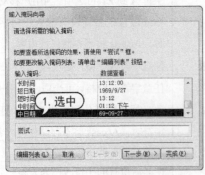

step 5 单击【下一步】按钮，打开如下图所示的对话框，保持对话框中的默认设置，并单击【尝试】文本框，文本框中显示默认掩码格式。

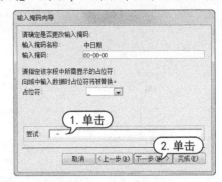

step 6 单击【下一步】按钮，打开如下图所示的对话框。

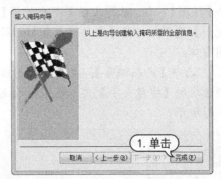

step 7 单击【完成】按钮，此时【公司订单表】设计视图中的【输入掩码】文本框如下图所示。

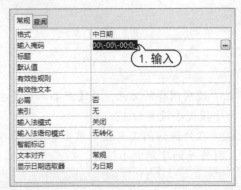

step 8 在快速访问工具栏中单击【保存】按钮 □，保存修改的字段属性。

3.4.4 设置有效性规则和文本

当输入数据时，有时会将数据输入错误，

如将薪资多输入一个 0，或输入一个不合理的日期。事实上，这些错误可以利用【有效性规则】和【有效性文本】两个属性来避免。

【有效性规则】属性可输入公式(可以是比较或逻辑运算组成的表达式)，用在将来输入数据时，对该字段上的数据进行查核工作，如查核是否输入数据、数据是否超过范围等；【有效性文本】属性可以输入一些要通知使用者的提示信息，当输入的数据有错误或不符合公式时，自动弹出提示信息。

【例3-9】为【员工信息表】的【员工编号】字段和【性别】字段设置有效性规则和有效性文本。

🎬视频+素材 (光盘素材\第 03 章\例 3-9)

step 1 启动 Access 2010 应用程序，打开【公司信息管理系统】的【员工信息表】数据表。

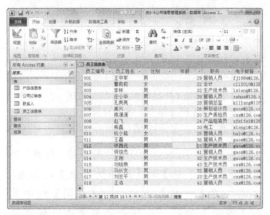

step 2 在【开始】选项卡的【视图】组中单击【视图】按钮，从弹出的菜单中选择【设计视图】选项，打开【员工信息表】的设计视图窗口。

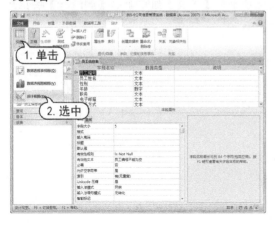

step 3 单击【员工编号】，使其处于编辑状态，然后在【字段属性】选项区域的【有效性规则】文本框中输入 Is Not Null，在【有效性文本】文本框中输入【员工编号不能为空】。

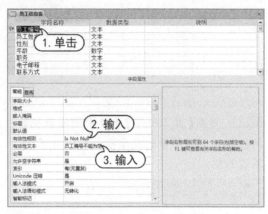

step 4 单击【性别】单元格，使其处于编辑状态，然后在【字段属性】选项区域的【有效性规则】文本框中输入【"男" Or "女"】，在【有效性文本】文本框中输入【只可输入"男"或"女"】。

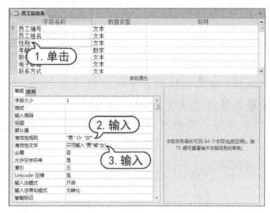

step 5 按 Ctrl+S 快捷键，将设置的有效性规则和有效性文本保存，此时打开如下图所示的提示框，单击【是】按钮。

step 6 在状态栏中单击【数据表视图】视图按钮🔲，切换到数据表视图。

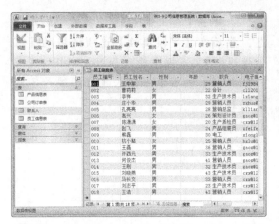

step 7 当在【员工编号】字段中删除数据时，将打开如下图所示的提示框，提示员工编号不能为空。

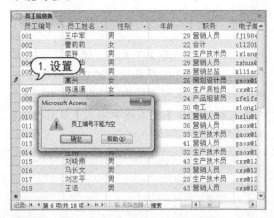

step 8 当在【性别】字段中修改数据(如将【男】修改为【子】)时，将打开如下图所示的提示框，提示用户该字段只能输入【男】或【女】。

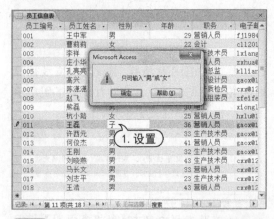

step 9 参照上一步，撤销对数据表所做的修改。

3.4.5 设置主键

主键是表中的一个字段或字段集，它为 Access 2010 中的每一条记录提供了一个唯一的标识符。它是为提高 Access 在查询、窗体和报表中的快速查找能力而设计的。主键的作用主要有以下 3 点：

▶ Access 可以根据主键执行索引，以提高查询和其他操作的速度。

▶ 当用户打开一个表的时候，记录将以主键顺序显示记录。

▶ 指定主键可为表与表之间的联系提供可靠的保证。

实用技巧

设定主键的目的是保证表中的记录能够被唯一地标识。例如，在一家大规模的公司，为了更好地管理员工，就需要为每个员工分配一个员工 ID，该 ID 是唯一的，它标识了每一个员工在公司里的身份，这个"员工 ID"就是主键。又如，学生的"学号"可以作为"学生信息表"的主键等。

【例 3-10】删除【产品信息表】的数据表中的 ID 字段，然后将【产品编号】字段设置为主键。

视频+素材 (光盘素材\第 03 章\例 3-10)

step 1 启动 Access 2010 应用程序，打开【公司信息管理系统】的【产品信息表】数据表。

step 2 在【开始】选项卡的【视图】组中单击【视图】按钮，从弹出的菜单中选择【设计视图】选项，打开【产品信息表】的设计视图窗口。

step 3 在设计窗口中选中 ID 行，在【设计】选项卡的【工具】组中单击【删除行】按钮。

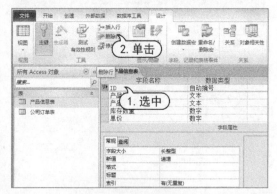

step 4 此时，打开如下图所示的提示框，单击【是】按钮。

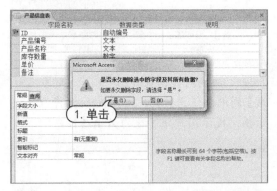

step 5 再次打开提示框，询问用户是否删除该主键字段。单击【是】按钮，此时设计视图窗口中的 ID 栏消失。

step 6 选中【产品编号】，在【设计】选项卡的【工具】组中单击【主键】按钮，此时【产品编号】栏的左侧出现标志。

step 7 在快速访问工具栏中单击【保存】按钮，保存为数据表设置的主键。

用户可以使用多个字段同时作为主键。方法为：在表设计视图中，按住 Shift 键的同时选中要设置为主键的字段，然后在【设计】选项卡的【工具】组中单击【主键】按钮，或者右击选中的多个字段，在弹出的快捷菜单中选择【主键】命令。

实用技巧

当选定某个字段作为主键时，Access 会自动将该字段的索引属性设为【有(无重复)】选项，以使该字段的值不重复，并且将该字段设置为默认的排序依据。一张数据表中可以设置多个主键，必要时也可以是多个字段的组合。

3.4.6 设置字段的其他属性

在表设计视图窗口的【字段属性】选项区域，还有多种属性可以设置，如【必需】属性、【允许空字符串】属性、【标题】属性等。本节将对这些属性进行介绍。

1. 【必需】和【允许空字符串】属性

【必需】属性用来设置该字段是否一定要输入数据，该属性只有【是】和【否】两种选择。当【必需】属性设置为【否】且未在该字段中输入任何数据时，该字段便存入了一个 Null 值(空值)；如果将该属性设置为【是】且未在该字段中输入任何数据，当将光标移开时，系统会出现提示信息。

【空字符串】指的是长度为 0 的字符串，Access 以【""】来表示用户可以在数据表中直接输入【""】来表示字段的内容为空字符串。

对于设置字段的【空字符串】属性和字段【必需】属性，以及相应的用户操作和 Access 显示的存储值，可以参照下表所示的说明加以理解。

允许空字符串	必需	用户的操作	存储值
否	否	按下 Enter 键	Null 值
		按下 Space 键	Null 值
		输入空字符串""	不允许
否	是	按下 Enter 键	不允许
		按下 Space 键	不允许
		输入空字符串""	不允许
是	否	按下 Enter 键	Null 值
		按下 Space 键	Null 值
		输入空字符串""	空字符串

(续表)

允许空字符串	必需	用户的操作	存储值
是	是	按下 Enter 键	不允许
		按下 Space 键	空字符串
		输入空字符串""	空字符串

【例3-11】将【联系人】数据表的【联系人姓名】字段设置为必需的字段，并且不允许空字符串的输入。

▶ 视频+素材 (光盘素材\第 03 章\例 3-11)

step 1 启动 Access 2010 应用程序，打开【公司信息管理系统】的【联系人】数据表。

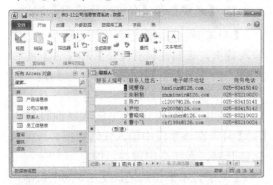

step 2 在【开始】选项卡的【视图】组中单击【视图】按钮，从弹出的菜单中选择【设计视图】选项，打开【联系人】数据表的设计视图窗口。

step 3 选中【联系人姓名】的【数据类型】所在的单元格，在【字段属性】选项区域的【必需】下拉列表中选择【是】选项；在【允许空字符串】下拉列表中选择【否】选项。

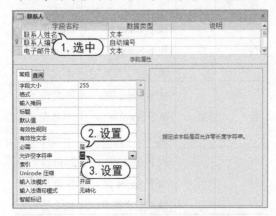

step 4 按 Ctrl+S 快捷键保存设置的属性，打开下图所示的提示框，单击【是】按钮。

step 5 切换到数据表视图，删除【联系人姓名】列中的任意数据，此时 Access 将打开提示框，提示用户该字段为必填属性。

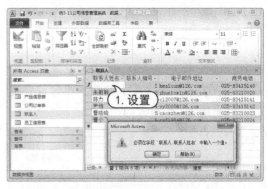

step 6 单击【确定】按钮，按 Ctrl+Z 组合键，恢复字段的原有数据。

2. 【标题】属性

【标题】属性主要用来设定浏览表内容时该字段的标题名称。例如，将【员工信息表】数据表的【联系方式】字段的【标题】属性更改为【移动电话】。

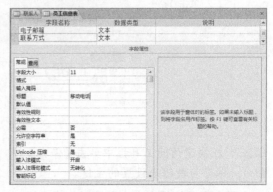

此时，【员工信息表】数据表视图中【联系方式】字段将更改为【移动电话】。

3.5　案例演练

本章的实战演练部分包括创建【公司仓库管理系统】数据库与【联系人信息表】数据库两个综合实例操作，用户可以通过练习巩固本章所学知识。

【例 3-12】创建【公司仓库管理系统】数据库，在数据库中添加 5 张数据表，并设置各数据表中部分字段的属性。

视频+素材　(光盘素材\第 03 章\例 3-12)

step 1　启动 Access 2010 应用程序，新建一个空数据库，并将其命名为【公司仓库管理系统】，此时自动创建了一个名为【表1】的数据表。

step 2　单击【关闭】按钮，关闭空白的【表1】数据表。

step 3　打开【创建】选项卡，在【表格】组中单击【表设计】按钮，打开表设计器窗口，在其中输入如下图所示的 4 个字段名称。

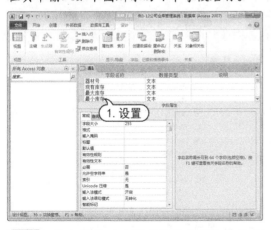

step 4　单击字段对应的【数据类型】单元格

右侧的下拉箭头，将字段【现有库存】、【最大库存】和【最小库存】的数据类型更改为【数字】。

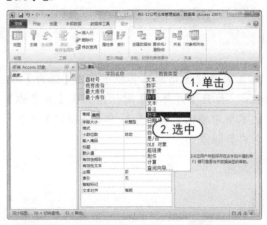

step 5　在【字段属性】选项区域将字段【现有库存】、【最大库存】和【最小库存】的【字段大小】属性修改为【整型】。

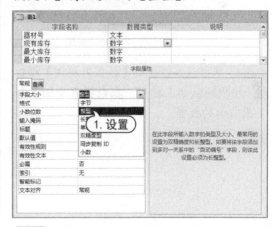

step 6　选中字段名称【器材号】，在【表格工具】的【设计】选项卡的【工具】组中单击【主键】按钮，为数据表设置主键，此时【字段属性】选项区域的【索引】属性自动更改为【有(无重复)】选项。

step 7　选中字段名称【器材号】，设置字段的【有效性文本】属性为【器材号不能为空】。

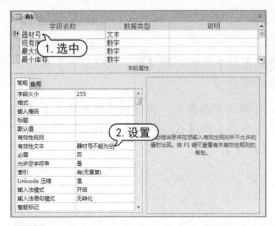

step 8 在快速访问工具栏中单击【保存】按钮 📄，打开【另存为】对话框，在【表名称】文本框中输入【库存表】。单击【确定】按钮，保存数据表。

step 9 单击状态栏上的【数据表视图】按钮 📄，切换到数据表视图，在数据表中输入如下图所示的数据。

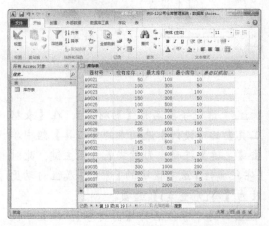

step 10 单击【关闭】按钮 ✕，关闭【库存表】，完成表的创建。

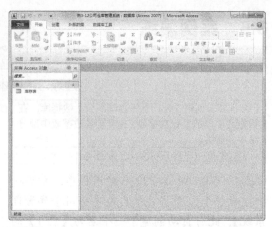

step 11 打开【创建】选项卡，在【表格】组中单击【表】按钮，创建一个空白数据表。

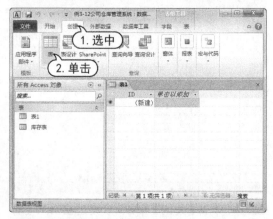

step 12 选中【字段1】数据列，右击，在弹出的快捷菜单中选择【重命名字段】命令，此时【字段 1】变为可修改状态，将其修改为【器材号】，然后按下 Enter 键完成字段的输入。

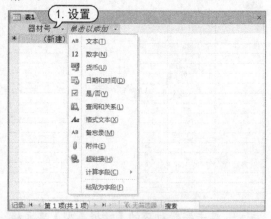

step 13 打开【表格工具】的【字段】选项卡，

在【添加和删除】组中单击【文本】按钮，添加新字段【字段1】，将【字段1】名称修改为【器材名称】。

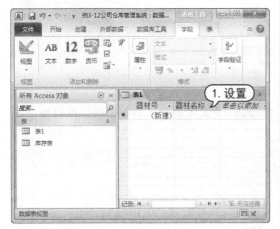

step 14 选择【器材号】列，在【表格工具】的【字段】选项卡的【格式】组中单击【自动编号】下拉按钮，从弹出的列表中选择【文本】选项。

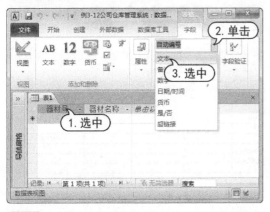

step 15 在数据表中输入数据，使得数据表的效果如下图所示。

step 16 在快速访问工具栏中单击【保存】按钮，打开【另存为】对话框，将该数据表以文件名【器材号表】进行保存。

step 17 打开【表格工具】的【字段】选项卡，在【视图】组中单击【视图】下拉按钮，从弹出的下拉菜单中选择【设计视图】命令，切换到设计视图窗口。

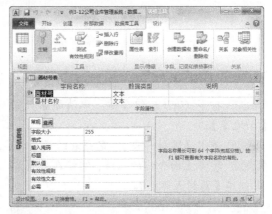

step 18 选中字段名称【器材名称】，在【字段属性】选项区域设置【格式】属性为【@@;""空数据""[蓝色]】。

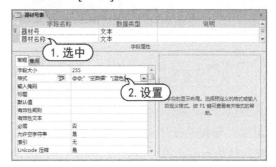

step ⑲ 保存格式属性，并切换到数据表视图，输入数据表内容，效果如下图所示。

step ⑳ 在【器材名称】列中删除数据【山地车】，此时数据【山地车】被【空数据】(蓝色)替代。

step ㉑ 按下 Ctrl+Z 组合键，取消删除数据【山地车】。

step ㉒ 关闭【器材号表】，完成表的设置。

step ㉓ 参考上面介绍的方法，继续在数据库中创建【器材入库表】。

step ㉔ 切换至设计视图，设置【器材号】字段，结构如右上图所示。

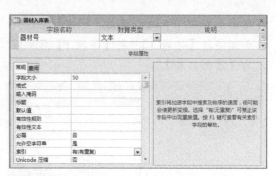

step ㉕ 设置【器材名称】字段，结构如下图所示。

step ㉖ 设置【供货方】字段，结构如下图所示。

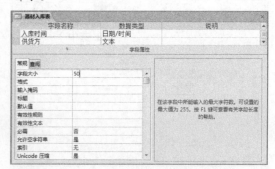

step ㉗ 设置【联系电话】字段，结构如下图所示。

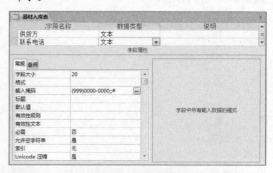

step ㉘ 设置【数量】字段，结构如下图所示。

step 29 设置【单价】字段，结构如下图所示。

step 30 设置【采购员】字段，结构如下图所示。

step 31 切换数据表视图输入数据，然后在快速访问工具栏中单击【保存】按钮，将数据表保存。

step 32 使用同样的方法，继续在数据库中创建【器材出库表】。

step 33 切换设计视图，参考下表所示设置数据表的结构。

字段名称	数据类型	字段大小	格式	掩码
器材号	文本	50	默认	无
出库时间	日期/时间		短日期	0000/99/99;0;_
出库数量	数字	整型	默认	无
经手人	文本	20	默认	无
借入单位	文本	50	默认	无
领取人	文本	20	默认	无
联系电话	文本	20	默认	(999)0000-0000;;#

step 34 选中【器材号】字段，在【字段属性】选项区域单击【索引】下拉列表按钮，在弹出的下拉列表中选中【有(有重复)】选项。

step 35 继续在数据库中创建【器材采购表】，切换设计视图，参考下表所示设置数据表的结构。

字段名称	数据类型	字段大小	格式	掩码
器材号	文本	50	默认	无
购买数量	数字	整型	默认	无
供货方	文本	50	默认	无
单价	货币	默认	标准	无
总价	货币	默认	标准	无
计划采购时间	日期/时间		默认	0000/99/99;0;_

step 36 选中【器材号】字段，在【字段属性】选项区域单击【索引】下拉列表按钮，在弹出的下拉列表中选中【有(有重复)】选项。

step 37 最后，在快速访问工具栏中单击【保存】按钮，将数据表保存。

【例3-13】在Access 2010中使用模板创建【联系人列表】和【联系人详细信息】数据表，并设置数据表结构。

📀 视频+素材 (光盘素材\第03章\例3-13)

step 1 创建一个名为【联系人信息表】的空数据库，选择【创建】选项卡，在【模板】组中单击【应用程序部件】下拉列表按钮，在弹出的下拉列表中选中【联系人】选项。

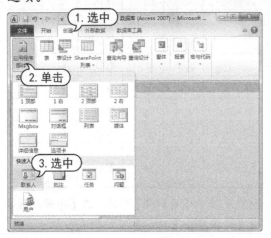

step 2 右击数据库中创建的【联系人】数据表，在弹出的菜单中选中【关闭】命令，关闭该数据表。

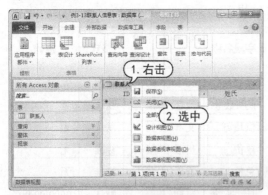

step 3 右击导航窗格中的【联系人】数据表，在弹出的菜单中选中【重命名】命令，将该数据表重命名为【联系人列表】。

step 4 在导航窗格中右击【联系人列表】，在弹出的菜单中选中【联系人列表】数据表，在弹出的菜单中选中【复制】命令。

step 5 在导航窗格中再次右击【联系人列表】数据表，在弹出的菜单中选中【粘贴】命令，打开【粘贴表方式】对话框。

step 6 在【粘贴表方式】对话框的【表名称】文本框中输入【联系人详细信息】，然后单击【确定】按钮。

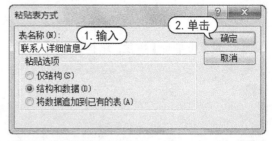

step 7 在导航窗格中右击【联系人列表】数据表，在弹出的菜单中选中【设计视图】，切换到设计视图窗口。

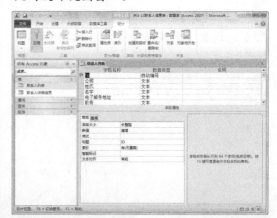

step 8 在【字段属性】选项区域的【字段名称】列中选中 ID 字段，将其修改为【联系人编号】。

step 9 使用同样的方法，将【姓氏】字段名称修改为【联系人姓名】；将【商务电话】字

段名称修改为【联系人电话】。

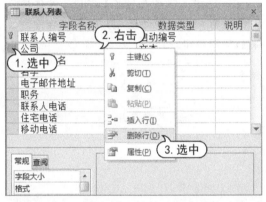

step 10 将鼠标指针指向【公司】字段左侧，待鼠标指针变成➡形状时单击选中整行，然后右击鼠标在弹出的菜单中选中【删除行】命令，将【公司】字段删除。

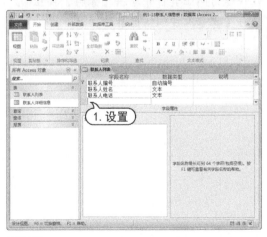

step 11 使用同样的方法，将【联系人列表】数据表中除了【联系人编号】、【联系人姓名】和【联系人电话】以外的字段全部删除。

step 12 选中【联系人编号】字段，在【字段属性】选项区域的【标题】文本框中输入文

本【联系人编号】。

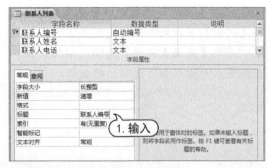

step 13 选中【联系人姓名】字段，在【字段属性】选项区域的【标题】文本框中输入文本【联系人姓名】；在【字段大小】文本框中输入 50，如下图所示。

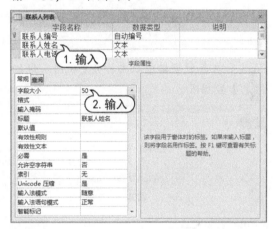

step 14 选中【联系人电话】字段，在【字段属性】选项区域的【标题】文本框中输入文本【联系人电话】。

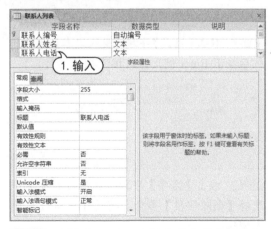

step 15 在快速访问工具栏中单击【保存】按

钮 ，保存【联系人列表】数据表。

step 16 在【设计】选项卡的【视图】组中单击【视图】下拉列表按钮，在弹出的下拉列表中选中【数据表视图】选项，切换到数据表视图，并输入如下图所示的数据。

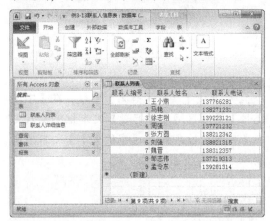

step 17 在导航窗格中双击打开【联系人详细信息】数据表。

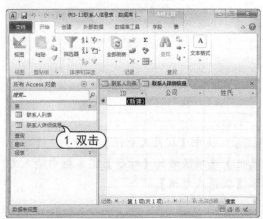

step 18 双击【姓氏】字段，输入文本【姓名】，然后按下 Enter 键，修改该字段的名称。

step 19 右击【名字】字段，在弹出的菜单中选择【删除字段】命令，将该字段从数据表中删除。

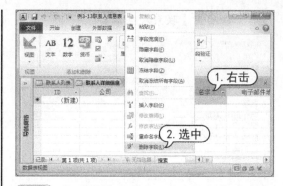

step 20 使用同样的方法，删除数据表中不需要的字段【住宅电话】、【传真号码】、【省/市/自治区】、【国家/地区】、【附件】、【另存档为】和【城市】。

step 21 选中【联系人姓名】字段，按住鼠标左键拖动，将其拖动至 ID 字段的后方，效果如下图所示。

step 22 单击窗口右下角的【数据表视图】按钮，切换至数据表视图，输入数据。最后，在快速访问工具栏中单击【保存】按钮 ，保存【联系人详细信息】数据表。

第4章

操作与修饰表

表是 Access 数据库中最常用的对象之一，Access 中的所有数据都保存在表对象中。因此对表之间的关系以及表中数据的操作成为数据库中最基本的操作。本章主要介绍格式化数据表，查找、替换和筛选数据，创建子数据表以及创建表之间关系的方法。

 对应光盘视频

4.1 编辑数据表

在表创建完成后，可以对表中的数据进行查找、替换、排序和筛选等操作，以便更有效地查看和管理数据。

4.1.1 添加与修改记录

表是数据库中存储数据的唯一对象，对数据库添加数据，就是要向表中添加记录。使用数据库时，向表中添加与修改数据是数据库最基本的操作。

【例4-1】向【产品信息表】数据表中添加一条记录，并修改该记录。

视频+素材 (光盘素材\第04章\例4-1)

step 1 启动 Access 2010 应用程序，打开【公司信息管理系统】数据库。

step 2 在导航窗格的【表】组中双击【产品信息表】，打开【产品信息表】数据表。

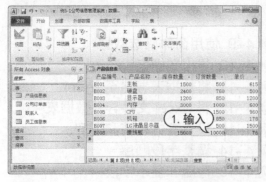

step 3 在右侧的表格中单击空白单元格，然后直接输入要添加的记录。

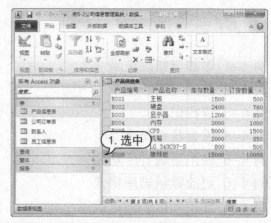

step 4 单击【LG 液晶显示器】单元格，直接修改记录为【LG 34UC97-S】，按 Enter 键，完成修改已添加记录的操作。

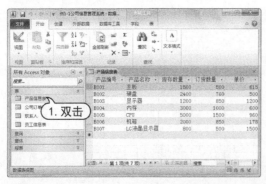

step 5 在快速访问工具栏中单击【保存】按钮，保存修改后的数据表。

4.1.2 选定与删除记录

操作数据库时，选定与删除表中的记录也是必不可少的操作。

【例4-2】在【产品信息表】数据表中选定与删除记录。

视频+素材 (光盘素材\第04章\例4-2)

step 1 启动 Access 2010 应用程序，打开【公司信息管理系统】的【产品信息表】数据表。

step 2 将鼠标指针指向最后一条记录的行首，待鼠标指针变成【→】形状时，单击即可选定整行。

step 3 打开【开始】选项卡，在【记录】组中单击【删除】下拉按钮，从弹出的下拉菜单中选择【删除记录】命令。

step 4 此时，打开信息提示框，提示用户正准备删除记录，删除后无法撤销删除操作。

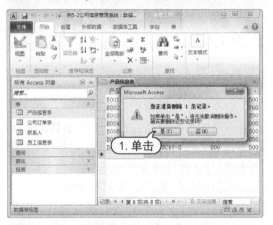

step 5 单击【是】按钮，即可删除该条记录，删除记录后的数据表效果如下图所示。

产品信息表			
产品编号	产品名称	库存数量	订货数量
B001	主板	1500	500
B002	硬盘	2400	760
B003	显示器	1200	850
B004	内存	3000	1000
B005	CPU	5000	1500
B006	机箱	2000	850
B007	LG 34UC97-S	800	500
*			

知识点滴

选定记录的方法与在 Excel 表格中选定数据的方法类似，将鼠标指针指向行标时，待指针变成【➡】形状时，单击即可选定整行；将鼠标指针指向列标时，待指针变成【⬇】形状时，单击即可选定整列；将鼠标指针指向某个单元格时，待指针变成【✚】形状时，单击即可选定该单元格；拖动鼠标可选取区域。

4.1.3 数据的查找和替换

当需要在数据库中查找所需的特定信息或替换某个数据时，可以使用 Access 提供的查找和替换功能来实现。

在【开始】选项卡的【查找】组中单击【查找】按钮，可以打开如下图所示的【查找和替换】对话框，显示【查找】选项卡。

在【开始】选项卡的【查找】组中单击【替换】按钮，可以打开【查找和替换】对话框，显示【替换】选项卡。

【查找和替换】对话框中部分选项的含义说明如下：

➤ 【查找范围】下拉列表：在当前鼠标所在的字段里进行查找，或者在整个数据表范围内进行查找。

➤ 【匹配】下拉列表：有 3 个字段匹配选项可供选择。【整个字段】选项表示字段内容必须与【查找内容】文本框中的文本完全符合；【字段任何部分】选项表示【查找内容】文本框中的文本可包含在字段中的任何位置；【字段开头】选项表示字段必须以【查找内容】文本框中的文本开头，但后面的文本可以是任意的。

➤ 【搜索】下拉列表：该列表中包含【全部】、【向上】和【向下】3 种搜索方式。

【例 4-3】在【员工信息表】数据表中查找营销人员的员工记录。

视频+素材 (光盘素材第 04 章\例 4-3)

step 1 启动 Access 2010 应用程序，打开【公司信息管理系统】的【员工信息表】数据表。

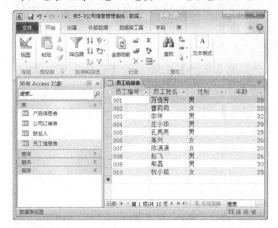

step 2 打开【开始】选项卡，在【查找】组中单击【查找】按钮，打开【查找和替换】对话框。

step 3 打开【查找】选项卡，在【查找内容】文本框中输入查找内容【营销人员】；在【查找范围】下拉列表中选择【当前文档】选项；在【匹配】下拉列表中选择【整个字段】选项；在【搜索】下拉列表中选择【全部】选项。

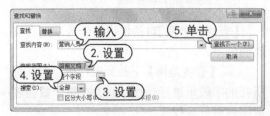

step 4 依次单击【查找下一个】按钮，此时数据表中逐个显示查找的内容。

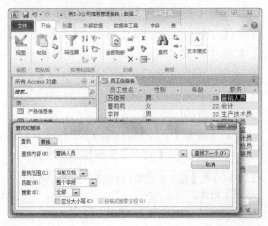

step 5 搜索完毕后，自动打开信息提示框，提示用户完成搜索记录，单击【确定】按钮。

step 6 返回【查找和替换】对话框，单击【关闭】按钮，关闭对话框。

知识点滴

在【查找和替换】对话框【替换】选项卡的【替换为】文本框中输入【销售人员】，单击【全部替换】按钮，即可将数据【营销人员】替换为【销售人员】。

4.1.4 数据排序

数据排序是最常用的数据处理方法，也是最简单的数据分析方法。表中的数据有两种排列方式：一种是升序排序，另一种是降序排序。升序排序就是将数据从小到大排列，而降序排列是将数据从大到小排列。

在 Access 中对数据进行排序操作，和在 Excel 中进行排序操作是类似的。Access 提供了强大的排序功能，用户可以按照文本、数值或日期值进行数据的排序。对数据库的排序主要有两种方法：一种是利用工具栏的简单排序，另一种就是利用窗口的高级排序。

【例4-4】将【员工信息表】数据表中的记录按年龄升序排列。

视频+素材 (光盘素材\第 04 章\例 4-4)

step 1 启动 Access 2010 应用程序，打开【公司信息管理系统】的【员工信息表】数据表。

step 2 单击【年龄】字段右侧的下拉箭头，从弹出的下拉菜单中选择【升序】命令。

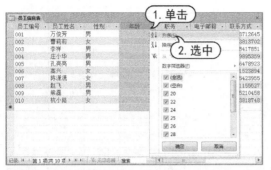

step 3 此时【员工信息表】数据表中的记录将按年龄升序排列。

step 4 在快速访问工具栏中单击【保存】按钮，保存修改后的数据表。

知识点滴

打开【开始】选项卡，在【排序和筛选】组中单击【升序】按钮，或者在排序字段的任意数据中右击，在弹出的快捷菜单中选择【升序】命令，也可以实现记录按年龄升序排列。

当需要将数据表中两个不相邻的字段进行排序，且分别为升序或降序排列时，就需要使用 Access 的高级排序功能。

【例4-5】将【员工信息表】中的记录按职位升序排列，职位相同的按性别升序排列。
视频+素材 (光盘素材\第 04 章\例 4-5)

step 1 启动 Access 2010 应用程序，打开【公司信息管理系统】的【员工信息表】数据表。

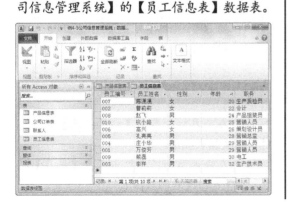

step 2 切换至数据表视图窗口，在【开始】选项卡的【排序和筛选】组中单击【高级筛选选项】按钮，在弹出的菜单中选择【高级筛选/排序】命令。

step 3 打开【员工信息表筛选1】窗口，在【字段】第1列的下拉列表中选择【职务】选项，并在其下方的【排序】下拉列表中选择【升序】选项；在【字段】第2列的下拉列表中选择【性别】选项，并在其下方的【排序】下拉列表中选择【升序】选项。

step 4 在【排序和筛选】组中单击【切换筛选】按钮。

step 5 单击【关闭】按钮，关闭【员工信息表筛选1】窗口，此时数据表按照指定的排序

方式进行排列。

用户除了可以在【字段】下拉列表中选择排序的字段外，还可以在【员工信息表】列表框中拖动字段到【字段】下拉列表中，如下图所示。

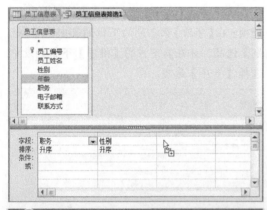

知识点滴

本例使用的【高级筛选/排序】操作，其实就是典型的选择查询。高级筛选/排序就是利用创建的查询来实现排序操作。

【例4-6】取消在【员工信息表】中设置的排序操作，更改为默认的排序格式，即按【员工编号】升序排列。

📀视频+素材（光盘素材\第04章\例4-6）

step ① 启动 Access 2010 应用程序，打开【公司信息管理系统】的【员工信息表】数据表。

step ② 打开【员工信息表】的数据表视图窗口，在【开始】选项卡的【排序和筛选】组中单击【高级筛选选项】按钮 ⚡高级，在弹出的菜单中选择【高级筛选/排序】命令，打开【员工信息表筛选1】窗口。

step ③ 在【员工信息表筛选1】窗格的空白区域右击，在弹出的快捷菜单中选择【清除网格】命令。

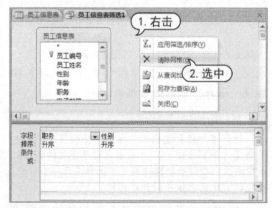

step ④ 此时，表列表区域下方的网格区设置将被清空。

step ⑤ 在工具栏中单击【切换筛选】按钮，返回到数据表视图。

step ⑥ 在快速访问工具栏中单击【保存】按钮 🖫，保存修改后的数据表。

4.1.5 数据筛选

数据筛选就是将表中符合条件的记录显示出来，将不符合条件的记录暂时隐藏。Access 提供了使用筛选器筛选、基于选定内容筛选和使用窗体筛选等筛选方式。

1. 使用筛选器筛选

除了 OLE 对象字段和显示计算值的字段以外，所有字段类型都提供了公用筛选器。可用筛选列表取决于所选字段的数据类型和值。

选定要筛选列的任意一个单元格，打开【开始】选项卡，在【排序和筛选】组中单击【筛选器】按钮，打开如下图所示的筛选器。

▶ 如果要筛选特定值，可使用筛选器中的复选框列表，该列表显示当前在字段中显示的所有值。

▶ 如果要筛选某一范围的值，可以在【文本筛选器】菜单下选择需要的筛选命令，然后指定所需的值。

> **知识点滴**
>
> 如果选择两列或更多列，则筛选器不可用。如果要按多列进行筛选，则必须单独选择并筛选每列，或使用高级筛选选项。

【例 4-7】在【公司订单表】中首先筛选出订单日期在 2016-6-1 到 2016-6-28 之间的记录，然后筛选出订单日期在 2016-6-8 之前的记录。

🎬 视频+素材 (光盘素材第 04 章\例 4-7)

step ① 启动 Access 2010 应用程序，打开【公司信息管理系统】的【公司订单表】数据表。

step ② 选中【订单日期】字段，在【开始】选项卡的【排序和筛选】组中单击【筛选器】按钮，在弹出的筛选器中选择【日期筛选器】|【期间】命令。

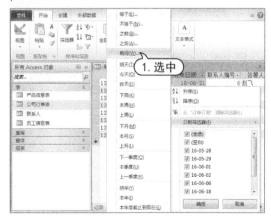

step ③ 在打开的【始末日期之间】对话框中，在【最旧】文本框输入日期【2016-6-1】；单击【最新】右侧的【单击可选择日期】按钮，在弹出的日历表中选择 2016 年 6 月 28 日。

step ④ 单击【确定】按钮，此时显示出符合筛选条件的记录。

step ⑤ 应用筛选条件后，记录导航器和列标题指示当前视图是基于【订单日期】列筛选的。记录导航器中显示【已筛选】字样，列标题中显示 ✔ 图样。在记录导航器中单击【已筛选】字样，此时恢复数据表原有的显示内容，同时【已筛选】字样更改为【未筛选】字样。

订单号	产品编号	订单日期	联系人编号	签署人
13-6-10	B002	16-06-21	6	赵飞
13-6-14	B004	16-06-02	2	孔亮亮
13-6-16	B005	16-06-06	4	杭小路
13-6-17	B003	16-06-18	5	万俊芳
13-6-2	B003	16-06-01	4	杭小路
13-6-3	B001	16-05-28	5	庄小华
13-6-5	B006	16-05-29	1	万俊芳
13-6-8	B006	16-05-29	3	孔亮亮

step ⑥ 在数据表的原有显示内容下选中【订

单日期】列，在【排序和筛选】组中单击【高级】按钮，在弹出的菜单中选择【高级筛选/排序】命令，打开【公司订单表筛选1】窗口。

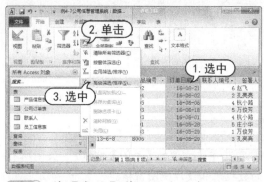

step ⑦ 将【条件】单元格中的条件更改为【<=#2016-6-8#】。

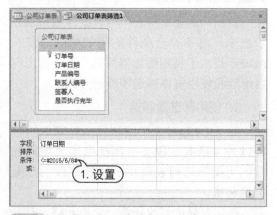

step ⑧ 在【排序和筛选】组中单击【切换筛选】按钮，显示筛选结果。

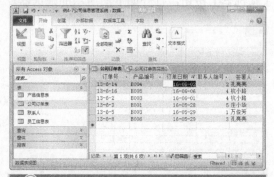

知识点滴

保存所做的筛选条件后，当再次打开数据表时，表中仍然显示所有记录。只有单击【切换筛选】按钮，才可筛选出订单日期在【2016-6-8】前的记录。【切换筛选】按钮只对最近一次保存的筛选结果有效。

2. 基于选定内容筛选

如果当前已选择了要用作筛选依据的值，则可以通过【排序和筛选】组中的【选择】按钮进行快速筛选，如下图所示。

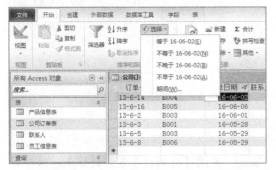

可用的命令将因所选值的数据类型的不同而异。另外，字段右键菜单中也提供了这些命令，右击某个字段，在弹出的如下图所示的菜单中进行筛选操作。

【例4-8】在【员工信息表】中筛选出不属于营销人员的员工信息。

📀 视频+素材 (光盘素材\第 04 章\例 4-8)

step 1 启动 Access 2010 应用程序，打开【公司信息管理系统】的【员工信息表】数据表。

step 2 在【职务】列中，选中第一个【营销人员】单元格，打开【开始】选项卡，在【排序和筛选】组中单击【选择】按钮 ✓选择·，从弹出的菜单中选择【不等于"营销人员"】命令。

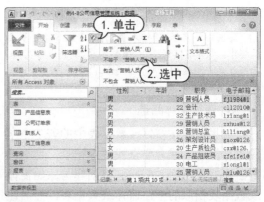

step 3 此时，数据表显示所有不属于营销人员的员工信息。

step 4 在【排序和筛选】组中单击【高级】按钮，在弹出的菜单中选择【高级筛选/排序】命令，打开【员工信息表筛选1】窗口，在【条件】单元格中显示条件表达式。

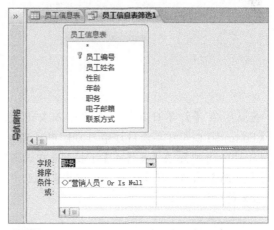

step 5 关闭【员工信息表】数据表，并保存对表的更改。当再次打开该表并单击【切换筛选】按钮时，表中将显示此次筛选的结果。

知识点滴

筛选条件【<>"营销人员"】显示在【条件】文本框中,它是【[职位]<>"营销人员"】的省略写法,含义就是要筛选出【职位】字段内容不为"营销人员"的记录。

3. 使用窗体筛选

如果想要按窗体或数据表中的若干个字段进行筛选,或者要查找特定记录,那么该方法会非常有用。Access 将创建与原始窗体或数据表相似的空白窗体或数据表,然后让用户根据需要填写任意数量的字段。完成后,Access 将查找包含指定值的记录。

【例 4-9】在【公司订单表】中筛选出由杭小路在 2016 年 6 月份签署,且没有执行完毕的订单记录。

视频+素材(光盘素材\第 04 章\例 4-9)

step 1 启动 Access 2010 应用程序,打开【公司信息管理系统】的【公司订单表】数据表。

step 2 在【排序和筛选】组中单击【高级】按钮,在弹出的菜单中选择【按窗体筛选】命令,打开【公司订单表:按窗体筛选】窗格。

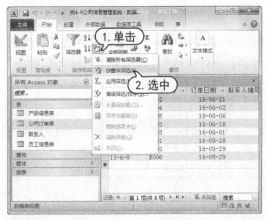

step 3 在【订单日期】列表中输入表达式【Format$([公司订单表].[订单日期],"中日期")Like "16-06*"】;在【签署人】下拉列表中选择【杭小路】选项;在【是否执行完毕】列表中首先选中复选框,然后取消选中状态。

step 4 在【排序和筛选】组中单击【切换筛选】按钮,此时表中显示所有符合条件的记录。

step 5 关闭【公司订单表】数据表,保存筛选结果。

知识点滴

当要设置条件【或】,如筛选由【杭小路】在 2016 年 6 月份或 2016 年 5 月份签署的订单记录时,可以在【按窗体筛选】窗口中首先输入满足 6 月份的条件,然后在窗口底部单击【或】选项卡,设置满足 5 月份的条件。

4.1.6 数据的导入和导出

在操作数据库的过程中,时常需要将 Access 表中的数据转换成其他的文件格式,如文本文件(.txt)、Excel 文档(.xlsx)、XML 文件、PDF 或 XPS 文件等。相反,Access 也可以通过导入,直接应用其他应用软件中的数据。

1. 数据的导出

导出操作有两个概念:一是将 Access 表中的数据转换成其他的文件格式,二是将当前表输出到 Access 的其他数据库中使用。

【例 4-10】将【公司信息管理系统】数据库的【联系人】数据表导出到【项目】数据库中。

视频+素材(光盘素材\第 04 章\例 4-10)

step 1 启动 Access 2010 应用程序,打开【公司信息管理系统】的【联系人】数据表。

step 2 打开【外部数据】选项卡,在【导出】组中单击 Access 按钮。

step 3 打开【导出-Access 数据库】对话框,单击【浏览】按钮。

step 4 打开【保存文件】对话框,在对话框中选择目标数据库的路径。

step 5 单击【保存】按钮,返回到【导出-Access 数据库】对话框,然后单击【确定】按钮。

step 6 打开【导出】对话框,保持对话框中的默认设置,单击【确定】按钮。

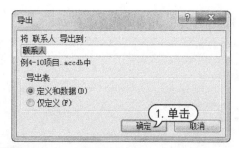

step 7 此时,打开【导出-Access 数据库】对话框,显示导出成功信息。

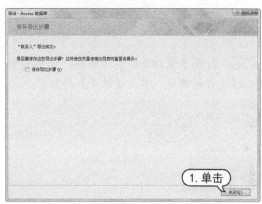

step 8 单击【关闭】按钮。然后打开【项目】数据库,导航窗口显示导入的【联系人】数据表。

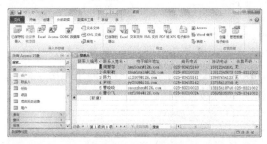

【例 4-11】将【公司信息管理系统】数据库的【联系人】数据表导出到 Excel 数据表中。

视频+素材 (光盘素材第 04 章例 4-11)

step 1 启动 Access 2010 应用程序,打开【公司信息管理系统】的【联系人】数据表。

step 2 打开【外部数据】选项卡,在【导出】组中单击 Excel 按钮,打开【导出-Excel 电子表格】对话框，单击【浏览】按钮。

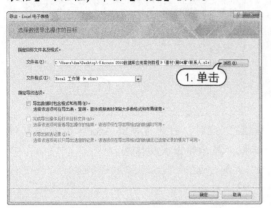

step 3 打开【保存文件】对话框，选中目标 Excel 文件的路径，单击【保存】按钮。

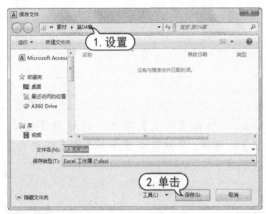

step 4 返回【导出-Access 数据库】对话框。然后单击【确定】按钮，打开如下图所示的提示导出成功对话框。

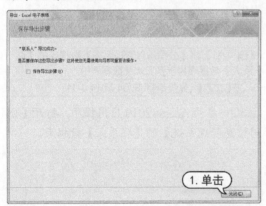

step 5 单击【关闭】按钮，完成数据表的导出。打开 Excel 表格，显示【联系人】工作表。

知识点滴

打开【外部数据】选项卡，在【导出】组中单击【其他】按钮，从弹出的菜单中选择对应的命令，即可将数据表导出为 Word 文档、SharePoint 列表、ODBC 数据库、HTML 文档、dBASE 文件等。

2. 数据的导入

导入是将其他表或其他格式文件中的数据应用到 Access 当前打开的数据库中。文件导入到数据库之后，系统将以表的形式将其保存。

【例 4-12】将 Excel 文件【员工工资表】导入到【公司信息管理系统】数据库中。
视频+素材 (光盘素材\第 04 章\例 4-12)

step 1 启动 Access 2010 应用程序，打开【公司信息管理系统】数据库。

step 2 打开【外部数据】选项卡，在【导入并链接】组中单击 Excel 按钮。

step 3 打开如下图所示的【获取外部数据-Excel 电子表格】对话框，单击【浏览】按钮。

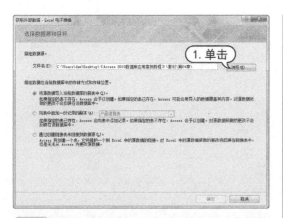

step 4 在打开的【打开】对话框中，选择导入的文件，单击【打开】按钮。

step 5 返回【获取外部数据-Excel 电子表格】对话框，保持其他设置，单击【确定】按钮。

step 6 打开【导入数据表向导】对话框，保持选中【显示工作表】单选按钮，单击【下一步】按钮。

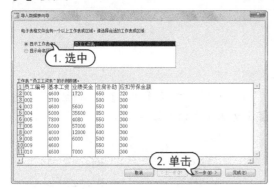

step 7 在打开的列标题设置向导对话框中，选中【第一行包含列标题】复选框，单击【下一步】按钮。

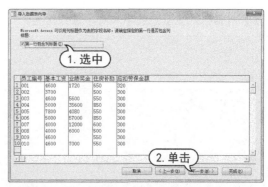

step 8 在打开的字段信息设置向导对话框中，设置字段名称为【员工编号】、数据类型为【文本】、【索引】为【有(无重复)】，然后单击【下一步】按钮。

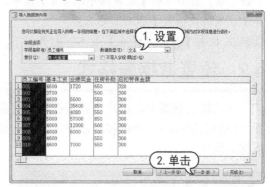

step 9 在打开的主键设置向导对话框中，选中【我自己选择主键】单选按钮，并在其右侧的下拉列表中选择【员工编号】选项，单击【下一步】按钮。

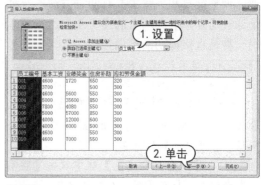

step 10 在打开的对话框中的【导入到表】文本框中输入表名称【员工工资表】，然后单击【完成】按钮。

step 11 返回到【获取外部数据-Excel 电子表

格】对话框，显示完成导入向导操作信息。

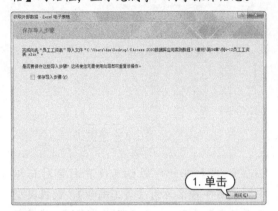

step 12 单击【关闭】按钮，此时【公司信息管理系统】数据库的导航窗格中的【表】组中显示导入的数据表【员工工资表】。

step 13 双击【员工工资表】表名，打开如下

图所示的数据表。

step 14 查看完毕后，单击【关闭】按钮，关闭导入的数据表。

知识点滴

用户也可以将当前数据库中的各种对象，包括表、窗体、查询等导入到另一个 Access 数据库中。

4.2 设置数据表格式

在数据表视图中，用户可以根据需要对表的格式进行设置，如调整表的行高和列宽、改变字段的前后顺序、隐藏和显示字段、冻结列和设置数据的字体格式等。这些都是用户必须掌握的操作。

4.2.1 设置表的行高和列宽

在数据库视图中，Access 2010 以默认的行高和列宽属性显示所有的行和列，用户可以改变行高和列宽属性来满足实际操作的需要。调整行高和列宽主要有两种方法：一种是通过【开始】选项卡的【记录】组设置，另一种是直接拖动鼠标调整。

【例 4-13】使用【记录】组和鼠标拖动两种方法调整【联系人】数据表的行高和列宽。
📹 视频+素材 (光盘素材\第 04 章\例 4-13)

step 1 启动 Access 2010 应用程序，打开【公司信息管理系统】数据库。

step 2 在导航窗格的【表】组中双击【联系人】数据表，打开【联系人】数据表。

step 3 选中【电子邮件地址】字段，在【开始】选项卡的【记录】组中单击【其他】按钮，在弹出的菜单中选择【字段宽度】命令。

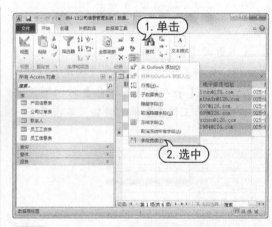

step 4 此时，打开【列宽】对话框，在【列宽】文本框中输入数字 30。

step 5 单击【确定】按钮，此时【联系人】

数据表的【电子邮件地址】字段的宽度设置效果如下图所示。

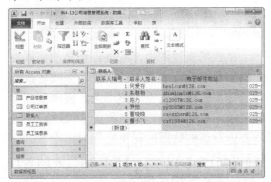

step⑥ 选中【商务电话】、【地址】、【邮政编号】等5列，打开【列宽】对话框，单击【最佳匹配】按钮，使字段的宽度达到与数据最匹配的效果。

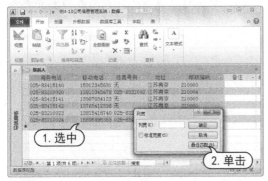

step⑦ 将鼠标指针放置在【联系人姓名】字段名和【电子邮件地址】字段名之间的边框线上，按住鼠标左键向左拖动。

step⑧ 拖动到适当位置时释放鼠标左键，此时【联系人姓名】字段的列宽效果如下图所示。

step⑨ 选中所有记录，在【开始】选项卡的【记录】组中，单击【其他】按钮，从弹出的菜单中选择【行高】命令，打开【行高】对话框，在【行高】文本框中输入20。

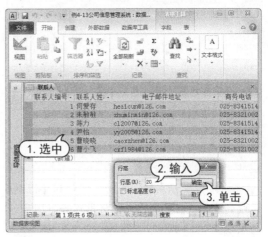

step⑩ 单击【确定】按钮，将行高应用于当前数据表中。

step⑪ 在快速访问工具栏中单击【保存】按钮，将所做的修改保存。

4.2.2 调整字段顺序

字段在数据表中的显示顺序是以用户输入的先后顺序决定的。在表的编辑过程中，用户可以根据需要调整字段的显示位置，尤其是在字段较多的表中，调整字段顺序可以方便浏览到最常用的字段信息。

【例4-14】在【员工信息表】数据表中调整字段顺序。

视频+素材 (光盘素材第04章\例4-14)

step① 启动 Access 2010 应用程序，打开【公

司信息管理系统】数据库。

step 2 双击打开【员工信息表】的数据表视图窗口，选中【职务】字段。

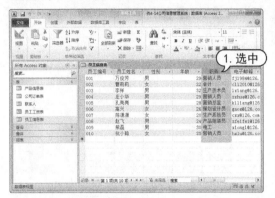

step 3 按住鼠标左键，拖动该字段到【性别】字段的左侧，在拖动过程中将出现如下图所示的黑线。

step 4 释放鼠标左键，此时【职务】字段排列到【性别】字段的左侧。

step 5 在快速访问工具栏中单击【保存】按钮，将所做的修改保存。

如果想同时移动相邻的两列或多列，可以首先按住 Shift 键选中它们，然后参照以上示例的步骤 3 和步骤 4 所示的方法移动字段的顺序。

4.2.3 隐藏和显示字段

在数据表视图中，Access 会显示数据表中的所有字段。当表中的字段较多或者数据较长时，需要单击字段滚动条才能浏览到全部字段，这时可以将不重要的字段隐藏，当需要查看这些数据时再将它们显示出来。

【例 4-15】在【员工信息表】数据表中隐藏【年龄】字段，然后再将其显示出来。

视频+素材 (光盘素材\第 04 章\例 4-15)

step 1 启动 Access 2010 应用程序，打开【公司信息管理系统】数据库。

step 2 双击打开【员工信息表】的数据表视图窗口，选中【年龄】字段。

step 3 打开【开始】选项卡，在【记录】组中单击【其他】按钮，在弹出的菜单中选择【隐藏字段】命令，此时【年龄】列被隐藏。

step 4 再次在【记录】组中单击【其他】按钮，从弹出的菜单中选择【取消隐藏字段】命令，打开【取消隐藏列】对话框。

step 5 在对话框的【列】列表框中选中【年龄】复选框，单击【关闭】按钮。

step 6 此时，【年龄】字段显示在表中。

员工工资表	员工信息表

员工编号	员工姓名	性别	年龄	职务	电子邮箱
001	万俊芳	男	29	营销人员	fJ1984@126.
002	曹莉莉	女	22	会计	cl12010@126
003	李洋	男	32	生产技术员	lxiang@126.
004	庄小华	男	29	营销人员	zxhua@126.c
005	孔亮亮	男	28	营销总监	klliang@126
006	高兴	女	26	策划设计员	gaox@126.co
007	陈潇潇	女	20	生产质检员	cxx@126.com
008	赵飞	男	24	产品组装员	zfeifei@126
009	熊磊	男	30	电工	xiongl@126.
010	杭小路	女	25	营销人员	hxlu@126.co

记录: ◄ 第1项(共10项) ► ►I ►* 未筛选 搜索

💡 **知识点滴**

实现隐藏列操作时，还可以在【取消隐藏列】对话框中取消选中对应列前的复选框。

4.2.4 设置网格属性

在数据表视图中，通常会在行和列之间显示网格，用户可以通过设置数据表的网格和背景来更好地区分记录。

【例 4-16】在【产品信息表】数据表中设置网格属性。

🔘 视频+素材 (光盘素材\第 04 章\例 4-16)

step 1 启动 Access 2010 应用程序，打开【公司信息管理系统】数据库。

step 2 打开【产品信息表】的数据表视图窗口，选中第一条记录，在【开始】选项卡的【文本格式】组中单击【背景色】按钮 🎨▾，在弹出的菜单中选择一种颜色。

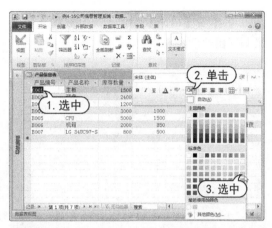

step 3 此时，数据表中【产品编号】为奇数的记录单元格将被填充设置的新颜色。

step 4 单击【文本格式】组右下方的对话框启动器 🔲，打开【设置数据表格式】对话框。

step 5 在【网格线显示方式】选项区域取消选中【水平】复选框，单击【网格线颜色】下拉箭头，在弹出的颜色面板中选择【橙色，强调文字颜色 6，深色 50%】选项。

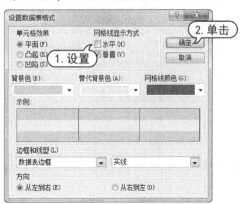

Access 2010 数据库应用案例教程

step 6 单击【确定】按钮，此时数据表的效果如下图所示。

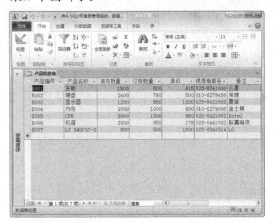

step 7 在快速访问工具栏中单击【保存】按钮，将【产品信息表】中所做的修改保。

4.2.5 设置字体格式

在数据表视图中，用户同样可以为表中的数据设置字体格式，在【开始】选项卡的【文本格式】组中进行设置即可。

【例4-17】在【员工信息表】数据表中设置数据的字体格式。

视频+素材 (光盘素材\第04章\例4-17)

step 1 启动 Access 2010 应用程序，打开【公司信息管理系统】数据库。

step 2 打开【员工信息表】的数据表视图窗口，选中所有的记录，在【文本格式】组中单击【字体颜色】按钮，在弹出的颜色面板中选择【深蓝，文本2】选项。

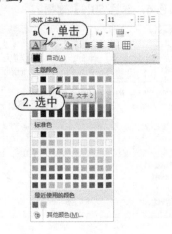

step 3 此时数据表效果如下图所示。

step 4 选中【员工编号】列，在【字体】组中单击【居中】按钮，此时【职员编号】列中的所有数值居中显示。

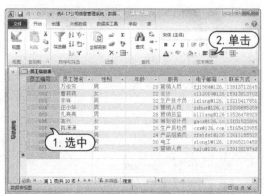

step 5 参照步骤3，使【员工姓名】、【性别】和【年龄】列中的数值都居中显示。

step 6 在快速访问工具栏中单击【保存】按钮，将【员工信息表】中所做的修改保存。

4.2.6 冻结和取消冻结

当表中的字段比较多时，由于屏幕宽度的限制无法在窗口中显示所有的字段，但又希望有的列留在窗口中，可以使用冻结功能

92

实现此操作。

【例4-18】冻结【联系人】数据表中的【联系人编号】和【联系人姓名】字段。

 视频+素材 (光盘素材\第04章\例4-18)

step 1 启动 Access 2010 应用程序，打开【公司信息管理系统】数据库。

step 2 双击打开【联系人】的数据表视图窗口，选中【联系人编号】和【联系人姓名】字段。

step 3 选择【开始】选项卡，在【记录】组中单击【其他】按钮，从弹出的下拉列表中选择【冻结字段】选项。

step 4 此时，【联系人编号】和【联系人姓名】字段将被冻结，拖动窗口下方的水平滚动条，【联系人编号】和【联系人姓名】字段始终显示在窗口中。

step 5 将鼠标指针插入【联系人编号】和【联系人姓名】字段的任意单元格中，在【开始】选项卡的【记录】组中单击【其他】按钮，在弹出的下拉列表中选择【取消冻结所有字段】选项，即可取消字段的冻结效果。

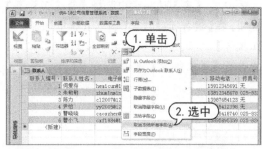

step 6 在快速访问工具栏中单击【保存】按钮，将【联系人】数据表保存。

> **知识点滴**
>
> 打开【开始】选项卡，在【记录】组中单击【其他】按钮，从弹出的菜单中选择【取消冻结所有字段】命令，即可将字段恢复到原始状态。

4.3 建立子数据表

Photoshop CC 提供了多种工具和命令来创建选区，处理图像时用户可以根据不同需要来进行选择。打开图像文件后，先确定要设置的图像效果，然后选择较为合适的工具或命令创建选区。

选区工具选项栏

Access 2010 允许用户在数据表中插入子数据表。子数据表可以帮助用户浏览与数据源中某条记录相关的数据记录，而不是只查看数据源中的单条记录信息。

【例4-19】为【员工信息表】数据表添加子数据表【员工工资表】。

视频+素材 (光盘素材\第04章\例4-19)

step 1 启动 Access 2010 应用程序，打开【公司信息管理系统】数据库。

step 2 打开【员工信息表】的数据表视图窗口，打开【开始】选项卡，在【记录】组中单

击【其他】按钮，在弹出的菜单中选择【子数据表】|【子数据表】命令，打开【插入子数据表】对话框。

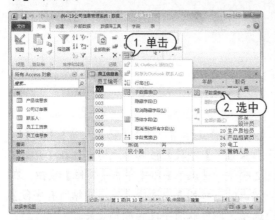

step ③ 在【表】选项卡中选择【员工工资表】选项，在【链接子字段】下拉列表框中选择【员工编号】选项，在【链接主字段】下拉列表框中选择【员工编号】选项。

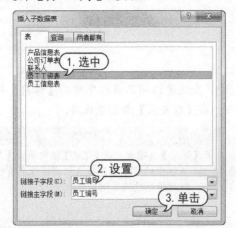

step ④ 单击【确定】按钮，系统将自动检测两个表之间的关系。

step ⑤ 单击【是】按钮，自动创建表之间的关系。此时插入子数据表，数据表效果如下图所示。

step ⑥ 单击符号【+】，出现一个子数据表，该子数据表显示了与之相关联的【员工工资表】中的数据。

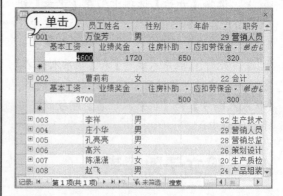

step ⑦ 在快速访问工具栏中单击【保存】按钮，将创建的子数据表保存。

4.4　建立表之间的关系

　　Access 是关系型数据库，用户创建了所需的表后，还要建立表之间的关系，Access 就是凭借这些关系来连接表或查询表中的数据。

4.4.1　表关系概述

　　两个表之间的关系是通过一个相关联的字段建立的，在两个相关表中，起着定义相关字段取值范围作用的表称为父表，该字段称为主键；而另一个引用父表中相关字段的表称为子表，该字段称为子表的外键。

　　根据父表和子表中关联字段间的相互关系，Access 数据表间的关系可以分为 3 种：一对一关系、一对多关系和多对多关系。

　　▶ 一对一关系：父表中的每一条记录只能与子表中的一条记录相关联，在这种表关系中，父表和子表都必须以相关联的字段为主键。

　　▶ 一对多关系：父表中的每一条记录可与子表中的多条记录相关联，在这种表关系中，父表必须根据相关联的字段建立主键。

　　▶ 多对多关系：父表中的记录可与子表中的多条记录相关联，而子表中的记录也可与父表中的多条记录相关联。在这种表关系中，父表与子表之间的关联实际上是通过一个中间数据表来实现的。

4.4.2　表的索引

　　索引的作用就如同书的目录一样，通过它可以快速地查找所需的章节。对于一张数据表来说，建立索引的操作就是指定一个或多个字段，以便按照字段中的值来检索或排序数据。

【例 4-20】将【公司订单表】的【订单号】字段和【联系人编号】字段设置为索引。

📀视频+素材 (光盘素材第 04 章\例 4-20)

step 1 启动 Access 2010 应用程序，打开【公司信息管理系统】数据库。

step 2 打开【公司订单表】的设计视图，在【表格工具】的【设计】选项卡的【显示/隐藏】组中单击【索引】按钮，打开【索引：公司订单表】对话框。

step 3 【索引：公司订单表】对话框中显示

了主键字段，该字段默认为索引。

step 4 在【索引名称】列中输入【联系人编号】，在【字段名称】下拉列表中选择【联系人编号】选项。

step 5 关闭【索引：公司订单表】对话框，保存设置的索引后，切换到数据表视图，此时数据表按照【索引：公司订单表】对话框中设置的索引和排序方式重新排列。

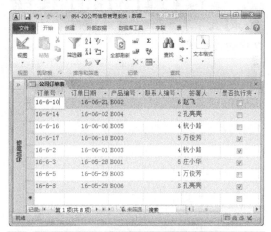

💧 知识点滴

　　不能为备注、超级链接或 OLE 对象等数据类型的字段设置索引。

4.4.3　创建表关系

　　在表之间创建关系，可以确保 Access

将某一表中的改动反映到相关联的表中。一个表可以和多个其他表相关联，而不是只能与另一个表组成关系对。

【例4-21】以【公司信息管理系统】数据库中的5个数据表为例，创建它们的相互关系。

视频+素材 (光盘素材\第04章\例4-21)

step 1 启动 Access 2010 应用程序，打开【公司信息管理系统】数据库。

step 2 打开【数据库工具】选项卡，在【关系】组中单击【关系】按钮，打开【关系】窗口。

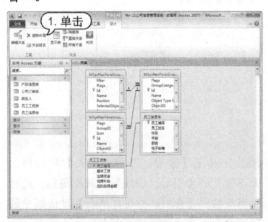

step 3 在【关系工具】的【设计】选项卡的【工具】组中单击【清除布局】按钮，清除窗口中的关系图。

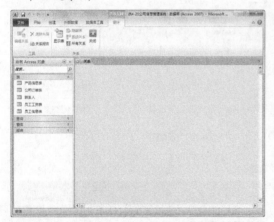

step 4 在【设计】选项卡的【关系】组中单击【显示表】按钮，打开【显示表】对话框，选中5个数据表。

step 5 单击【添加】按钮，将数据库中的5个数据表添加到【关系】窗口中。

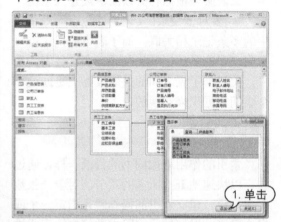

step 6 关闭【显示表】对话框，此时【关系】窗口的效果如下图所示。

step 7 按住鼠标左键在【公司订单表】中拖动【产品编号】字段到【产品信息表】的【产品编号】字段上。

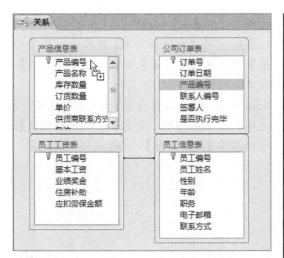

step 8 释放鼠标左键，此时打开【编辑关系】对话框。

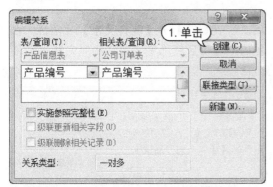

step 9 单击【创建】按钮，系统完成创建【公司订单表】和【产品信息表】中字段关系的过程，创建的结果如下图所示。

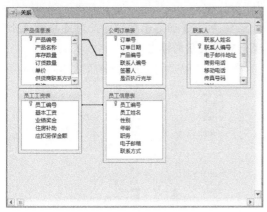

step 10 使用同样的方法，将【公司订单表】的【签署人】字段拖放到【员工信息表】的【员工姓名】字段上，创建关系后的效果如下图所示。

示。

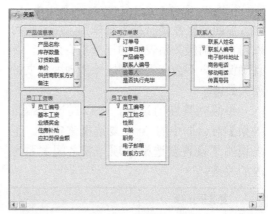

step 11 右击【员工工资表】和【员工信息表】之间自动建立的关系连接线，从弹出的快捷菜单中选择【删除】命令。

step 12 打开的信息提示框提示用户是否永久删除选中的关系，单击【是】按钮。

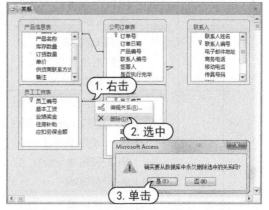

step 12 在【设计】选项卡的【关系】组中单击【关闭】按钮，此时打开如下图所示的提示框，单击【是】按钮，保存创建的表关系。

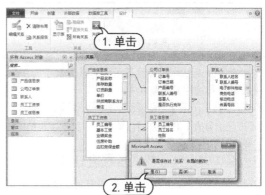

4.4.4 设置参照完整性

参照完整性是一种系统规则，Access 可以用它来确保关系表中的记录是有效的，并且确保用户不会在无意间删除或改变重要的相关数据。

参照完整性的设置，可以通过【编辑关系】对话框中的 3 个复选框来实现。下表说明了设置复选框选项与表之间关系字段的关系。

复选框选项			关系字段的数据关系
参照完整性	级联更新字段	级联删除字段	
√	-	-	两表中关系字段的内容都不允许更改或删除
√	√		当更改主表中关系字段的内容时，子表的关系字段会自动更改，但仍然拒绝直接更改子表的关系字段内容
√	-	√	当删除主表中关系字段的内容时，子表的相关记录会一起被删除。但直接删除子表中的记录时，主表不受其影响
√	√	√	当更改或删除主表中关系字段的内容时，子表的关系字段会自动更改或删除

> **知识点滴**
>
> 当在设计数据表的过程中已经为关系字段设置了索引或关键字时，一般不需要设置【级联删除相关记录】复选框，因为设置了索引或关键字的字段本身就不允许用户删除记录。

【例 4-22】选中【实施参照完整性】复选框，修改【产品信息表】和【公司订单表】中关键字段的内容，观察两个表的变化。

📹 视频+素材 (光盘素材\第 04 章\例 4-22)

step ① 启动 Access 2010 应用程序，打开【公司信息管理系统】数据库。

step ② 打开【数据库工具】选项卡，在【关系】组中单击【关系】按钮，打开【关系】窗口。

step ③ 选中【产品信息表】和【公司订单表】之间的关系连接线，右击，在弹出的快捷菜单中选择【编辑关系】命令。

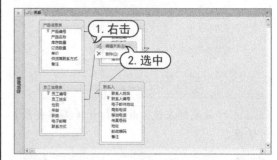

step ④ 此时，打开【编辑关系】对话框，在复选框选项区域选中【实施参照完整性】复选框。

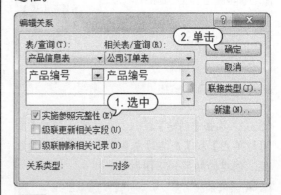

step ⑤ 单击【确定】按钮，此时连接线上出现一对多关系的标志。

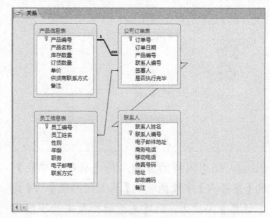

step⑥ 关闭【关系】窗口，同时打开【产品信息表】和【公司订单表】的数据表视图。

step⑦ 在主表(【产品信息表】)中删除产品编号为 B001 的数据，此时系统将打开如下图所示的提示框，提醒用户不能删除该记录。

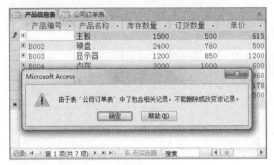

step⑧ 单击【确定】按钮，按下 Ctrl+Z 组合键，撤销对数据表所做的更改。

step⑨ 在子表(【公司订单表】)中将产品编号为 B001 的数据更改为 B008，此时系统同样将打开提示框，提醒用户不能更改该记录。

step⑩ 参照步骤8，撤销对数据表的更改。关闭【产品信息表】和【公司订单表】的数据表视图。

> 【例4-23】同时选中【实施参照完整性】复选框和【级联更新相关字段】复选框，修改【产品信息表】和【公司订单表】中关键字段的内容，观察两个表的变化。
>
> 📀视频+素材 (光盘素材\第04章\例4-23)

step① 启动 Access 2010 应用程序，打开【公司信息管理系统】数据库。

step② 打开【数据库工具】选项卡，在【关系】组中单击【关系】按钮，打开【关系】窗口。

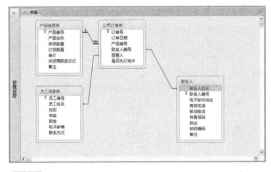

step③ 选中【产品信息表】和【公司订单表】

之间的关系连接线，右击，在弹出的快捷菜单中选择【编辑关系】命令，打开【编辑关系】对话框。

step④ 同时选中【实施参照完整性】复选框和【级联更新相关字段】复选框。

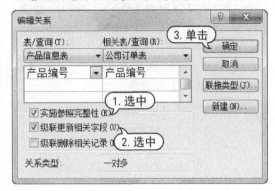

step⑤ 单击【确定】按钮。同时打开【产品信息表】和【公司订单表】的数据表视图。

step⑥ 在主表(【产品信息表】)中将关系字段中的数据 B001 更改为 B008。

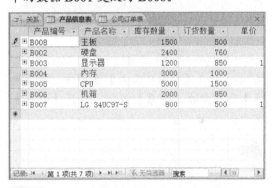

step⑦ 此时，子表关系字段中的数据 B001 更改为 B008。

step⑧ 撤销对数据表的更改。关闭【客户信息表】和【公司订单表】的数据表视图。

4.5 案例演练

本章的实战演练部分包括在【公司仓库管理系统】数据库中创建表关系和设置表格式，以及导出表内容两个综合实例操作，用户通过练习可以巩固本章所学知识。

【例4-24】在【公司仓库管理系统】数据库中创建表关系。

视频+素材 (光盘素材\第 04 章\例 4-24)

step 1 启动 Access 2010 应用程序，打开【公司仓库管理系统】数据库。

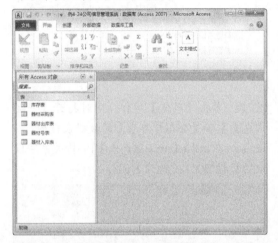

step 2 打开【数据库工具】选项卡，在【关系】组中单击【关系】按钮，打开【关系】窗口。

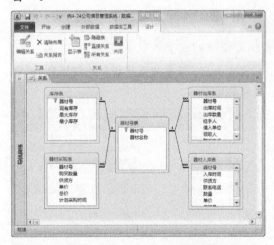

step 3 在【工具】组中单击【清除布局】按钮，自动打开信息提示框。单击【是】按钮，清除系统自动创建的数据表关系。

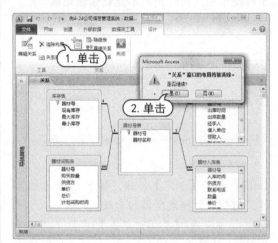

step 4 在【关系】组中，单击【显示表】按钮，打开【显示表】对话框，按住 Shift 键，单击【器材入库表】选项，同时选中所有表。

step 5 单击【添加】按钮，将表添加到【关系】窗口中，然后关闭【显示表】对话框，此时【关系】窗口的效果如下图所示。

step 6 在窗口中拖动鼠标调整表的位置，以【器材号】表为主表，以便于创建连接。

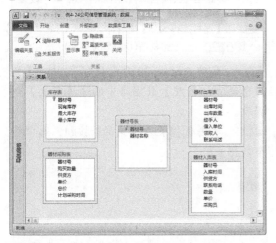

step 7 在【器材号表】中拖动【器材号】字段到【库存表】的【器材号】字段上。

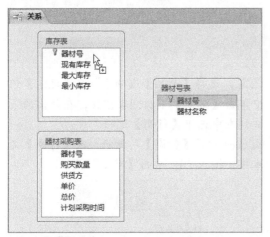

step 8 释放鼠标，打开【编辑关系】窗口，保持默认设置，单击【创建】按钮。

step 9 创建【器材号表】和【库存表】之间

的关系，此时【关系】窗口中出现连接线。

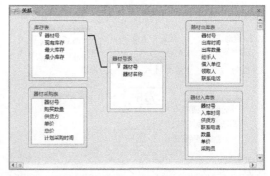

step 10 以【器材号表】为主表，将表中的【器材号】字段分别拖动到另外 3 个表的【器材号】字段上，创建表关系，此时【关系】窗口的效果如下图所示。

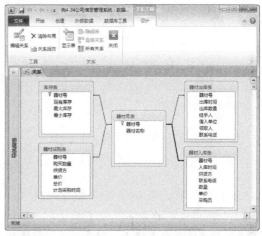

step 11 选中【器材号表】和【库存表】之间的关系连接线，右击，在弹出的快捷菜单中选择【编辑关系】命令。

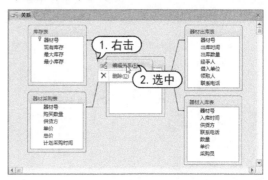

step 12 打开【编辑关系】对话框，同时选中【实施参照完整性】复选框和【级联更新相关

Access 2010 数据库应用案例教程

字段】复选框。

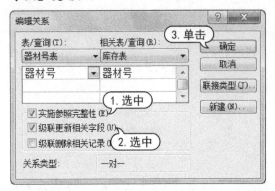

step 13 单击【确定】按钮，此时连接线上出现一对一关系的标志。

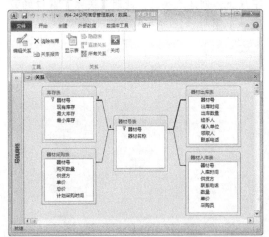

step 14 使用同样的方法，以【器材号表】为主表，与其他 3 个表建立一对多关系，最终效果如下图所示。

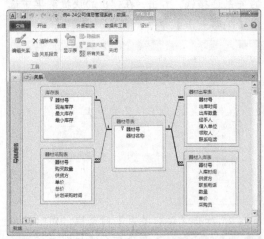

step 15 在快速访问工具栏中单击【保存】按

钮，保存【公司仓库管理系统】数据库。

【例 4-25】在【公司仓库管理系统】数据库中设置【库存表】的格式，并将其导出至【器材库存】数据库和【器材库存.xlsx】文件中。

视频+素材（光盘素材\第 04 章\例 4-25）

step 1 启动 Access 2010 应用程序，打开【公司仓库管理系统】数据库中的【库存表】数据表。

step 2 单击数据表左上角的　按钮，选中整个数据表。

step 3 选择【开始】选项卡，在【记录】组中单击【其他】下拉列表按钮，在弹出的下拉列表中选中【行高】选项。

step 4 打开【行高】对话框，在【行高】文本框中输入 20，单击【确定】按钮。

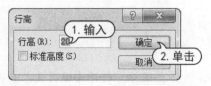

step 5 此时，数据表的效果将如下图所示。

step 6 在【文本格式】组中单击【设置数据表格式】按钮，打开【设置数据表格式】对

102

话框。

step 7 在【单元格效果】选项区域选中【凸起】单选按钮，单击【网格线颜色】下拉列表按钮，在弹出的下拉列表中选中【深蓝】色块，如下图所示。

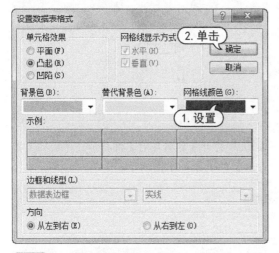

step 8 在【设置数据表格式】对话框中单击【确定】按钮，数据表效果如下图所示。

step 9 打开【外部数据】选项卡，在【导出】组中单击 Access 按钮，打开【导出-Access 数据】对话框。

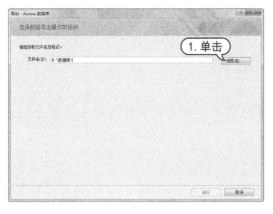

step 10 单击【浏览】按钮，在打开的对话框中选中【器材库存】数据库后，单击【保存】按钮。

step 11 返回【导出-Access 数据库】对话框，单击【确定】按钮，在打开的【导出】对话框中选中【定义和数据】单选按钮，并单击【确定】按钮。

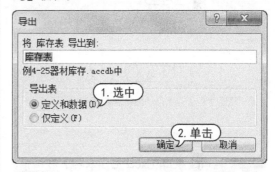

step 12 在打开的对话框中单击【关闭】按钮。

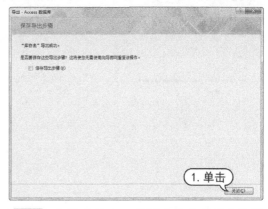

step 13 在快速访问工具栏中单击【保存】按钮 ，保存【公司仓库管理系统】数据库。

step 14 打开【外部数据】选项卡，在【导出】

组中单击 Excel 按钮，打开如下图所示的【导出-Excel 电子表格】对话框。

step 15 打开【保存文件】对话框，在该对话框中设置导出文件的路径和文件名后，单击【保存】按钮。

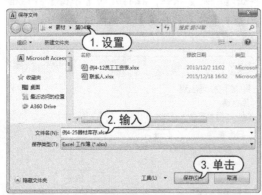

step 18 打开【器材库存】数据库，导出的【库存表】的效果如下图所示。

step 16 返回【导出-Excel 电子表格】对话框，单击【确定】按钮，在打开的对话框中单击【关闭】按钮。

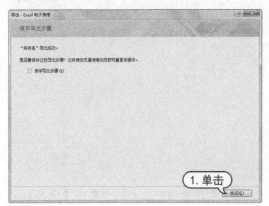

step 17 打开导出的 Excel 文件，其内容如右上图所示。

第5章

查询

查询是 Access 数据库的第二大对象。运用查询，用户可以从按主题划分的数据表中检索出需要的数据，并以数据表的形式显示出来。表和查询的这种关系，构成了关系型数据库的工作方式。本章将重点介绍在 Access 2010 中创建查询、操作查询与 SQL 查询的方法与技巧。

 对应光盘视频

5.1 查询简介

查询是数据库最重要和最常见的应用，它作为 Access 数据库的一个重要对象，可以让用户根据指定条件对数据库进行检索，筛选出符合条件的记录，构成一个新的数据集合，从而方便用户对数据库进行查看和分析。

5.1.1 查询的类型

查询可根据用户的需求，用一些限制条件来选择表中的数据(记录)。Access 的查询可以分为选择查询、生成表查询、追加查询、更新查询、交叉表查询和删除查询 6 种类型。

➤ 选择查询：最常用的查询类型，它从一个或多个相关联的表中检索数据，并且用数据视图显示结果，也可以使用选择查询来对记录进行分组，或对记录进行总计、计数、求平均值以及其他类型的计算。

➤ 生成表查询：可以根据一个或多个表中的全部或部分数据新建表，生成表查询有助于创建表以导出到其他 Microsoft Access 数据库或包含所有旧记录的历史表中。

➤ 追加查询：将一个或多个表中的一组记录添加到一个或多个表的末尾。

➤ 更新查询：可以对一个或多个表中的一组记录做全局更改，使用更新查询时，可以更改已有表中的数据。

➤ 交叉表查询：可以看作选择查询的一种附加功能，不仅能用来计算数据的总计、平均值等，还能重新组织数据的结构，以更加方便地分析数据。

➤ 删除查询：可以从一个或多个表中删除一组记录，使用删除查询时，通常会删除整条记录，而不只是记录中所选择的字段。

> **知识点滴**
>
> 其中，选择查询和交叉表查询仅仅是对数据表中的数据进行某种筛选，而其余的几种查询将直接操作数据表中的数据，故被称为操作查询。

除了上述介绍的查询家族中的 6 种类型外，Access 还包括一种特殊的查询——SQL查询。SQL 查询是用户使用 SQL 语句(用于定义 SQL 命令，如 SELECT、UPDATE 或 DELETE 等的表达式，可以包含子句，如 WHERE 和 ORDER BY 等，SQL 字符串/语句通常用在查询和聚合函数中)创建的查询。可以用 SQL 来查询、更新和管理 Access 关系型数据库。

某些 SQL 查询，称为 SQL 特定查询，即 SQL 特有的查询，该类查询由 SQL 语句组成。子查询、传递查询、联合查询和数据定义查询都是 SQL 特有的查询。SQL 特定的查询不能在设计网格中创建。

➤ 子查询：在另一个选择查询或操作查询内的 SQL SELECT 语句，可以在查询设计网格的【字段】行或【条件】行输入 SQL 语句。

➤ 传递查询：可用于直接向 ODBC 数据库服务器发送命令，通过使用传递查询，可以直接使用服务器上的表，而不用让 Microsoft Jet 数据库引擎处理数据。

➤ 数据定义查询：包含数据定义语言(DDL)语句的 SQL 特有查询，这些语句可用来创建或更改 Access、SQL 服务器或其他服务器数据库中的对象。

➤ 联合查询：将来自一个或多个表或查询的字段(列)组合为查询结果中的一个查询。

在设计视图中创建查询时，Access 将会在后台构造等效的 SQL 语句。查询完成后，用户可通过 SQL 视图查看和编辑 SQL 语句，但是，在对 SQL 视图中的查询更改之后，查询可能无法以以前在设计视图中所显示的方式进行显示。

5.1.2 查询的功能

使用查询可以按照不同的方式查看、更

改和分析数据。也可以用查询作为窗体、报表和数据访问页的记录源。查询基本上可以满足用户以下要求：

> 选择所要查询的基本表或查询(一个或多个)；
> 选择想要在结果集中见到的字段；
> 使用准则来限制结果集中所要出现的记录；
> 对结果集中记录的排列次序进行选定；
> 对结果集中的记录进行统计(求和、总计等)；
> 将结果集汇集成一个新的基本表；
> 将结果作为数据源创建窗体和报表；

> 根据结果建立图表，得到直观的图像信息；
> 在结果集中进行新的查询；
> 查找不符合指定条件的记录；
> 建立交叉表形式的结果集；
> 在其他数据库软件包生成的基本表中进行查询；
> 批量地向数据表中添加、删除或修改数据。

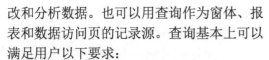

知识点滴

从某种意义上说，能够进行查询，是使用数据库管理系统来管理大量数据区别于用电子表格 Excel 管理数据最显著的特点。

5.2 创建查询

数据库创建完毕后，新建数据表并在其中存储数据，就可以创建查询了。一般情况下，用户可以在 Access 2010 中选择【创建】选项卡，使用【查询】组中的选项执行单表查询或多表查询。下面将分别进行介绍。

5.2.1 单表查询

建立了数据库，创建了数据表并在数据表中存储了数据之后，就可以创建查询了。单表查询是指对一个表进行查询，可以只显示一个表中对用户有用的数据，以便于用户浏览。

1. 创建单表查询

在 Access 2010 中，可以使用查询向导和查询设计视图创建查询。下面将以实例来介绍使用查询设计视图创建单表查询的方法。

【例5-1】使用【公司信息管理系统】数据库中的【产品信息表】建立简单的单表查询，查询表中【产品编号】、【产品名称】和【库存数量】这3个字段的记录。

视频+素材 (光盘素材\第05章\例5-1)

step 1 启动 Access 2010 应用程序，打开【公司信息管理系统】数据库。

step 2 打开【创建】选项卡，在【查询】组中单击【查询设计】按钮，打开如右图所示的查询设计视图窗口和【显示表】对话框。

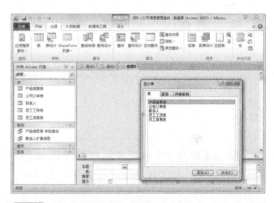

step 3 在【表】列表框中选择【产品信息表】选项，单击【添加】按钮。

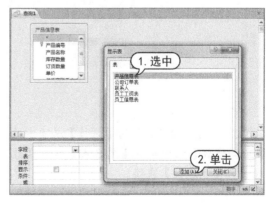

step ④ 关闭【显示表】对话框。在【产品信息表】列表中拖动【产品编号】字段到下方的【字段】文本框中，添加查询字段。

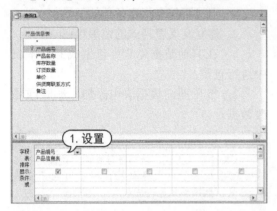

step ⑤ 在【产品信息表】列表中双击【产品名称】字段，将其添加到【字段】文本框中。

step ⑥ 在【字段】下拉列表框中依次选择【库存数量】选项，将其添加到【字段】文本框中。

step ⑦ 在【查询工具】的【设计】选项卡的【显示/隐藏】组中单击【属性表】按钮，此时打开【表属性】窗格。

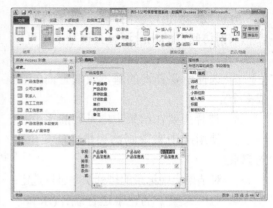

step ⑧ 在【表属性】窗格的【说明】文本框中输入字段名称【库存数量】，在【格式】下拉列表中选择【固定】选项。

step ⑨ 关闭【表属性】窗格。在【设计】选项卡的【结果】组中单击【运行】按钮，此时显示查询结果。

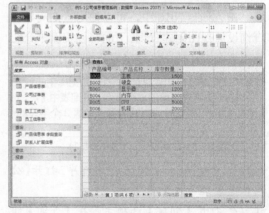

step ⑩ 单击【文件】按钮，在弹出的【文件】菜单中选择【对象另存为】命令，打开【另存为】对话框。在【将"查询 1"另存为】

文本框中输入查询名称。

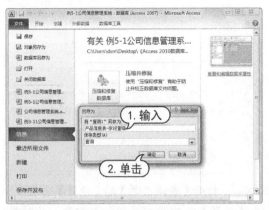

step 11 单击【确定】按钮，关闭查询结果数据表，此时在导航窗格的【查询】组中可以看到创建的查询。

2. 设置查询条件

查询条件是一种限制查询范围的方法，主要用来筛选出符合某种特殊条件的记录。查询条件可以在查询设计视图窗口的【条件】文本框中进行设置。

查询条件类似于一种公式，它是由引用的字段、运算符和常量组成的字符串。在 Access 2010 中，查询条件也称为表达式。下表列举了常用查询条件的例子。

条 件	说 明
>25 And <50	此条件适用于数字字段，返回数字大于 25 且小于 50 的记录
Not " China"	返回字段不包含 China 字符串的所有记录

（续表）

条 件	说 明
100 Or 150	返回数字为 100 或 150 的记录
Between 100 And 150	等于">100 And <150"，返回数字大于 100 且小于 150 的记录
Like "China"	返回所有包括"China"字符串的记录。注意它不等于"China"条件，因为"China"条件只返回字段的值为"China"的记录
Is Null	此条件可用于任何类型的字段，返回字段值为 Null 的记录
>#2/28/2012#	返回所有日期字段值在 2012 年 2 月 28 日以后的记录
<=150	返回数字小于或等于 150 的记录
Date()	返回所有日期字段值为今天的记录

各种不同的数据类型字段可以使用不同的条件，用户可以根据自己的查询要求给出自己的条件。要向查询中添加条件，必须先在设计视图中打开查询，将光标定位到要进行选择查询的字段处，然后在【条件】行中输入条件，即可完成查询条件的创建。

【例 5-2】使用 Between…And…表达式，在【产品信息表-字段查询】查询中将【产品编号】字段数据在 B001~B003 或 B005~B006 的记录显示出来。

📀视频+素材 (光盘素材第 05 章\例 5-2)

step 1 启动 Access 2010 应用程序，打开【公司信息管理系统】数据库。

step 2 在导航窗格中右击【产品信息表-字段查询】选项，在弹出的快捷菜单中选择【设计视图】命令，打开查询设计视图窗口。

step 3 在【产品编号】列下方的【条件】文本框中输入表达式 Between "B001" And "B003"，在【或】文本框中输入表达式 Between "B005" And "B006"。

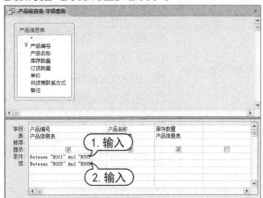

step 4 打开【查询工具】的【设计】选项卡，在【结果】组中单击【运行】按钮，此时显示【客户编号】为 B001、B002、B003、B005 和 B006 的记录。

step 5 关闭查询数据表窗口，不保存查询结果。

【例 5-3】使用 In()函数，在【产品信息表-字段查询】查询中将【产品编号】字段数据在 001~003 或 005~006 的记录显示出来。

🔘 视频+素材 (光盘素材\第 05 章\例 5-3)

step 1 启动 Access 2010 应用程序，打开【公司信息管理系统】数据库。

step 2 打开【产品信息表-字段查询】查询设计视图窗口，然后在【产品编号】列下方的【条件】文本框中输入函数 In ("B001","B002","B003","B005","B006")。

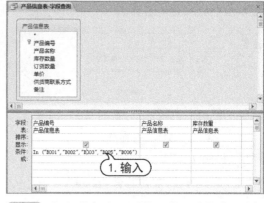

step 3 打开【查询工具】的【设计】选项卡，在【结果】组中单击【运行】按钮，此时显示的查询结果和【例 5-2】创建的查询结果相同。

产品编号	产品名称	库存数量
B001	主板	1500
B002	硬盘	2400
B003	显示器	1200
B005	CPU	5000
B006	机箱	2000
*		

step 4 在快速访问工具栏中单击【保存】按钮 🔲，将查询所做的修改保存。

💧 知识点滴

当需要查询【产品编号】为 B001 或 B002 的记录，用户可以在【条件】文本框中输入"B001" Or "B002"，然后单击【运行】按钮即可。

3. 设置查询字段

用户可以在查询中引用某些对象的值，使用 Access 提供的函数计算字段的值，或者使用运算符处理字段的显示格式。

(1) 对象参照

所谓对象，是指表的字段或窗体、报表的控件等，其中窗体和报表的概念将在以后几章进行学习，这里仅用表的字段加以说明。

【例 5-4】在【联系人】表的【备注】字段内容前添加文字【销售区域】。

🔘 视频+素材 (光盘素材\第 05 章\例 5-4)

step ① 启动 Access 2010 应用程序，打开【公司信息管理系统】数据库。

step ② 打开【创建】选项卡，在【查询】组中单击【查询设计】按钮，打开查询设计视图和【显示表】对话框。

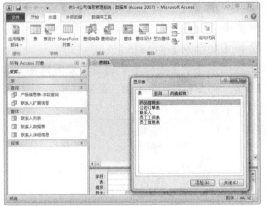

step ③ 在【表】选项卡中选择【联系人】选项，单击【添加】按钮。

step ④ 关闭【显示表】对话框，将表添加到查询设计视图窗口中。将表中除【商务电话】、【移动电话】、【传真号码】、【邮政编码】字段以外的所有字段添加到【字段】文本框中。

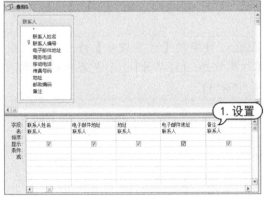

step ⑤ 在【字段】文本框中将字段名【备注】修改为【"销售区域"+[地址]】。

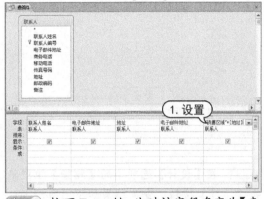

step ⑥ 按下 Enter 键，此时该字段名变为【表达式 1: "销售区域"+[地址]】。

step ⑦ 在【设计】选项卡的【结果】组中单击【运行】按钮，即可看到【备注】字段的内容。

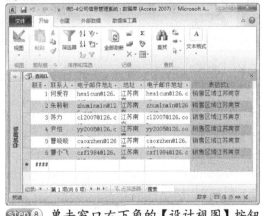

step ⑧ 单击窗口右下角的【设计视图】按钮，切换到查询设计视图窗口，在字段名称中将文字【表达式 1】修改为【说明】。

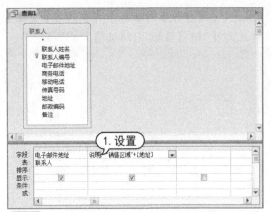

step 9 在【设计】选项卡的【结果】组中单击【运行】按钮, 查询结果如下图所示。

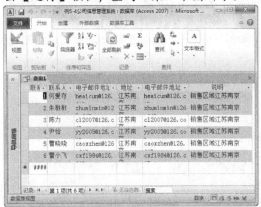

step 9 在快速访问工具栏中单击【保存】按钮, 将该查询以文件名【联系人-修改字段】进行保存。

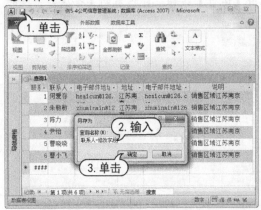

(2) 使用函数查询

函数是一段事先编写好的小程序, 用它可以完成一些复杂的功能或特殊运算。使用函数时, 只需要将函数名写出, 或赋予一个数据, 即可返回运算结果。

【例5-5】在【联系人】表的【备注】字段内容前添加文字【销售区域】。

▶ 视频+素材 (光盘素材\第05章\例5-5)

step 1 启动 Access 2010 应用程序, 打开【公司信息管理系统】数据库。

step 2 打开【创建】选项卡, 在【查询】组中单击【查询设计】按钮, 打开查询设计视图和【显示表】对话框。

step 3 在【表】选项卡中选择【公司订单表】选项, 单击【添加】按钮, 在窗口中添加【公司订单表】。

step 4 双击【订单号】和【订单日期】字段, 将其添加到下方的【字段】文本框中。

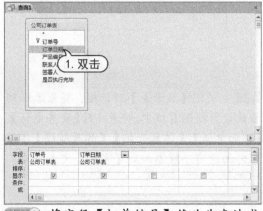

step 5 将字段【订单编号】修改为表达式【订单状态: [订单号]+IIf([是否执行完毕],"是","否")】。

step 6 打开【查询工具】的【设计】选项卡,

在【结果】组中单击【运行】按钮，此时显示查询结果。

step 7 在快速访问工具栏中单击【保存】按钮，将该查询以文件名【订单状态】进行保存。

> 【例5-6】使用【员工信息表】创建查询，将【职务】字段的【会计】更改为【财务】，并同时显示字段名【员工姓名】和【性别】。
>
> 视频+素材 (光盘素材\第05章\例5-6)

step 1 启动 Access 2010 应用程序，打开【公司信息管理系统】数据库。

step 2 打开【创建】选项卡，在【查询】组中单击【查询设计】按钮，打开查询设计视图和【显示表】对话框，选择【员工信息表】选项，单击【添加】按钮。

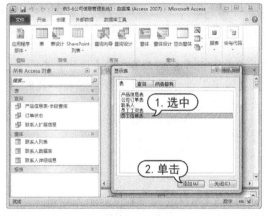

step 3 在窗口中添加【员工信息表】，并将【员工姓名】、【性别】和【职务】字段添加到下方的【字段】文本框中。

step 4 将【职务】字段名修改为如下图所示的表达式【职位名称: Replace([职务],"会计","财务")】。

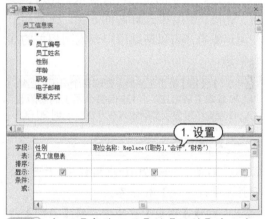

step 5 打开【查询工具】的【设计】选项卡，在【结果】组中单击【运行】按钮，此时显示查询结果。

step 6 在快速访问工具栏中单击【保存】按钮，将该查询以文件名【员工信息表-修改

职位名称】进行保存。

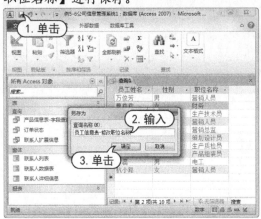

(3) 使用运算符查询

Access 常见的运算符有算术、比较、逻辑、连接、引用和日期/时间 6 类。在查询中使用运算符,可以帮助用户查询到相关的准确信息。

【例5-7】使用【员工工资表】查询每个员工的应缴税金(基本工资*0.05),并查询每个员工的实际收入,使查询结果显示实际收入在 6 000 元到 20 000 元之间的记录。

🎬 视频+素材 (光盘素材\第 05 章\例 5-7)

step 1 启动 Access 2010 应用程序,打开【公司信息管理系统】数据库。

step 2 打开【创建】选项卡,在【查询】组中单击【查询设计】按钮,打开查询设计视图和【显示表】对话框,选择【员工工资表】选项,单击【添加】按钮。

step 3 在窗口中添加【员工工资表】,然后在【员工工资表】列表框中将字段【员工编号】添加到【字段】文本框中。

step 4 在第 2 和第 3 个字段文本框中分别输入表达式【应缴税金:[基本工资]*0.05】和【实际收入: [基本工资]+[业绩奖金]+[住房补助]-[应扣劳保金额]-[基本工资]*0.05】。

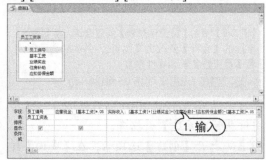

step 5 在第 3 个字段的【条件】文本框中输入条件【>6000 And <20000】。

step 6 打开【查询工具】的【设计】选项卡,在【结果】组中单击【运行】按钮,此时显示查询结果。

step ⑦ 在快速访问工具栏中单击【保存】按钮 📳，将该查询以文件名【员工收入查询】进行保存。

在使用函数或表达式时，有时需要引用多个运算符或字段名，为了便于操作，可以在查询设计视图中，打开【查询工具】的【设计】选项卡，在【查询设置】组中单击【生成器】按钮，打开【表达式生成器】来完成。

知识点滴

当不清楚选择函数的使用方法和功能时，单击【帮助】按钮，即可查看选定函数的帮助文件。

4. 在表单中应用总计查询

总计查询可以对表中的记录进行求和、求平均值等操作。总计查询是选择查询中的一种，在单表查询和连接查询中都可以使用。

【例 5-8】修改【员工收入查询】，首先显示所有员工的工资记录，然后总计出需要发出的实际工资总和以及平均工资。

(●)视频+素材 (光盘素材\第 05 章\例 5-8)

step ① 启动 Access 2010 应用程序，打开【公司信息管理系统】数据库。

step ② 在导航窗格中双击【查询】组中的【员工收入查询】选项，打开【员工收入查询】表。

step ③ 在状态栏中单击【设计视图】按钮 📐，打开【员工收入查询】的设计视图。

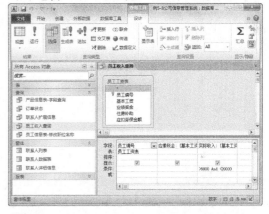

step ④ 删除【条件】文本框中的表达式">6000 And <20000"，在【设计】选项卡的【结果】组中单击【运行】按钮，显示所有员工的工资记录。

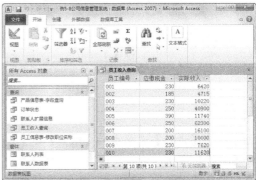

step 5 切换到设计视图窗口，在【设计】选项卡的【显示/隐藏】组中单击【汇总】按钮 Σ，此时查询设计视图窗口如下图所示。

step 6 在查询设计视图窗口中，按 Delete 键，删除选中的第 1 和第 2 个字段，并在第 3 个字段的【总计】下拉列表框中选择【合计】选项。

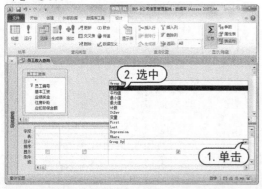

step 7 将第 3 个字段表达式中的【实际收入】修改为【实发工资】。

step 8 在【设计】选项卡的【结果】组中单击【运行】按钮，运行查询，此时数据表中显示实发工资之和。

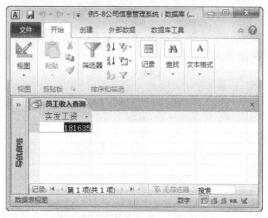

step 9 在查询设计视图窗口中，在右侧的字段文本框中输入表达式【平均工资: [基本工资]+[业绩奖金]+[住房补助]-[应扣劳保金额]-[基本工资]*0.05】，并在【总计】下拉列表中选择【平均值】选项。

step 10 在【设计】选项卡的【结果】组中单击【运行】按钮，运行查询，此时查询结果如下图所示。

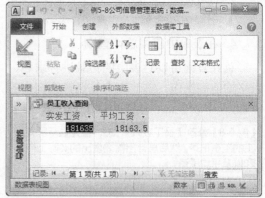

step ⑪ 单击【文件】按钮,从弹出的【文件】菜单中选中【对象另存为】命令,打开【另存为】对话框,将修改的查询以文件名【单表总计查询】进行保存。

5.2.2 多表查询

在实际的查询中,往往会涉及对多个表的查询,所以需要建立基于多表的查询,从而可以从多个表中检索符合条件的记录。如果一个查询同时涉及两个或更多个数据表,则称之为连接查询。

1. 简单选择查询

利用查询向导可以很方便地建立选择查询,从而实现对一个或多个数据表进行检索查询,生成新的查询字段并保存结果。

【例5-9】使用【简单查询向导】的方法,查询【公司信息管理系统】数据库中的员工姓名,以及对应的工资记录。

视频+素材 (光盘素材\第05章\例5-9)

step ① 启动 Access 2010 应用程序,打开【公司信息管理系统】数据库。

step ② 打开【创建】选项卡,在【查询】组中单击【查询向导】按钮,打开如下图所示的【新建查询】对话框。

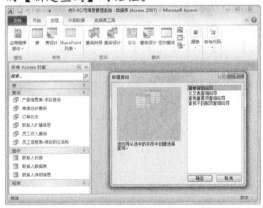

step ③ 选择【简单查询向导】选项,单击【确定】按钮,打开【简单查询向导】对话框。

step ④ 在【表/查询】下拉列表中选择【表:员工信息表】选项,在【可用字段】列表框中选择【员工姓名】选项,单击 > 按钮,将

其添加到【选定字段】列表框中。

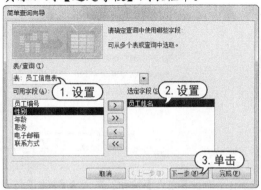

step ⑤ 在【表/查询】下拉列表中选择【表:员工工资表】选项,在【可用字段】列表框中依次选择【员工编号】和【基本工资】字段,单击 > 按钮,将其添加到【选定字段】列表框中。

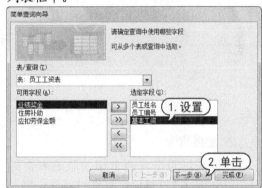

step ⑥ 单击【下一步】按钮,打开如下图所示的窗口,供用户选择查询的显示方式。

step ⑦ 单击【下一步】按钮,打开如下图所示的窗口,在【请为查询指定标题】文本框中输入文字【员工工资向导查询】。

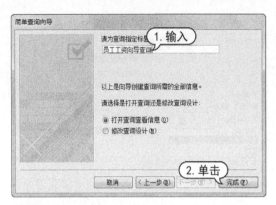

step ⑧ 单击【完成】按钮，完成查询的设计，自动打开查询结果窗口。

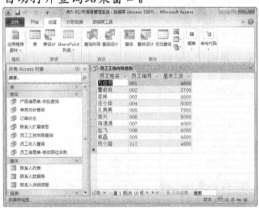

2. 连接查询

当要通过查询将两个相关联的表合并时，可以通过【联接属性】来设置外连接。在查询设计视图窗口中双击表之间的连接线，即可打开【联接属性】对话框。

在【联接属性】对话框中，主要选项的说明如下：

▶ 【只包含两个表中联接字段相等的行】单选按钮：选择该单选按钮时，表示查询的结果仅包含两表联接字段内容相同的记录。Access 将这种连接方式称为内部连接。

▶ 【包括"员工信息表"中的所有记录和"员工工资表"中联接字段相等的那些记录】单选按钮：选择该单选按钮，表示查询的结果必须包含左表(【员工信息表】)中的所有记录。Access 将这种连接方式称为左边外连接。

▶ 【包括"员工工资表"中的所有记录和"员工信息表"中联接字段相等的那些记录】单选按钮：选择该单选按钮，表示查询结果必须包含右表(【员工工资表】)的所有记录。Access 将这种连接方式称为右边外连接。

【例 5-10】通过【公司订单表】和【员工信息表】创建左边外连接查询，设置联接属性，使查询结果包括【员工信息表】中的所有记录。

🎬 视频+素材 (光盘素材第 05 章\例 5-10)

step ① 启动 Access 2010 应用程序，打开【公司信息管理系统】数据库。

step ② 打开【创建】选项卡，在【查询】组中单击【查询设计】按钮，打开【显示表】对话框。

step ③ 选择【公司订单表】和【员工信息表】选项，单击【添加】按钮，添加【公司订单表】和【员工信息表】。

step ④ 在【字段】文本框中依次添加【员工信息表】的【员工编号】字段、【公司订单表】

的【签署人】字段和【订单号】字段。

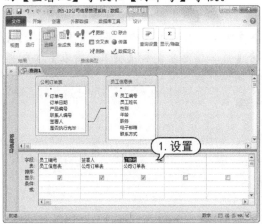

step 5 双击表之间的连接线,打开【联接属性】对话框,选中第 2 个单选按钮。

step 6 单击【确定】按钮,关闭【联接属性】对话框,此时查询设计视图窗口中表之间的连接线有了箭头。

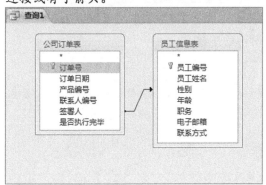

step 7 打开【查询工具】的【设计】选项卡,在【结果】组中单击【运行】按钮,显示如右上图所示的查询结果。

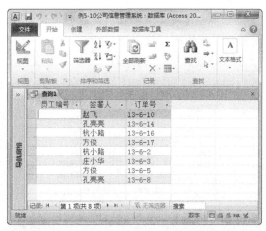

step 8 在快速访问工具栏中单击【保存】按钮,将查询以文件名【左边外连接】进行保存。

【例 5-11】通过【公司订单表】和【员工信息表】创建右边外连接查询,设置连接属性,使查询结果包括【员工工资表】中的所有记录。

视频+素材 (光盘素材第 05 章\例 5-11)

step 1 启动 Access 2010 应用程序,打开【公司信息管理系统】数据库。

step 2 打开【左边外连接】查询的设计视图窗口,双击表的连接线,在打开的【联接属性】对话框中选中第 3 个单选按钮。

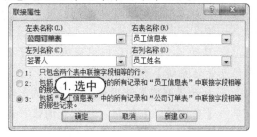

step 3 单击【确定】按钮，此时查询设计视图窗口中表的连接线如下图所示。

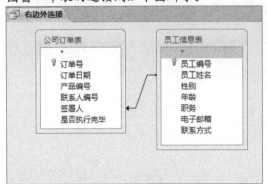

step 4 打开【查询工具】的【设计】选项卡，在【结果】组中单击【运行】按钮，显示如下图所示的查询结果。

step 5 在快速访问工具栏中单击【保存】按钮，将查询以文件名【右边外连接】进行保存。

3. 嵌套查询

在查询设计视图中，将一个查询作为另一个查询的数据源，从而达到使用多表创建查询的效果，这样的查询称为嵌套查询。

【例5-12】将【员工收入查询】查询中的数据作为数据源之一，创建嵌套查询。

▶视频+素材 (光盘素材\第05章\例5-12)

step 1 启动 Access 2010 应用程序，打开【公司信息管理系统】数据库。

step 2 打开【创建】选项卡，在【查询】组中单击【查询设计】按钮，打开查询设计窗口和【显示表】对话框。

step 3 在【表】选项卡中选择【员工信息表】和【员工工资表】选项，单击【添加】按钮，将【员工信息表】和【员工工资表】添加到查询设计视图窗口中。

step 4 打开【查询】选项卡，在【查询】选项卡中选择【员工收入查询】选项，单击【添加】按钮，将查询添加到窗口中。

step 5 依次在【字段】文本框中添加如下图所示的字段。

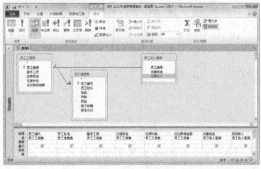

step 6 打开【查询工具】的【设计】选项卡，

在【结果】组中单击【运行】按钮，查询结果如下图所示。

step 7 在快速访问工具栏中单击【保存】按钮，将查询以文件名【嵌套查询】进行保存。

4. 交叉表查询

使用交叉表查询计算和重构数据，可以简化数据分析。交叉表查询将用于查询的字段分成两组，一组以行标题的方式显示在表格的左边；另一组以列标题的方式显示在表格的顶端。在行和列交叉的地方对数据进行总计、平均、计数或是其他类型的计算，并显示在交叉点上。

【例 5-13】使用交叉表查询向导创建查询。

视频+素材（光盘素材\第 05 章\例 5-13）

step 1 启动 Access 2010 应用程序，打开【公司信息管理系统】数据库。

step 2 打开【创建】选项卡，在【查询】组中单击【查询向导】按钮，打开【新建查询】对话框，选择【交叉表查询向导】选项，单击【确定】按钮。

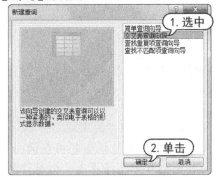

step 3 此时，打开【交叉表查询向导】对话框，在【视图】选项区域选中【查询】单选框。

按钮。

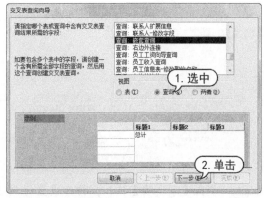

step 4 在列表框中选择【查询：嵌套查询】选项，单击【下一步】按钮，打开如下图所示的对话框，用户可以在该对话框中选择行标题。

step 5 在【可选字段】列表中分别选中【员工编号】和【基本工资】字段，单击按钮，将它们添加到【选定字段】列表中。

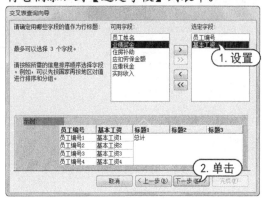

step 6 单击【下一步】按钮，打开用于设置列标题的对话框，选择【员工姓名】字段。

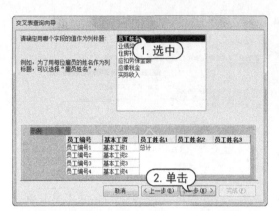

step 7 单击【下一步】按钮，打开设置行列交叉点显示字段的对话框，在【字段】列表中选择【业绩奖金】选项，在【函数】列表中选择 Last 选项，并取消选中【是，包括各行小计】复选框。

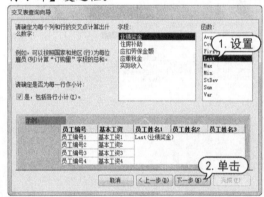

step 8 单击【下一步】按钮，打开的对话框用于设置查询的名称。在【请指定查询的名称】文本框中输入文字【交叉表查询 A】。

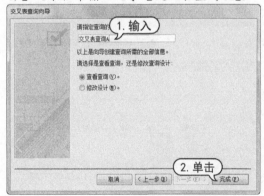

step 9 单击【完成】按钮，此时显示交叉查询的结果。

知识点滴

如果要直接在视图窗口中创建交叉表查询，可以在设计视图窗口中添加数据源后，在【查询工具】的【设计】选项卡的【查询类型】组中单击【交叉表】按钮即可。

5. 查找重复项查询

根据重复项查询向导创建的查询结果，可以确定在表中是否有重复的记录，或确定记录在表中是否共享相同的值。例如，可以搜索【员工姓名】字段中的重复值来确定公司是否有重名的员工记录。

【例 5-14】 使用【查找重复项查询向导】创建查询，查找在【公司订单表】中【签署人】字段的重复记录。

视频+素材 (光盘素材\第 05 章\例 5-14)

step 1 启动 Access 2010 应用程序，打开【公司信息管理系统】数据库。

step 2 打开【创建】选项卡，在【查询】组中单击【查询向导】按钮，打开【新建查询】对话框，选择【查找重复项查询向导】选项，单击【确定】按钮。

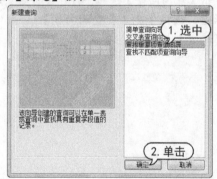

step 3 在打开的【查找重复项查询向导】对话框的表列表中选择【表：公司订单表】选项。

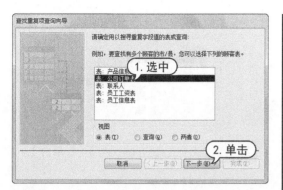

step 4 单击【下一步】按钮，在打开的对话框的【可用字段】列表中选择【签署人】选项，单击 □ 按钮，将其添加到【重复值字段】列表中。

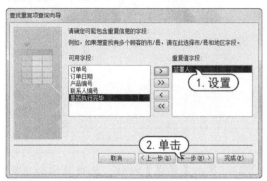

step 5 单击【下一步】按钮，打开的对话框用于添加其他需要显示的字段，这里不做任何设置。

step 6 单击【下一步】按钮，在打开的对话框的【请指定查询的名称】文本框中输入【查找重复项 A】。

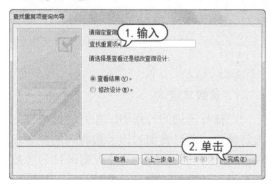

step 7 最后，单击【完成】按钮，此时自动显示如右上图所示的查询结果。

> 📖 知识点滴
>
> NumberOfDups 字段显示的是相同数据在同一表中总共出现的次数。

6. 查找不匹配项查询

查找不匹配项查询的作用是供用户在一个表中找出另一个表中所没有的相关记录。在具有一对多关系的两个数据表中，对于【一】方的表中的每一条记录，在【多】方的表中可能有一条或多条，甚至没有记录与之对应，使用不匹配项查询向导，就可以查找出那些在【多】方中没有对应记录的【一】方数据表中的记录。

【例 5-15】找出【公司订单表】和【员工信息表】中不相匹配的记录，即找出那些没有签署订单的员工记录。

◎ 视频+素材 (光盘素材\第 05 章\例 5-15)

step 1 启动 Access 2010 应用程序，打开【公司信息管理系统】数据库。

step 2 打开【创建】选项卡，在【查询】组中单击【查询向导】按钮，打开【新建查询】对话框，选择【查找不匹配项查询向导】选项，单击【确定】按钮。

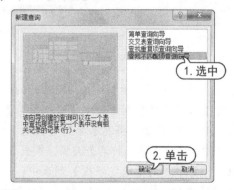

step 3 在打开的【查找不匹配项查询向导】选项对话框的列表中选择【表：员工信息表】选项。

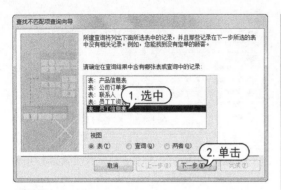

step 4 单击【下一步】按钮，在打开的对话框中选择参与查询的第 2 张表【公司订单表】。

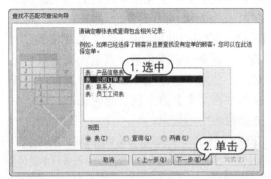

step 5 单击【下一步】按钮，在打开的对话框中保持默认设置。

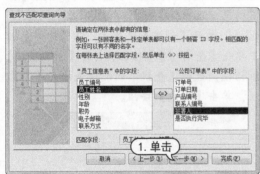

step 6 单击【下一步】按钮，在打开的对话框的【可用字段】列表选中【员工编号】选项，单击 > 按钮，将其添加到【选定字段】列表中；选中【员工姓名】选项，单击 > 按钮，将其添加到【选定字段】列表中；选中【职务】选项，单击 > 按钮，将其添加到【选定字段】列表中；选中【性别】选项，单击 > 按钮，将其添加到【选定字段】列表中。

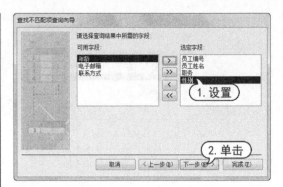

step 7 单击【下一步】按钮，在打开的对话框的【请指定查询名称】文本框中输入【查找不匹配项 A】。

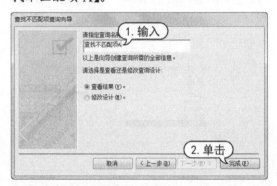

step 8 单击【完成】按钮，此时显示如下图所示的查询结果。

7. 参数式查询

在执行查询的过程中，在对话框中输入指定参数，即可查询与该参数相关的整条记录(不显示其他记录)，这种查询被称为参数式查询。

【例 5-16】为【员工工资向导查询】中的【员工编号】字段设置参数。

视频+素材 (光盘素材\第 05 章\例 5-16)

step ① 启动 Access 2010 应用程序,打开【公司信息管理系统】数据库。

step ② 在导航窗格中右击【员工工资向导查询】选项,在弹出的快捷菜单中选择【设计视图】命令,打开查询设计视图窗口。

step ③ 在【员工编号】字段的【条件】文本框中输入参数【[code]】。

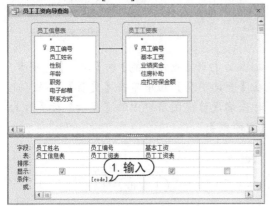

step ④ 单击【运行】按钮,打开【输入参数值】对话框,在 code 文本框中输入任意一名员工的员工编号。

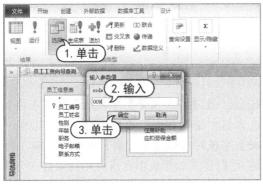

step ⑤ 单击【确定】按钮,此时打开查询数据的结果。

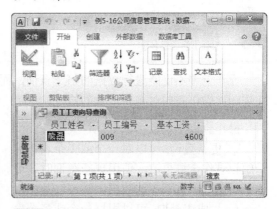

step ⑥ 切换到设计视图窗口,将参数【[code]】修改为【[请输入 001-010 中任意一个员工编号:]】。

step ⑦ 打开【查询工具】的【设计】选项卡,在【结果】组中单击【运行】按钮,打开如下图所示的【输入参数值】对话框。

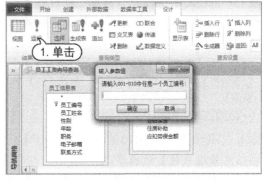

step ⑧ 在文本框中输入任意一名员工的员工编号 002,单击【确定】按钮,即可显示结果,如下图所示。

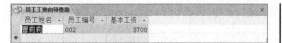

5.3 操作查询

操作查询不仅能进行数据的筛选查询，而且能对表中的原始记录进行相应的修改，从而实现一次操作完成对多条记录的修改。

操作查询主要包括以下几种类型：

➤ 更新查询：可以对一个或多个表中的一组记录作全局更改，使用更新查询时，可以批量更改已有表中的数据。

➤ 生成表查询：可以根据一个或多个表中的全部或部分数据创建一个新的数据表，生成表查询有助于创建表以导出到其他 Microsoft Access 数据库或包含所有旧记录的历史表中。

➤ 追加查询：将一个或多个表中的一组记录添加到一个或多个表的末尾。

➤ 删除查询：可以删除一个或多个表中的一组记录。使用删除查询时，通常会删除整条记录，而不只是记录中所选择的字段，并且删除后的数据无法恢复。

5.3.1 更新查询

更新查询就是利用查询的功能，批量地修改一组记录的值。在数据库的使用过程中，当需要更新的数据记录非常多时，如果用户采用手工方法逐条修改，那么必然费时费力，而且无法保证没有遗漏。此时就需要通过添加某些特定的条件来批量更新数据库中的记录。

【例 5-17】在【员工工资表】中为基本工资在 4 500 以下的员工各增加 50 元住房补助。更新【员工工资表】。

💿视频+素材 (光盘素材\第 05 章\例 5-17)

step ① 启动 Access 2010 应用程序，打开【公司信息管理系统】数据库。

step ② 打开【创建】选项卡，在【查询】组中单击【查询设计】按钮，打开查询设计视图窗口和【显示表】对话框。

step ⑨ 在快速访问工具栏中单击【保存】按钮 🔙，保存在查询中所做的修改。

step ③ 将【员工工资表】添加到设计视图窗口中，并将【员工编号】、【基本工资】和【住房补助】字段添加到【字段】文本框中。

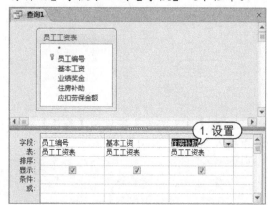

step ④ 打开【查询功能】的【设计】选项卡，在【查询类型】组中单击【更新】按钮，此时查询设计视图窗口中的【显示】行更改为【更新到】。

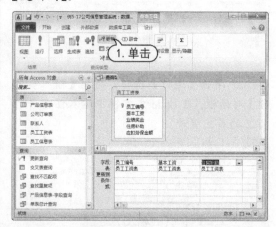

step ⑤ 在【基本工资】字段对应的【条件】文本框中输入表达式【<4500】，在【住房补助】字段对应的【更新到】文本框中输入表达式【[员工工资表]![住房补助]+50】。

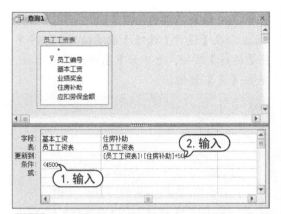

step ⑥ 在【设计】选项卡的【结果】组中单击【运行】按钮，打开如下图所示的提示框，单击【是】按钮。

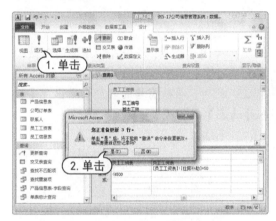

step ⑦ 在【设计】选项卡的【结果】组中单击【视图】按钮，在弹出的菜单中选择【数据表视图】命令，此时显示的查询结果如下图所示。

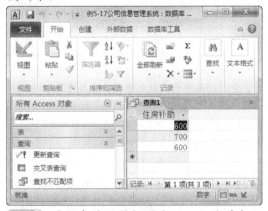

step ⑧ 关闭查询设计视图窗口，此时弹出如下图所示的 Microsoft Access 提示框。

step ⑨ 单击【是】按钮，打开【另存为】对话框，在【查询名称】文本框中输入文字【更新查询】，单击【确定】按钮将该查询保存。

step ⑩ 打开【员工工资表】数据表，此时该表中部分数据已经被更新。

员工编号	基本工资	业绩奖金	住房补助	应扣劳保金
001	4600	1720	650	320
002	3700	0	600	300
003	4600	5600	550	300
004	5000	35600	850	300
005	7800	4080	550	300
006	5000	57000	850	300
007	4000	12000	550	300
008	4000	6000	600	300
009	4600	0	550	300
010	4600	7000	550	300

知识点滴

在查询设计视图窗口中添加查询条件时，应使用英文状态下的运算符和标点符号，以免出现不必要的错误。

5.3.2 生成表查询

在 Access 的许多场合中，查询可以与表一样使用。与表一样，查询虽然也有设计视图和数据表视图，但是查询毕竟不同于表。例如，查询不能导出到其他数据库。

生成表查询可以根据一个(或多个)表或查询中的全部或部分数据来新建数据表。这种由表产生查询、再由查询生成表的方法，使得数据的组织更灵活、使用更方便。

【例 5-18】在【公司信息管理系统】的【员工工资表】中，查询出基本工资大于 4500 元的员工记录，并生成新表。

🎬 视频+素材 (光盘素材\第 05 章\例 5-18)

step ① 启动 Access 2010 应用程序，打开【公司信息管理系统】数据库。

step ② 打开【创建】选项卡，在【查询】组中单击【查询设计】按钮，打开查询设计视图和【显示表】对话框。将【员工工资表】添加到查询设计视图窗口中，并将【员工工资表】中的所有字段作为查询字段。

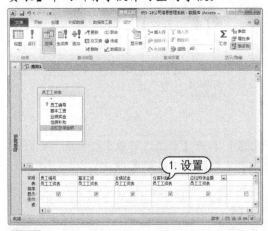

step ③ 在【基本工资】字段对应的【条件】文本框中输入表达式【>4500】。

step ④ 打开【查询工具】的【设计】选项卡，在【查询类型】选项组中单击【生成表】按钮，打开【生成表】对话框，在【表名称】文本框中输入文字【收入筛选表】，并选中【当前数据库】单选按钮。

step ⑤ 在【生成表】对话框中单击【确定】

按钮，完成表名称的设置。

step ⑥ 在【设计】选项卡的【结束】组中单击【运行】按钮，打开如下图所示的提示框，单击【是】按钮。

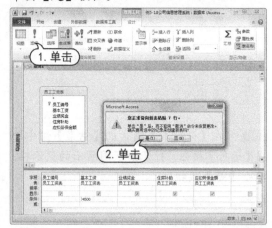

step ⑦ 关闭该查询，不保存对该查询所做的修改。

step ⑧ 此时，导航窗格的表列表中出现【收入筛选表】数据表。

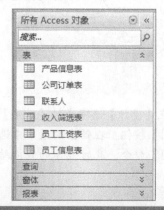

💧 知识点滴

生成表查询把数据复制到目标表中，源表和查询都不受影响。生成表中的数据不能与源表动态同步。如果源表中的数据发生更改，必须再次运行生成表查询才能更新数据。

5.3.3 追加查询

追加查询用于将一个或多个表(或查询)中的一组记录添加到另一个或多个目标表中。但是，当两个表之间的字段定义不相同时，追加查询只添加相互匹配的字段内容，不匹配的字段将被忽略。通常，追加查询以查询设计视图中添加的表为数据源，以在【追加】对话框中选定的表为目标表。

【例 5-19】在【收入筛选表】数据表中追加基本工资大于等于 4 000 元且小于 4 500 元的员工记录。

视频+素材 (光盘素材第 05 章\例 5-19)

step 1 启动 Access 2010 应用程序，打开【公司信息管理系统】数据库。

step 2 打开【创建】选项卡，在【查询】组中单击【查询设计】按钮，打开查询设计视图和【显示表】对话框。

step 3 将【员工工资表】添加到查询设计视图窗口中，将字段【员工编号】、【基本工资】和【住房补助】添加为查询字段，并在【基本工资】对应的【条件】文本框中输入条件【>=4000 And <4500】。

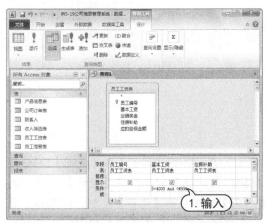

step 4 打开【查询工具】的【设计】选项卡，在【查询类型】选项组中单击【追加】按钮，打开【追加】对话框，在【表名称】下拉列表中选择【收入筛选表】选项。

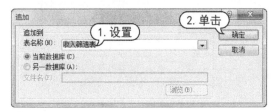

step 5 单击【确定】行按钮，此时设计视图窗口显示【追加到】。

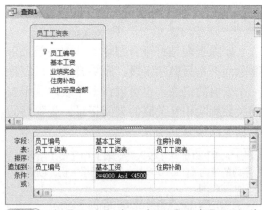

step 6 在【设计】选项卡的【结束】组中单击【运行】按钮，打开如下图所示的提示框。

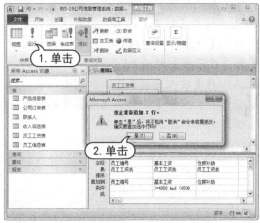

step 7 单击【是】按钮，关闭查询设计视图窗口，不保存该查询。

step 8 打开【收入筛选表】数据表，此时该表添加了两条记录，位于工作表末尾两行。

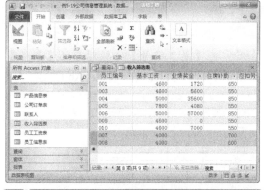

💡 知识点滴

不能使用追加查询更改现有记录的个别字段中的数据。要执行该类任务，请使用更新查询。用户只能使用追加查询来添加数据行。

5.3.4 删除查询

删除查询是将符合删除条件的整条记录删除而不是只删除字段。删除查询可以删除一个表内的记录，也可以在多个表内利用表间关系删除相互关联的表间记录。删除后的数据无法恢复。

【例5-20】以删除【收入筛选表】中【员工编号】字段的值为【006~009】之间的记录为例，创建一个删除查询。

🔘视频+素材 (光盘素材第05章\例5-20)

step ① 启动 Access 2010 应用程序，打开【公司信息管理系统】数据库。

step ② 打开【创建】选项卡，在【查询】组中单击【查询设计】按钮，打开查询设计视图和【显示表】对话框。

step ③ 将【收入筛选表】添加到查询设计视图窗口中，并将【收入筛选表】中的所有字段作为查询字段。

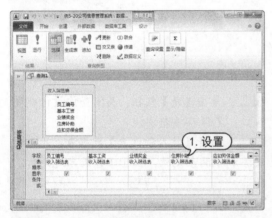

step ④ 在【员工编号】字段对应的【条件】文本框中输入【Between "006" And "009"】。

字段	员工编号	基本工资	业绩奖金
表	收入筛选表	收入筛选表	收入筛选表
排序			
显示	✓	✓	✓
条件	Between "006" And "009"		
或			

1. 输入

step ⑤ 打开【查询工具】的【设计】选项卡，在【查询类型】组中单击【删除】按钮，此时在查询设计视图窗口中显示【删除】行。

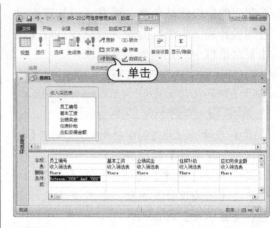

step ⑥ 在状态栏中单击【数据表视图】按钮，切换到数据表视图，系统将把要删除的数据记录显示在数据表中。

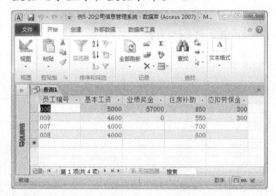

step ⑦ 在状态栏中单击【设计视图】按钮，切换到设计视图窗口，在【设计】选项卡的【结束】组中单击【运行】按钮，打开如下图所示的提示框，单击【是】按钮。

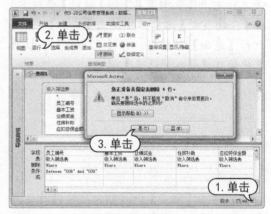

step ⑧ 关闭查询设计视图窗口，打开如下图所示的信息提示框，单击【是】按钮，将查

询以【删除查询】为名保存。

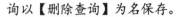

step ⑨ 打开【收入筛选表】数据表，该表的效果如右图所示。

5.4 SQL 查询

从以上几节的介绍可见，Access 的交互查询不仅功能多样，而且操作简便。事实上，这些交互查询功能都有相应的 SQL 语句与之对应，当在查询设计视图中创建查询时，Access 将自动在后台生成等效的 SQL 语句。查询设计完成后，就可以通过【SQL 视图】查看对应的 SQL 语句。然而对于某些 SQL 特定查询(如传递查询、联合查询和数据定义查询)，都不能在查询设计视图中创建，而必须直接在 SQL 视图中编写 SQL 语句。

5.4.1 SQL 视图简介

SQL 视图是用于显示和编辑 SQL 查询的窗口，主要用于以下两种场合：

▶ 查看或修改已创建的查询：当已经创建了一个查询时，如果要查看或修改该查询对应的 SQL 语句，可以首先在查询视图中打开该查询，然后在【查询工具】的【设计】选项卡的【结果】组中单击【视图】按钮的下拉箭头，在弹出的下拉菜单中选择【SQL视图】命令即可。

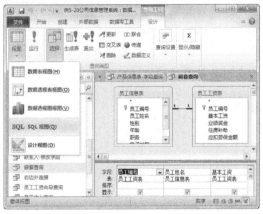

▶ 通过 SQL 语句直接创建查询：通过SQL 语句直接创建查询，可以首先按照常规方法新建一个设计查询，打开查询设计视图

窗口，在【设计】选项卡的【结果】组中单击【视图】按钮的下拉箭头，在弹出的下拉菜单中选择【SQL 视图】命令，切换到 SQL视图窗口。在该窗口中，即可通过输入 SQL语句来创建查询。

5.4.2 SELECT 查询

SQL 查询是使用 SQL 语句创建的查询。在 SQL 视图窗口中，用户可以通过直接编写SQL 语句来实现查询功能。

在每条 SQL 语句里面，最基本的语法结构如下：

SELECT…FROM…[WHERE]…

其中，SELECT 表示要选择显示哪些字段，FROM 表示从哪些表中查询，WHERE说明查询的条件。

SELECT 语句可选择的子句很多，格式一般较长，但并不复杂。灵活地搭配运用GROUP BY、ORDER BY、HAVING 等子句后，就能方便地实现各种查询，并可以通过INTO 子句将查询结果输出到指定的表中。

SELECT 语句的一般格式为：

SELECT[谓词]{*|[表名.*]|[表名.]字段 1[AS 别名1][,[表名.]字段 2[AS 别名 2][,...]]}

FROM 表的表达式[,...][IN 外部数据库]

[WHERE...]

[GROUP BY...]

[HAVING...]

[ORDER BY...]

[WITH OWNERACCESS OPTION]

1. SELECT 子句

SELECT 语句用于指定输出表达式和记录范围，SELECT 语句不会更改数据库中的数据。

最简单的 SQL 语句为：

SELECT 字段 FROM 表名

在 SQL 语句中，可以通过星号【*】来选择表中所有的字段，如【SELECT * FROM "公司订单表"】表示选择【公司订单表】中的所有字段。

下表所示为 SELECT 中常用的其他术语以及相应说明。

术 语	说 明
谓词	包括 ALL、DISTINCT、DISTINCTROW 或 TOP。可以使用谓词来限定返回记录的数量。如果没有指定谓词，默认值为 ALL
*	指定选择所指定的表的所有字段
表名	表的名称，该表包含了被选择的字段
字段1、字段2	字段名，这些字段包含了要检索的数据。如果包括多个字段，将按它们的排列顺序对其进行检索
别名1、别名2	用作列标题的名称，不是表中的原始列名
外部数据库	如果表达式中的表不在当前数据库中，则使用该参数指定其所在的外部数库

（续表）

术 语	说 明
表的表达式	表达式中包含要检索数据的表名

【例5-21】使用 SELECT 语句查询【员工工资表】中所有员工的业绩奖金之和。

🔴 视频+素材 (光盘素材\第05章\例5-21)

step 1 启动 Access 2010 应用程序，打开【公司信息管理系统】数据库。

step 2 打开【创建】选项卡，在【查询】组中单击【查询设计】按钮，打开查询设计视图和【显示表】对话框，将【员工工资表】添加到查询设计视图窗口中。

step 3 打开【查询工具】的【设计】选项卡，在【结果】组中单击【视图】按钮，在弹出的下拉菜单中选择【SQL 视图】命令，打开 SQL 视图窗口。

step 4 在 SELECT 语句后面输入【[员工工资表].[业绩奖金]】。

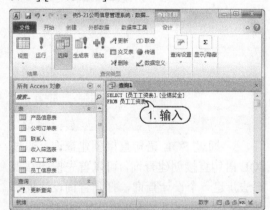

step ⑤ 在状态栏中单击【设计视图】按钮，切换到查询设计视图窗口，此时该窗口的效果如下图所示。

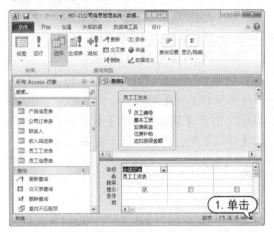

step ⑥ 切换到 SQL 视图，修改 SELECT 语句为【SELECT SUM(员工工资表.业绩奖金) AS 业绩奖金之和】。

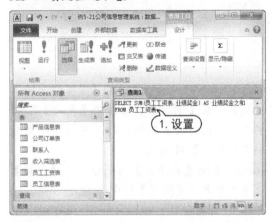

step ⑦ 切换到设计视图窗口，此时窗口效果如下图所示。

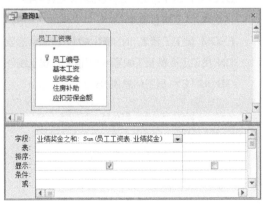

step ⑧ 在【设计】选项卡的【结束】组中单击【运行】按钮，查询结果如下图所示。

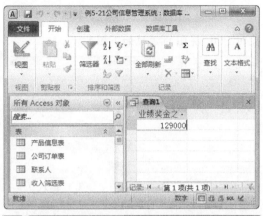

知识点滴

在查询创建的过程中，之所以在 SQL 视图和设计视图之间来回切换，主要是为了让读者更好地了解 SELECT 语句指定的相应命令。

2. FROM 子句

FROM 子句是 SELECT 语句所必需的子句，不能缺少。FROM 子句用来标识从中检索数据的一个或多个表。该表达式可以是单个表名、保存的查询名或是 INNER JOIN、LEFT JOIN、RIGHT JOIN 产生的结果。

3. WHERE 子句

WHERE 子句用来设定条件以返回需要的记录。条件表达式跟在 WHERE 关键字之后。

【例 5-22】使用 WHERE 子句在【嵌套查询】中筛选出实际工资大于 11500 元的记录。

视频+素材 (光盘素材第 05 章\例 5-22)

step ① 启动 Access 2010 应用程序，打开【公司信息管理系统】数据库。

step ② 打开【创建】选项卡，在【查询】组中单击【查询设计】按钮，打开查询设计视图和【显示表】对话框。

step ③ 关闭【显示表】对话框，在【设计】选项卡中单击【结果】组中的 SQL 按钮，打开 SQL 视图窗口。

step ④ 在 SQL 视图窗口中输入如下所示的 SQL 代码：

SELECT *

FROM 嵌套查询

WHERE 嵌套查询.实际收入>11500

此时 SQL 视图的效果如下图所示。

step 5 在【设计】选项卡的【结束】组中单击【运行】按钮，显示符合 WHERE 子句的所有记录。

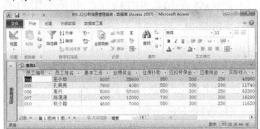

WHERE 子句还可以同时使用多个条件，这些条件通过 AND、OR 和 NOT 等逻辑操作符连接起来。另外，这些条件支持小括号运算，在小括号之间的条件将被作为一个整体条件优先执行，比如下面所示的 SELECT 语句及其返回值。

SELECT *

FROM 员工信息表

WHERE (职务= "营销人员" AND 性别="男")

AND 员工编号 BETWEEN "003" AND "010"

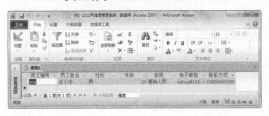

4. GROUP BY 子句

GROUP BY 子句主要用于将查询结果按某一列或多列的值分组，值相等的为一组。

【例5-23】使用 GROUP BY 子句在【员工工资表】中查询出所有部门的基本工资之和。

视频+素材 (光盘素材\第05章\例5-23)

step 1 启动 Access 2010 应用程序，打开【公司信息管理系统】数据库。

step 2 打开【员工信息表】数据表，添加字段【部门】列，并输入员工对应的部门。

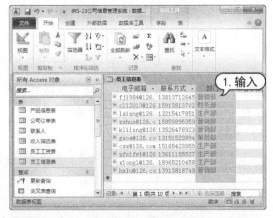

step 3 保存并关闭修改后的【员工信息表】数据表，在【创建】选项卡的【查询】组中单击【查询设计】按钮，打开查询设计视图和【显示表】对话框。

step 4 关闭【显示表】对话框，在【设计】选项卡中单击【结果】组中的 SQL 按钮，打开 SQL 视图窗口。

step 5 在 SQL 视图窗口中输入如下代码：

SELECT SUM(员工工资表.基本工资) AS 工资之和,员工信息表.部门

FROM 员工工资表 INNER JOIN 员工信息表

ON 员工工资表.员工编号=员工信息表.员工编号

GROUP BY 员工信息表.部门

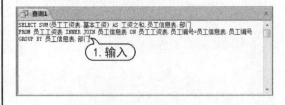

step⑥ 在【设计】选项卡的【结束】组中单击【运行】按钮，显示符合 GROUP BY 子句的所有记录。

知识点滴

在 SQL 视图中使用 JOIN 子句时，JOIN 子句可以同时查询具有连接关系的两个表中的信息。其中，INNER JOIN 表示将返回两个表中完全匹配的记录，两表关键字段间的箭头是双向的；LEFT JOIN 和 RIGHT JOIN 子句分别指表的关键字段间的箭头分别为从左向右和从右向左，表示左外连接和右外连接。

5. HAVING 子句

在使用 GROUP BY 子句组合记录后，可以使用 HAVING 子句来筛选分组后满足条件的组。

【例 5-24】在【例 5-23】的基础上查询工资之和大于 10 000 元的组。

📀 视频+素材 (光盘素材\第 05 章\例 5-24)

step① 启动 Access 2010 应用程序，打开【公司信息管理系统】数据库。

step② 打开【创建】选项卡，在【查询】组中单击【查询设计】按钮，打开查询设计视图和【显示表】对话框。

step③ 关闭【显示表】对话框，在【设计】选项卡中单击【结果】组中的 SQL 按钮，打开 SQL 视图窗口。

step④ 在 SQL 视图窗口中输入如下 SQL 代码：

SELECT SUM(员工工资表.基本工资) AS 工资之和,员工信息表.部门

FROM 员工工资表 INNER JOIN 员工信息表

ON 员工工资表.员工编号=员工信息表.员工编号

GROUP BY 员工信息表.部门

HAVING (SUM(员工工资表.基本工资))>10000

step⑤ 在【设计】选项卡的【结束】组中单击【运行】按钮，显示符合 HAVING 子句的所有记录。

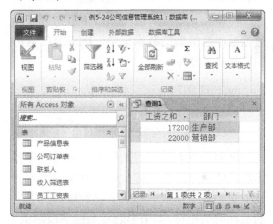

6. ORDER BY 子句

使用 ORDER BY 子句可以对选定的字段进行排序。排序包括升序和降序，ASC 表示以升序方式排序，DESC 表示以降序方式排序。默认状态下，数据以升序方式排列。

如果需要将【例 5-23】查询的记录以降序排列，添加如下所示的 ORDER BY 子句：

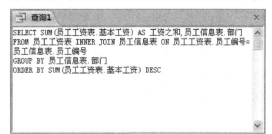

运行结果如下图所示：

SQL 常用的函数主要有以下几个：Count(*)计算元组的个数；Sum 计算数值型数据的总和；Avg 计算数值型数据的算术平均值；Max 筛选出数据的最大值；Min 筛选出数据的最小值；Stdev 计算标准差；Stdevp 计算标准差的估计值；Var 计算方差；Varp 计算方差的估计值。

5.4.3 INSERT 语句

使用 SQL 语言中的 INSERT 语句可以向数据表中追加新的数据记录。INSERT 语句的语法格式如下：

```
INSERT INTO
表名(字段 1,…,字段 N, …)
VALUES (第一个字段值, …,第 N 个字段值, …)
```

其中，表名后面的括号中可以列出将要添加新值的字段的名称；VALUES 后面的字段值必须与数据表中相应字段所规定的字段的数据类型相符，如果不想对某些字段赋值，可以用空值 NULL 替代，否则将会产生错误。

【例 5-25】 在【员工信息表】中使用 INSERT 语句添加记录。

📀 视频+素材（光盘素材\第 05 章\例 5-25）

step 1 启动 Access 2010 应用程序，打开【公司信息管理系统】数据库。

step 2 打开【创建】选项卡，在【查询】组中单击【查询设计】按钮，打开查询设计视图窗口，关闭打开的【显示表】对话框。

step 3 在【设计】选项卡中单击【结果】组中的 SQL 按钮，打开 SQL 视图窗口，在 SQL 视图窗口中输入如下代码：

```
INSERT INTO
```

员工信息表(员工编号,员工姓名,性别,年龄,联系方式,部门)
VALUES("011","黄飞","男","22","13816587901","生产部")

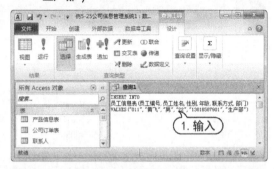

step 4 在【设计】选项卡的【结束】组中单击【运行】按钮，打开如下图所示的提示框。

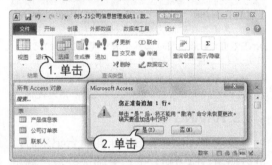

step 5 单击【是】按钮。此时打开【员工信息表】数据表，新记录将被添加到表中。

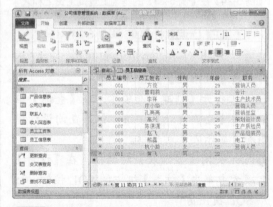

step 6 关闭查询窗口，不保存创建的查询。

5.4.4 UPDATE 语句

UPDATE 语句用来修改数据表中已经存在的数据记录。它的基本语法格式如下：

UPDATE 表名

SET 字段 1 = 值 1,…, 字段 N = 值 N,

【WHERE<条件>】

这个语法格式的含义是更新数据表中符合 WHERE 条件的字段或字段集合的值。

【例 5-26】在【员工工资表】数据表中使用 UPDATE 语句将基本工资大于等于 5000 元的记录中【应扣劳保金额】字段的值加 120。

📀 视频+素材 (光盘素材\第 05 章\例 5-26)

step 1　启动 Access 2010 应用程序,打开【公司信息管理系统】数据库。

step 2　打开【创建】选项卡,在【查询】组中单击【查询设计】按钮,打开查询设计视图窗口,关闭打开的【显示表】对话框。

step 3　在【设计】选项卡中单击【结果】组中的 SQL 按钮,打开 SQL 视图窗口,在 SQL 视图窗口中输入如下代码:

UPDATE 员工工资表

SET 应扣劳保金额 = 应扣劳保金额+120

WHERE 基本工资>=5000

step 4　在【设计】选项卡的【结束】组中单击【运行】按钮,打开 Microsoft Access 提示框,单击【是】按钮。关闭查询窗口,不保存创建的查询。

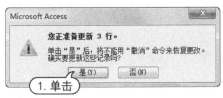

step 5　打开【员工工资表】,此时员工工资表中【基本工资】大于等于 5000 元的记录中【应扣劳保金额】字段的值已被加上 120。

员工工资表			
业绩奖金 ·	住房补助 ·	应扣劳保 ·	单击以添加 ·
1720	650	320	
0	550	300	
5600	550	300	
35600	850	420	
4080	550	420	
57000	850	420	
12000	650	300	
6000	550	300	
0	550	300	
7000	550	300	

5.4.5 DELETE 语句

DELETE 语句用来删除数据表中的记录,基本语法格式如下:

DELETE 字段

FROM 表名

[WHERE<条件>]

该语句的意思是删除数据表中符合 WHERE 条件的记录。与 UPDATE 语句类似,DELETE 语句中的 WHERE 选项是可选的,如果不限定 WHERE 条件,DELETE 语句将删除数据表中的所有记录。

【例 5-27】在【员工工资表】中删除【业绩奖金】字段值为空的所有记录。

📀 视频+素材 (光盘素材\第 05 章\例 5-27)

step 1　启动 Access 2010 应用程序,打开【公司信息管理系统】数据库。

step 2　打开【创建】选项卡,在【查询】组中单击【查询设计】按钮,打开查询设计视图窗口,关闭打开的【显示表】对话框。

step 3　在【设计】选项卡中单击【结果】组中的 SQL 按钮,打开 SQL 视图窗口,在 SQL 视图窗口中输入如下代码:

DELETE 业绩奖金

FROM 员工工资表

WHERE 员工工资表.业绩奖金 IS NULL

step④ 在【设计】选项卡的【结束】组中单击【运行】按钮,打开 Microsoft Access 提示框,单击【是】按钮。

step⑤ 关闭查询窗口,不保存创建的查询。

step⑥ 打开【员工工资表】,此时【业绩奖金】字段值为空的【员工编号】为 002 和 009 的记录被删除。

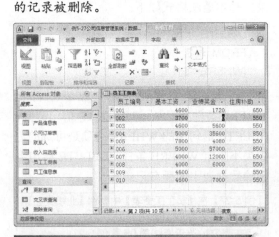

5.4.6 SELECT…INTO 语句

SELECT…INTO 语句用于从查询结果中创建新表,基本语法格式如下:

```
SELECT 字段1,字段2,…
INTO 新表
FROM 表
[WHERE <条件>]
```

该语句主要是将表中符合条件的记录插入到新表中。新表的字段由 SELECT 后面的字段1、字段2等指定。

【例5-28】将【员工信息表】中【部门】字段为【生产部】的员工记录重新生成新表,新表名为【生产部员工信息】。

⏺ 视频+素材 (光盘素材\第 05 章\例 5-28)

step① 启动 Access 2010 应用程序,打开【公司信息管理系统】数据库。

step② 打开【创建】选项卡,在【查询】组中单击【查询设计】按钮,打开查询设计视图窗口,关闭打开的【显示表】对话框。

step③ 在【设计】选项卡中单击【结果】组中的 SQL 按钮,打开 SQL 视图窗口,在 SQL 视图窗口中,输入如下代码:

```
SELECT 员工编号,员工姓名,性别,职务,联系方式
INTO 生产部员工信息
FROM 员工信息表
WHERE 部门="生产部"
```

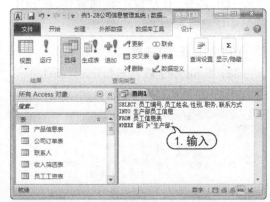

step④ 在【设计】选项卡的【结束】组中单击【运行】按钮,打开 Microsoft Access 提示框,单击【是】按钮。

step⑤ 关闭查询窗口,不保存创建的查询,此时导航窗格中出现新表【生产部员工信息】。打开该数据表。

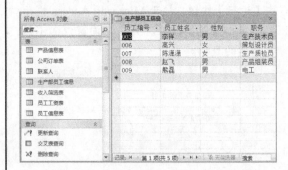

5.5 SQL 特定查询

不是所有的 SQL 查询都能转换成查询设计视图，如联合查询、传递查询和数据定义查询等不能在设计视图中创建，只能通过在 SQL 视图中输入 SQL 语句来创建。因此将这一类查询称为 SQL 特定查询。

5.5.1 联合查询

联合查询将两个或多个表或查询中的字段合并到查询结果的一个字段中。

【例 5-29】在【公司信息管理系统】数据库中，利用联合查询查找【员工信息表】中销售部员工的【员工编号】、【员工姓名】和【性别】3 个字段，同时在【查找不匹配项】查询中查询这 3 个字段的所有记录。

📀 视频+素材 (光盘素材\第 05 章\例 5-29)

step 1 启动 Access 2010 应用程序，打开【公司信息管理系统】数据库。

step 2 打开【创建】选项卡，在【查询】组中单击【查询设计】按钮，打开查询设计视图窗口，关闭打开的【显示表】对话框。

step 3 在【设计】选项卡的【查询类型】组中单击【联合】按钮，打开联合查询视图窗口中，输入如下代码：

```
SELECT 员工编号,员工姓名,性别
FROM 员工信息表
WHERE [员工信息表].[部门]="销售部"
UNION SELECT 员工编号,员工姓名,性别
FROM 查找不匹配项
```

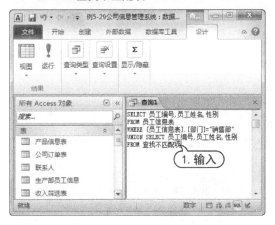

step 4 在【设计】选项卡的【结束】组中单击【运行】按钮，打开数据表视图窗口。

step 5 关闭查询窗口，不保存创建的查询。

5.5.2 传递查询

传递查询使用服务器能接受的命令直接将命令发送到 ODBC 数据库，如 Microsoft FoxPro。例如，用户可以使用传递查询来检索记录或更改数据。使用传递查询，可以不必链接到服务器上的表而直接使用它们。传递查询对于在 ODBC 服务器上运行存储过程也很有用。

5.5.3 数据定义查询

SELECT 语句是 SQL 语言的核心。除此之外，SQL 还能提供用来定义和维护表结构的【数据定义】语句和用于维护数据的【数据操作】语句。

数据定义查询可以创建、删除或改变表，也可以在数据表中创建索引。用于数据定义查询的 SQL 语句包括 CREATE TABLE、CREATE INDEX、ALTER TABLE 和 DROP，可分别用来创建表结构、创建索引、添加字

段和删除字段。

【例5-30】使用 CREATE TABLE 语句创建新表【员工基本信息】，要求数据表中包括【员工编号】、【姓名】、【性别】、【学历】、【出生日期】、【职称】和【联系电话】字段。其中，【出生日期】为【日期/时间】型数据，其余字段为【文本】型，并设置【员工编号】字段为该表的主键。

🔘 视频+素材 (光盘素材\第05章\例5-30)

step 1 启动 Access 2010 应用程序，打开【公司信息管理系统】数据库。

step 2 打开【创建】选项卡，在【查询】组中单击【查询设计】按钮，打开查询设计视图窗口，关闭打开的【显示表】对话框。

step 3 在【设计】选项卡的【查询类型】组中单击【数据定义】按钮，在打开的数据定义查询视图窗口中输入如下代码：

```
CREATE TABLE 员工基本信息(员工编号
TEXT(4),姓名 TEXT(8),性别 TEXT(2),学历
TEXT(4),出生日期 DATE,职称 TEXT(4),
联系电话 TEXT(10),
CONSTRAINT [员工编号 INDEX]
PRIMARY KEY ([员工编号]))
```

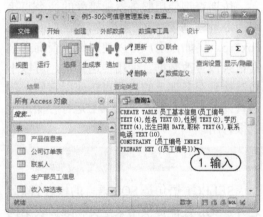

step 4 在【设计】选项卡的【结束】组中单击【运行】按钮，打开数据表视图窗口，此时【员工基本信息】的效果如下图所示。

step 5 切换至【查询1】窗口，删除窗口中的所有代码，重新输入如下代码：

```
INSERT INTO 员工基本信息(员工编号,姓名,
性别,学历,出生日期,职称,联系电话)
VALUES ("005","孔亮亮","男","本科
",1984-02-27,"营销总监","13526478923")
```

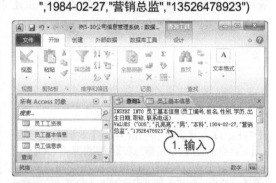

step 6 在【设计】选项卡的【结束】组中单击【运行】按钮，打开如下图所示的提示框。

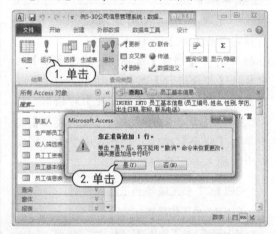

step 7 单击【是】按钮，打开数据表视图窗口，此时【员工基本信息】中已添加一条记录。

step 8 关闭查询窗口，不保存创建的查询。

💧 **知识点滴**

使用 CREATE TABLE 语句可以定义一个新表及其字段和字段约束。如果对字段指定了 NOT NULL，那么新记录必须包含该字段的有效数据。

5.6 案例演练

本章的实战演练部分介绍在【公司仓库管理系统】中创建采购查询、出库查询、入口查询和【更新器材采购表】查询等多个实例操作，用户通过练习可巩固本章所学知识。

【例 5-31】在【公司仓库管理系统】中创建查询。

视频+素材 (光盘素材\第 05 章\例 5-31)

step 1 启动 Access 2010 应用程序，打开【公司仓库管理系统】数据库。

step 2 打开【创建】选项卡，在【查询】组中单击【查询设计】按钮，打开查询设计视图和【显示表】对话框，选择【器材采购表】和【器材号表】选项。

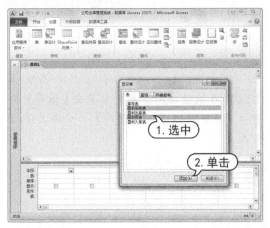

step 3 单击【添加】按钮，将【器材采购表】和【器材号表】添加到查询设计视图窗口中。

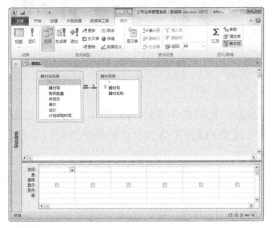

step 4 在【字段】文本框中依次添加如右上图所示的查询字段。

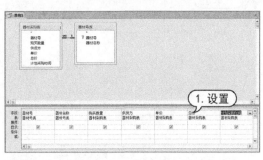

step 5 在【器材号】字段的【条件】文本框中输入参数【[请输入器材号:]】。

step 6 打开【查询工具】的【设计】选项卡，在【结果】组中单击【运行】按钮，打开如下图所示的对话框。

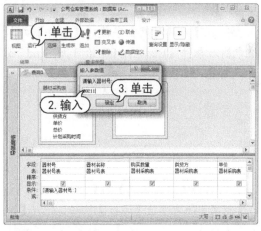

step 7 在【请输入器材号】文本框中输入【B0211】，单击【确定】按钮，打开如下图所示的查询结果。

step 8 在快速访问工具栏中单击【保存】按钮🖫，将查询以【采购查询】为文件名进行保存，并关闭查询设计视图窗口。

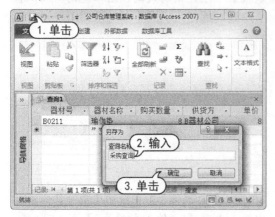

step 9 使用同样的方法，在查询设计窗口中添加【器材号表】和【器材入库表】，并添加【器材号表】中的【器材名称】字段和【器材入库表】中的所有字段到【字段】文本框中。

step 10 在【入库时间】字段的【条件】文本框中输入条件【Between [开始日期] And [截止日期]】。

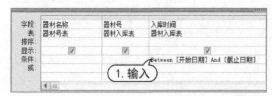

step 11 打开【查询工具】的【设计】选项卡，在【结果】组中单击【运行】按钮，打开【输入参数值】对话框，在【开始日期】文本框中输入【2016/2/18】。

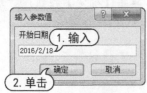

step 12 单击【确定】按钮，打开下图所示的对话框，在【截止日期】文本框中输入【2016/6/30】。

step 13 单击【确定】按钮，打开如下图所示的查询结果。

step 14 在快速访问工具栏中单击【保存】按钮🖫，将查询以【入库查询】为文件名进行保存。

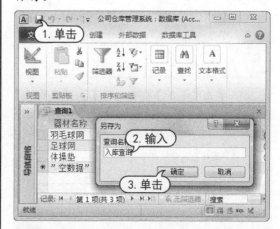

step 15 关闭查询设计视图窗口，此时导航窗格的【查询】组中显示创建的两个查询的名称。

【例5-32】在【公司仓库管理系统】数据库中使用 SQL 语句创建查询。

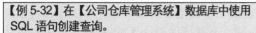 (光盘素材\第 05 章\例 5-32)

step 1 启动 Access 2010 应用程序,打开【公司仓库管理系统】数据库。

step 2 打开【创建】选项卡,在【查询】组中单击【查询设计】按钮,打开查询设计视图窗口,关闭打开的【显示表】对话框。

step 3 在【设计】选项卡中单击【结果】组中的 SQL 按钮,打开 SQL 视图窗口,在 SQL 视图窗口中输入如下代码:

```
SELECT 器材出库表.*,器材号表.器材名称
FROM 器材出库表 INNER JOIN 器材号表
ON 器材出库表.器材号=器材号表.器材号
WHERE (((器材出库表.器材号) LIKE [请输入器材号]))
```

step 4 在快速访问工具栏中单击【保存】按钮,打开【另存为】对话框,在【查询名称】文本框中输入文件名【出库查询】,单击【确定】按钮,保存所创建的查询。

step 5 在【设计】选项卡的【结束】组中单击【运行】按钮,打开【输入参数值】对话框,在文本框中输入【A0220】。

step 6 单击【确定】按钮,此时打开数据表视图窗口,显示查询结果。

【例5-33】在【公司仓库管理系统】数据库中设置更新查询,将【器材采购表】数据表中的【家恒贸易】改为【环球贸易】。

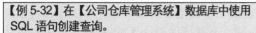 (光盘素材\第 05 章\例 5-33)

step 1 启动 Access 2010 应用程序,打开【公司仓库管理系统】数据库。

step 2 选择【创建】选项卡,在【查询】组中单击【查询设计】按钮,打开【显示表】对话框,选择【器材采购表】表,并单击【添加】按钮,将其添加进【设计视图】。

step 3 单击【查询类型】组中的【更新】图标按钮,进入更新查询【设计视图】,如下图所示。

step 4 双击【供货方】字段，将其添加到查询设计网格中。

step 5 设定更新条件，在【更新到】文本框中输入【"环球贸易"】，在【条件】文本框中输入【"家恒贸易"】。

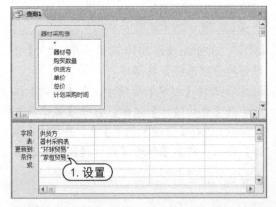

step 6 在【设计】选项卡的【结束】组中单击【运行】按钮，在弹出的提示框中单击【是】按钮。

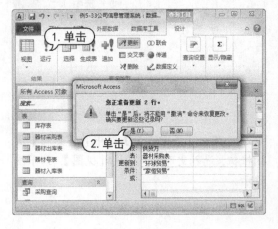

step 7 在快速访问工具栏中单击【保存】按钮，打开【另存为】对话框，在【查询名称】文本框中输入文件名【更新器材采购表】，单击【确定】按钮，保存所创建的查询。

step 8 打开【器材采购表】表，更新后的效果如下图所示。

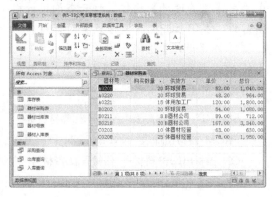

第6章

窗体

　　除了数据表视图外，Access 还提供了主要的人机交互界面——窗体。事实上，在 Access 中，所有操作都是在各种各样的窗体内进行的。因此，窗体设计的好坏直接影响 Access 应用程序的友好性和可操作性。本章主要介绍创建各种窗体的一般方法、窗体的属性设置、控件和宏在窗体中的应用以及嵌套窗体的创建等知识。

 **对应光盘视频**

6.1 窗体简介

窗体是主要用于输入和显示数据的数据库对象，也可以将窗体用作切换面板来打开数据库中的其他窗体和报表，或者用作自定义对话框来接收输入及根据输入执行操作。

多数窗体都与数据库中的一个或多个表和查询绑定。窗体的记录源于数据表和查询中的某个指定的字段或所有字段。在窗体中，可以显示标题、日期、页码、图形和文本等元素，还可以显示来自报表中表达式的计算结果。

6.1.1 窗体的类型

窗体主要有命令选择型窗体和数据交互式窗体两种。下图所示的窗体就是一种命令选择型窗体，主要用于信息系统控制界面的设计。

例如，可以在窗体中设置一些命令按钮，单击这些按钮时，可以调用相应的功能。上图显示了 6 个功能，分别是员工信息管理、工作时间设置、考勤统计、出差管理、出勤管理和加班管理。

在应用系统开发中可以根据实际要求进行相应的设计。下图所示的窗体是一种数据交互式窗体，主要用于显示信息和输入数据，这种形式的窗体应用最广泛。

6.1.2 窗体的视图模式

为了能够以各种不同的角度与层面来查看窗体的数据源，Access 为窗体提供了多种视图，不同视图的窗体以不同的布局形式来显示数据源。下面将对各个视图进行简单介绍：

➤ 窗体视图：如果要查看当前数据库中的所有窗体列表，可以在导航窗格的窗体列表中双击某个对象，即可打开该窗体的窗体视图。用户通过它可以查看、添加和修改数据，也可设计人性化的用户界面。

➤ 数据表视图：窗体的数据表视图和普通数据表的数据视图几乎完全相同。窗体的数据表视图采用行列的二维表格方式显示数据表中的数据记录。

➤ 布局视图：用于修改窗体的最直观的视图。其界面和窗体视图几乎一样，区别仅在于控件位置可以移动，可以对各控件进行重新布局，但不像设计视图一样添加控件。

➤ 设计视图：在设计视图中，可以编辑窗体中需要显示的任何元素，包括需要显示的文本及其样式、控件的添加和删除及图片的插入等；还可以编辑窗体的页眉和页脚，以及页面的页眉和页脚等。另外，还可以绑定数据源和控件。

窗体有数据输入、显示、分析和导航等多种作用。因此，可以把各种功能的窗体分为以下几种类型：

➤ 全屏式窗体：最常见的窗体，主要用于数据输入和显示、导航、对话框等。

➤ 数据表窗体：和 Excel 电子表格类似，主要用于数据输入和显示。

数据透视表窗体：从设计界面来看，和在前面章节中学习过的交叉表类似。通过指定视图的行字段、列字段和汇总字段来形成新的显示数据记录，即以行列和交叉点统计分析数据的交叉表。

数据透视图窗体：以更直观的图形方式来显示数据的窗体，主要有饼图、柱形图和折线图等。

主/次窗体：包括主次关系的数据窗体。

6.2 创建窗体

窗体的创建方法与前面章节中介绍的其他数据库对象的创建方法相同，可以使用向导创建，也可以直接在设计视图中创建。本节将全面地介绍使用各种方法创建各种类型的窗体。

6.2.1 使用工具创建窗体

Access 2010 提供了更多智能化的自动创建窗体的方法，在【创建】选项卡的【窗体】组中，单击窗体工具按钮，即可创建窗体。【窗体】组如下图所示。

1. 使用窗体工具创建新窗体

在导航窗格中选中希望在窗体上显示的数据表或查询，在【创建】选项卡的【窗体】组中单击【窗体】按钮即可自动生成窗体。

【例 6-1】使用窗体工具创建【员工信息】窗体。

视频+素材 (光盘素材\第 06 章\例 6-1)

step 1 启动 Access 2010 应用程序，打开【公司信息管理系统】数据库。

step 2 在导航窗格的【表】组中选择【员工信息表】数据表，打开【创建】选项卡，在【窗体】组中单击【窗体】按钮，生成如右上图所示的窗体。

step 3 在快捷访问工具栏中单击【保存】按钮，打开【另存为】对话框，将窗体以窗体名称【员工信息】进行保存。

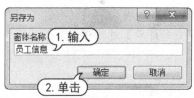

step 4 此时，导航窗格中显示创建的窗体【员工信息】。

2. 使用分割窗体工具创建分割窗体

分割窗体可以在窗体中同时提供数据的两种视图：窗体视图和数据表视图。

【例6-2】使用分割窗体工具创建【公司订单】窗体。

🔘 视频+素材 (光盘素材第 06 章\例 6-2)

step ① 启动 Access 2010 应用程序，打开【公司信息管理系统】数据库。

step ② 在导航窗格的【表】组中选中【公司订单表】数据表，单击【窗体】组中的【其他窗体】下拉按钮，从弹出的下拉菜单中选择【分割窗体】命令，生成如下图所示的窗体。

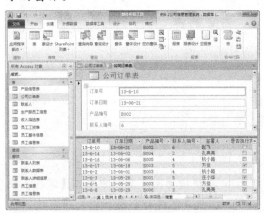

step ③ 在快捷访问工具栏中单击【保存】按钮 🔲，打开【另存为】对话框，将窗体以文件名【公司订单】进行保存。

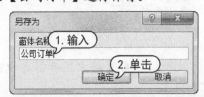

🔍 **知识点滴**

分割窗体中的两种视图连接到同一数据源，并且总是保持相互同步。如果在窗体的一部分中选择了一个字段，则会在窗体的另一部分中选择相同的字段。用户可以从任一部分添加、编辑或删除数据。

3. 使用多项目工具创建显示多记录窗体

使用窗体工具创建的窗体只能一次显示一条记录。如果需要一次显示多条记录，可以创建多个项目窗体。

使用多项目工具时，Access 创建的窗体类似于数据表。数据排列成行和列的形式，用户一次可以查看多条记录。多项目窗体提供了比数据表更多的自定义选项，如添加图形元素、按钮和其他控件的功能。

【例6-3】使用多项目工具创建【产品信息】窗体。

🔘 视频+素材 (光盘素材第 06 章\例 6-3)

step ① 启动 Access 2010 应用程序，打开【公司信息管理系统】数据库。

step ② 在导航窗格的【表】组中选中【产品信息表】数据表，单击【窗体】组中的【其他窗体】下拉按钮，从弹出的下拉菜单中选择【多个项目】命令，生成如下图所示的窗体。

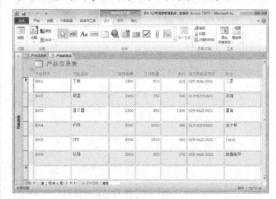

step ③ 在快捷访问工具栏中单击【保存】按钮 🔲，打开【另存为】对话框，将窗体以文件名【产品信息】进行保存。

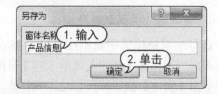

6.2.2 使用窗体向导创建窗体

使用窗体向导也可以创建窗体，按照向导提示进行选择，最后完成窗体的初步创建。如果用户需要调整窗体对象的控件布局，只需在设计视图中进行修改。

【例6-4】在【公司信息管理系统】数据库中，使用窗体向导创建【供应商】窗体。

🔘 视频+素材 (光盘素材第 06 章\例 6-4)

step ① 启动 Access 2010 应用程序,打开【公司信息管理系统】数据库。

step ② 在【创建】选项卡的【窗体】组中单击【窗体向导】按钮,打开【窗体向导】对话框。

step ③ 在【表/查询】下拉列表中选择【表:联系人】选项,单击 ≫ 按钮,将【可用字段】列表中的所有字段添加到【选定字段】列表中。

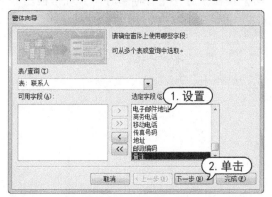

step ④ 单击【下一步】按钮,打开如下图所示的对话框。该对话框用来设置窗体布局,这里选中【纵栏表】单选按钮。

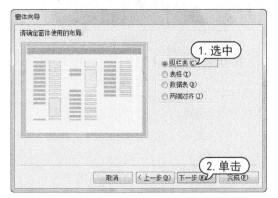

step ⑤ 单击【下一步】按钮,打开如下图所

示的对话框,在【请为窗体指定标题】文本框中输入文字【供应商】,其他保持默认设置。

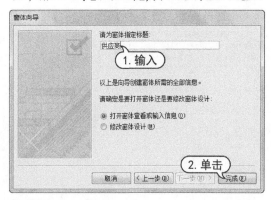

step ⑥ 单击【完成】按钮,此时可以看到生成的【供应商】窗体,此时供应商信息显示在窗体列表中,如下图所示。

知识点滴

要在窗体中包含多个表和查询中的字段,可在窗体向导中选择第一个表或查询中的字段后,再次选择需要的其他表或查询中的字段,单击【下一步】按钮,按提示逐步完成创建窗体的操作。

6.2.3 使用空白窗体工具创建窗体

如果窗体构建工具或窗体向导不符合创建窗体的需要,可以使用空白窗体工具构建窗体。当计划在窗体上放置很少几个字段时,这是一种快捷的窗体构建方式。

【例 6-5】使用空白窗体工具创建窗体。
视频+素材 (光盘素材\第 06 章\例 6-5)

step ① 启动 Access 2010 应用程序,打开【公司信息管理系统】数据库。

step 2 在【创建】选项卡的【窗体】组中单击【空白窗体】按钮，Access 在布局视图中打开一个空白窗体，并显示【字段列表】窗格。

step 3 在【字段列表】窗格中单击【员工信息表】左侧的按钮⊞，展开【员工信息表】中所有的字段列表。

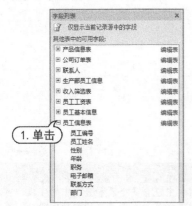

step 4 在展开的列表中双击【员工编号】字段，自动将其添加到空白窗体中。

step 5 在【字段列表】窗格中，按住 Ctrl 键单击所需的多个字段，同时选中多个字段，按住鼠标左键拖动到窗体中。

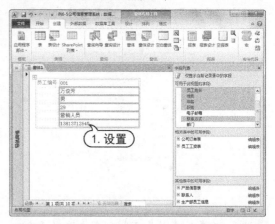

step 6 在【窗体布局工具】栏的【设计】选项卡中单击【页眉/页脚】组中的【日期和时间】按钮，打开【日期和时间】对话框。

step 7 选中【包含时间】复选框，单击【确定】按钮，此时窗体中显示时间。

step 8 在快速访问工具栏中单击【保存】按钮，打开【另存为】对话框，将窗体以文件名【空白窗体】进行保存。

6.2.4 使用设计视图创建窗体

除了以上介绍的创建窗体的方法以外，Access 还提供了窗体设计视图。与使用向导创建窗体相比，在设计视图中创建窗体具有如下特点：

▶ 不但能创建窗体，而且能修改窗体。无论是用哪种方法创建的窗体，生成的窗体如果不符合预期要求，均可以在设计视图中进行修改(数据透视表视图和数据透视图除外)。

▶ 支持可视化程序设计，用户可利用【窗体设计工具】栏中的【设计】和【排列】选项卡在窗体中创建与修改对象。

控件是窗体设计的命令中心，打开一个窗体的设计视图时，自动打开【窗体设计工具】的【设计】选项卡以显示【控件】组。

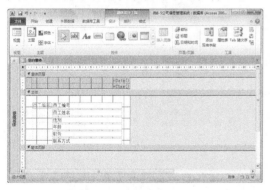

控件是窗体上的图形化对象，如文本框、复选框、滚动条或命令按钮等，用于显示数据和执行操作。【控件】组中各个控件的功能说明如下表所示：

按　钮	名　　称	功能说明
	选择	用于选择墨迹笔划、形状和文本的矩形区域
abl	文本框	用来创建文本框控件以显示文本、数字、日期、时间和备注等字段

（续表）

按　钮	名　　称	功能说明
Aa	标签	用来创建包含固定文本的标签控件
	按钮	用来创建能够激活宏或 Visual Basic 过程的命令按钮控件
	组合框	用来创建包含一系列控件潜在值和一个可编辑文本框的组合框控件
	列表框	用来创建包含一系列控件潜在值的列表框控件
	子窗体/子报表	用来在当前窗体中嵌入另一个窗体
＼	直线	用来向窗体中添加直线以增强外观
	矩形	用来向窗体中添加填充的或空的矩形以增强外观
XYZ	绑定对象框	用来在窗体中使用来自本数据的 ActiveX 对象
XYZ	选项组	用来创建选项组控件，其中包含一个或多个切换按钮、选项按钮或复选框
☑	复选框	适合于逻辑数据的输入。当它被设置时，值为 1；被重设时，值为 0。另外，也可以将其作为定制对话框或选项组的一部分使用
	切换按钮	当表格内数据参数具有逻辑性选项时，用户可以使用该工具配合数据的输入，使其更加直接

（续表）

按　钮	名　称	功能说明
◎	选项按钮	与【切换按钮】类似，用于输入有逻辑性选项的参数数据，可以使得数据输入更加方便。此外，它也可以作为定制对话框或选项组的一部分使用
▢	选项卡控件	用来在窗体中创建一系列选项卡页。每页可以包含许多其他的控件以显示信息
▣	Web 浏览器控件	完全可以代替 TWebBrowser，方便快速定制自己的 Web 浏览器
▦	图表	用来在窗体中添加 Microsoft Office 图表
▨	未绑定对象框	用来添加一个来自其他应用程序的对象，但该程序必须支持对象链接与嵌入
▨	图像	用来在窗体中放置静态图片
▤	插入或删除分页符	用来在多页窗体的页间添加分页符
◕	超链接	用来创建指向网页、图片、电子邮件地址或程序的链接
▢	导航控件	用来快速建立导航，为浏览者提供方便，也为网站做出信息指导
◍	附件	用来上传附件

【例 6-6】使用设计视图创建一个【生产部员工信息】窗体。

📀视频+素材 (光盘素材\第 06 章\例 6-6)

step ① 启动 Access 2010 应用程序，打开【公司信息管理系统】数据库。

step ② 打开【创建】选项卡，在【窗体】组中单击【窗体设计】按钮，打开窗体设计视图。

step ③ 自动打开【窗体设计工具】的【设计】选项卡，在【工具】组中单击【添加现有字段】按钮，打开如下图所示的【字段列表】窗格。

step ④ 在【生产部员工信息】选项展开的字段列表中选择【员工编号】字段。

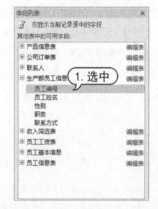

step ⑤ 按住鼠标左键将【员工编号】字段拖到窗体上，释放鼠标。

step ⑥ 选中添加的标签控件和文本框控件，使用键盘方向键将它们拖动到窗体视图的合适位置。

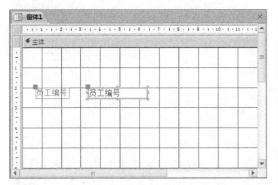

step ⑦ 参照步骤 5 与步骤 6，将字段【员工姓名】、【职务】和【联系方式】添加到设计视图窗口中，并调整控件在窗体中的位置。

step ⑧ 在【设计】选项卡的【页眉/页脚】组中单击【徽标】按钮，打开如下图所示的【插入图片】对话框，选择需要作为徽标的图片。

step ⑨ 单击【确定】按钮，将图片插入到窗体的页眉处，调整图片的大小和位置。

step ⑩ 在【设计】选项卡的【视图】组中单击【视图】按钮，切换到窗体视图。

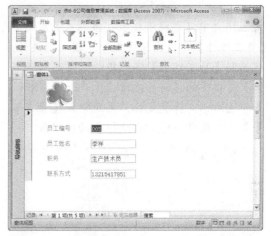

step ⑪ 单击快速访问工具栏中的【保存】按钮，将窗体以文件名【生产部员工信息】进行保存。

6.2.5 创建数据透视表窗体

数据透视表用于查看明细数据或汇总数据，允许在行、列、汇总或明细、筛选 4 个区域添加字段并进行重排。

【例 6-7】将【嵌套查询】查询作为数据源创建数据透视表窗体。

视频+素材（光盘素材\第 06 章\例 6-7）

step ① 启动 Access 2010 应用程序，打开【公

司信息管理系统】数据库。

step 2 在导航窗格的【查询】组中选择【嵌套查询】查询，打开【创建】选项卡，在【窗体】组中单击【其他窗体】按钮，在弹出的菜单中选择【数据透视表】命令，打开数据透视表的设计界面和【数据透视表字段列表】窗格。

step 3 单击【数据透视表字段列表】窗格中【员工编号】字段左面的加号，使该项展开，然后将【员工编号】字段拖动到【交叉表查询】窗口中的【将行字段拖至此处】区域，如下图所示。释放鼠标，系统将以【员工编号】字段的所有值作为透视表的行字段。

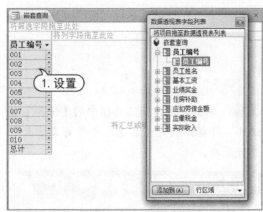

step 4 参照步骤3，将【员工姓名】字段拖动到【将列字段拖至此处】区域，将【基本工资】和【业绩奖金】字段拖动到【将汇总或明细字段拖至此处】区域，将【实际收入】字段拖动到【将筛选字段拖至此处】区域。此时数据透视表窗体如右上图所示。

step 5 单击快速访问工具栏中的【保存】按钮 🖫，将该窗体以【透视表窗体】为文件名进行保存。

6.2.6 创建数据透视图窗体

数据透视图以图形表达数据，用户可以在【创建】选项卡的【窗体】组中单击【其他窗体】按钮，从弹出的菜单中选择【数据透视图】命令来创建数据透视图窗体。

【例6-8】将【嵌套查询】数据表作为数据源创建数据透视表窗体。

视频+素材 (光盘素材第06章\例6-8)

step 1 启动 Access 2010 应用程序，打开【公司信息管理系统】数据库。

step 2 在导航窗格的【查询】组中选择【嵌套查询】查询，打开【创建】选项卡，在【窗体】组中单击【其他窗体】按钮，在弹出的菜单中选择【数据透视图】命令。

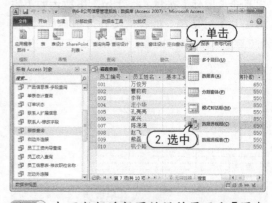

step 3 打开数据透视图的设计界面和【图表

字段列表】窗格。

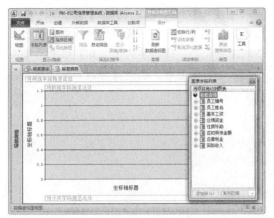

step 4 将【员工编号】字段拖动到【将筛选字段拖至此处】区域；将【员工姓名】字段拖动到【将分类字段拖至此处】区域；将【基本工资】、【业绩奖金】、【住房补助】、【应扣劳保金额】、【应缴税金】和【实际收入】字段添加到【将数据字段拖至此处】区域。

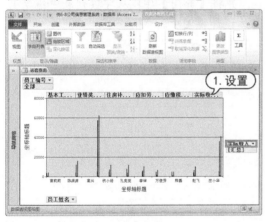

step 5 单击【员工编号】下拉列表，在选项列表中取消选中 005、007、008、010 复选框。

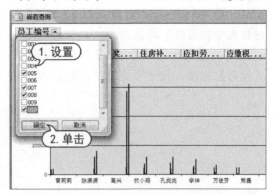

step 6 单击快速访问工具栏中的【保存】按钮，将该窗体以【透视图窗体】为文件名进行保存。

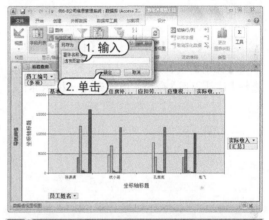

知识点滴

单击数据透视图设计界面上的【员工编号】下拉箭头，将会弹出下拉列表框，该下拉列表框中的选项以复选框的方式显示。系统默认选中所有选项。

6.3 使用窗体控件

在学会创建简单窗体后，经常需要对窗体中的控件进行调整，对窗体布局进行设计，体现出窗体对象操作灵活、界面美观等特点，更好地实现人机交互功能。

6.3.1 使用控件

使用控件，可以查看和处理数据库中的数据。最常用的控件是文本框(默认创建的就是文本框控件)，其他控件包括组合框、列表框、复选框和选项卡控件等。本节将详细介绍这些控件的使用方法。

1. 使用组合框控件

窗体提供组合框和列表框等控件，使用这些控件可以减少重复输入数据的麻烦。下面将以实例介绍创建组合框来输入数据。

【例6-9】在【员工信息】窗体中创建组合框。

🔘 视频+素材 (光盘素材\第06章\例6-9)

step 1 启动 Access 2010 应用程序，打开【公司信息管理系统】数据库。

step 2 在导航窗格的【窗体】组中双击【员工信息】选项，打开【员工信息】窗体。

step 3 在【开始】选项卡的【视图】组中，单击【视图】下拉按钮，从弹出的下拉菜单中选择【设计视图】命令，切换到设计视图界面。

step 4 选中【部门】文本框控件，并按下 Delete 键，将其删除。

step 5 在【窗体设计工具】的【设计】选项卡的【控件】组中单击【其他】按钮，在弹出的控件列表框中保持【使用控件向导】选项的选中状态，然后单击【工具】组中的【添加现有字段】按钮，打开【字段列表】窗格。

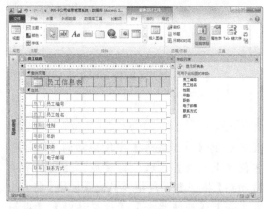

step 6 在【控件】组中单击【其他】按钮，从弹出的控件列表框中单击【组合框】按钮，并将【部门】字段从字段列表中拖动至窗体设计视图中。

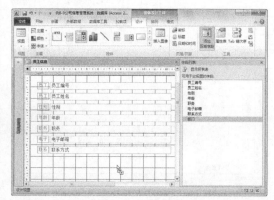

step 7 释放鼠标后，打开【组合框向导】对话框，选中【自行键入所需的值】单选按钮。

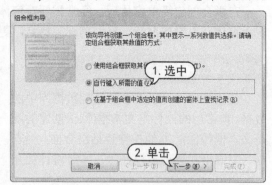

step⑧ 单击【下一步】按钮，在打开对话框的【第一列】文本框中输入如下图所示的文字。

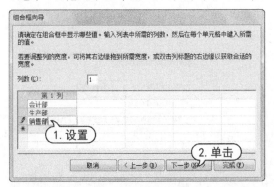

step⑨ 单击【下一步】按钮，保存对话框的默认设置。

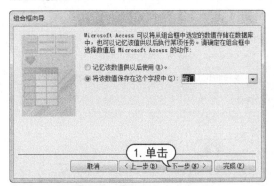

step⑩ 单击【下一步】按钮，在【请为组合框指定标签】文本框中输入标签名称【部门】。

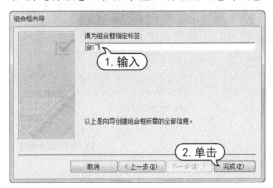

step⑪ 单击【完成】按钮。此时窗体视图中【部门】组合框的效果如下图所示。

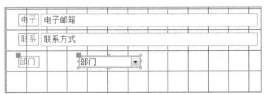

step⑫ 切换到窗体视图，此时添加的控件效果如下图所示。

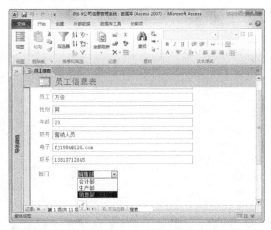

step⑬ 在快速访问工具栏中单击【保存】按钮，保存对窗体控件所做的修改。

2. 使用列表框控件

列表框与组合框的不同之处在于，用户除了可以在组合框控件的列表中选择数据外，还可以输入其他数据。列表框的列表一直显示在窗体上，而组合框的列表是隐藏在下拉列表中的。下面将以实例介绍使用列表框控件。

【例6-10】在【员工信息】窗体中创建列表框。
视频+素材 (光盘素材\第06章\例6-10)

step① 启动 Access 2010 应用程序，打开【公司信息管理系统】数据库。

step② 打开【员工信息】窗体，在【开始】选项卡的【视图】组中单击【视图】下拉按钮，从弹出的下拉菜单中选择【设计视图】命令，切换到设计视图界面。

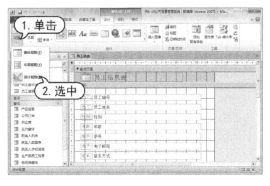

step 3 在窗体的设计视图中选中【性别】文本框控件，并按下 Delete 键将其删除。

step 4 在【窗体设计工具】的【设计】选项卡的【控件】组中单击【其他】按钮，从弹出的控件列表框中单击【列表框】按钮。

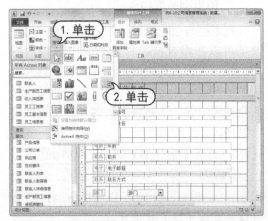

step 5 将【性别】字段从字段列表中拖动至窗体设计视图的合适位置，释放鼠标后打开如下图所示的【列表框向导】对话框。

step 6 在【列表框向导】对话框中选中【自行键入所需的值】单选按钮，单击【下一步】按钮。

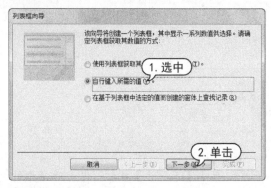

step 7 设置对话框，效果如下图所示，然后单击【下一步】按钮。

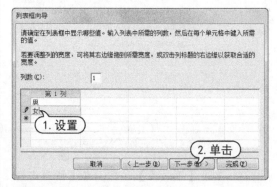

step 8 选中【将该数值保存在这个字段中】单选按钮，然后单击其后的下拉列表按钮，在弹出的下拉列表中选中【性别】选项。

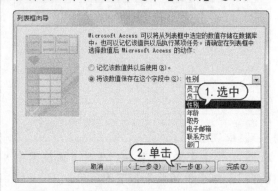

step 9 单击【下一步】按钮，在打开的对话框的【请为列表框指定标签】文本框中输入【性别】，如下图所示。

step ⑩ 单击【完成】按钮,在窗体的设计视图中调整控件的大小。

step ⑪ 切换到窗体视图,此时添加的控件效果如下图所示。

step ⑫ 在快速访问工具栏中单击【保存】按钮 🖫 ,保存对窗体控件所做的修改。

3. 使用复选框框控件

当数据表中某字段的值为逻辑值时,在

创建窗体的过程中,Access 将自动将其设置为复选框控件。例如,打开【公司订单】窗体,切换至如下图所示的设计视图。

此时,可以看到【是否执行完毕】字段自动创建为复选框控件。

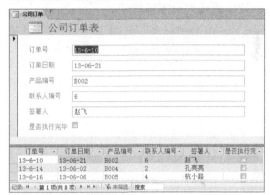

4. 使用选项卡控件

利用选项卡控件,可以在有限的屏幕上摆放更多的可视化元素,如文本、命令、图像等。如果要查看选项卡上的某些元素,只需单击相应的选项卡切换到相应的选项卡界面即可。

【例 6-11】以【员工工资表】为源表,使用选项卡控件创建【员工工资】窗体。

视频+素材 (光盘素材第 06 章\例 6-11)

step ① 启动 Access 2010 应用程序,打开【公司信息管理系统】数据库。

step ② 打开【创建】选项卡,在【窗体】组中单击【窗体设计】按钮,打开设计视图窗口。

step ③ 在【窗体设计工具】的【设计】选项卡的【控件】组中单击【其他】按钮 ,从弹

出的控件列表框中单击【选项卡控件】按钮
，拖动鼠标在窗体视图中绘制选项卡控件。

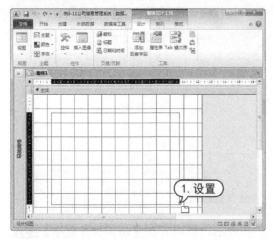

step 4 释放鼠标后，调整其大小，此时选项
卡控件的效果如下图所示。

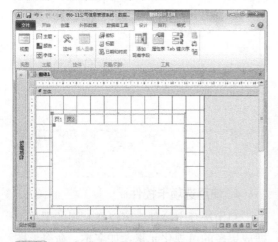

step 5 右击【页 1】选项卡标签，在弹出的
快捷菜单中选择【属性】命令。

step 6 打开【属性表】窗格，在【标题】文
本框中输入文字【基本工资】。

step 7 选中【页 2】选项卡标签，在【属性
表】窗格的【标题】文本框中输入文字【业
绩奖金】，关闭窗格，此时窗体设计视图的效
果如下图所示。

step 8 选中【业绩奖金】标签，在【控件】
组中单击【插入页】按钮，在选项卡控件
中添加【页 3】页标签。

step 9 选中【页 3】页标签，在【属性表】

窗格中更改页标签标题为【住房补助】。

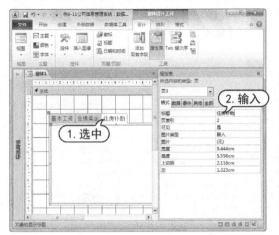

step 10 使用同样的方法，继续添加选项卡页面，使窗体设计视图的效果如下图所示。

step 11 切换到【基本工资】选项卡，在【工具】组中单击【添加现有字段】按钮，显示【字段列表】窗格。

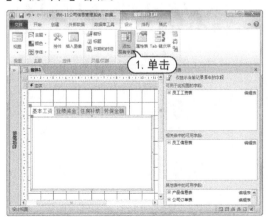

step 12 拖动【员工工资表】字段列表中的【员工编号】和【基本工资】字段到选项卡控件设计区域，并调节选项卡控件和字段文本框控件的位置。

step 13 切换窗体视图，效果如下图所示，

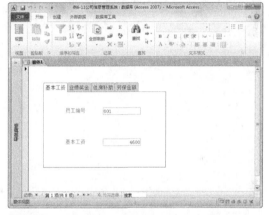

step 14 在【业绩奖金】选项卡中添加【员工编号】和【业绩奖金】文本框。

step 15 使用同样的方法，在【住房补助】选项卡中添加【员工编号】和【住房补助】文本框；在【劳保金额】选项卡中添加【员工

编号】和【应扣劳保金额】文本框。

step 16 在快速访问工具栏中单击【保存】按钮🖫，将创建的窗体以【员工工资】为名进行保存。

6.3.2 设置控件格式

创建完控件以后，需要经常对控件进行编辑，如对齐控件、调整控件的间距、设置控件背景色以及设置控件属性等。

【例6-12】在【员工信息】窗体中设置控件格式。
🔘视频+素材 (光盘素材\第06章\例6-12)

step 1 启动 Access 2010 应用程序，打开【公司信息管理系统】数据库。

step 2 在导航窗格的【窗体】组中右击【员工信息】选项，在弹出的快捷菜单中选择【布局视图】命令，打开窗体布局视图。

step 3 选中【员工编号】控件，打开【窗体布局工具】的【格式】选项卡，在【字体】组中单击【填充/背景色】按钮🖾右侧的下拉箭头，在打开的颜色面板中选择【浅蓝3】色块。

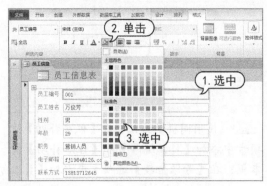

step 4 使用同样的方法，为其他文本框控件添加相同的背景色，并为控件标签设置背景色为【褐紫红色3】。

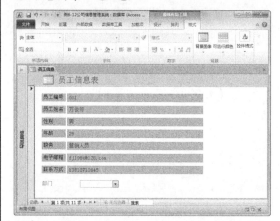

step 5 按住 Shift 键的同时选中右侧的所有控件，打开【窗体布局工具】的【排列】选项卡，在【位置】组中单击【控件边距】按钮，从弹出的列表框中选择【无】选项。

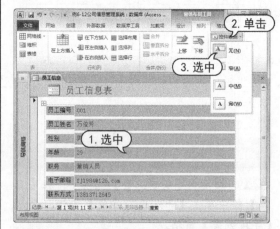

step 6 选中【职务】控件，在【排列】选项卡的【移动】组中单击【上移】按钮，使其位于【员工姓名】控件下方。

step 7 在【设计】选项卡的【工具】组中单击【属性表】按钮,打开【属性表】窗格。在窗格上方的下拉列表中选择【电子邮箱】选项,并在【格式】选项卡的【下划线】下拉列表中选择【是】选项。

step 8 此时,窗体布局中【电子邮箱】文本框中会显示设置的格式。

step 9 在【属性表】窗格中打开【员工编号】文本框,在【全部】选项卡里的【是否锁定】下拉列表中选择【是】选项。

step 10 在快速访问工具栏中单击【保存】按钮,保存对控件所做的修改。

💡 知识点滴

将【员工编号】文本框锁定后,再试图在窗体中修改数据,将不会被系统接受。

6.3.3 设置窗体外观

使用向导创建的窗体,它们的结构和功能都是固定的。用户在实际应用中可以根据自己的需要对其进行个性化设置。在 Access 2010 中,窗体设计大都是通过添加个性化的窗体控件来实现的。

【例 6-13】在【员工信息】窗体中设置个性化的窗体外观。

📀 视频+素材 (光盘素材\第 06 章\例 6-13)

step 1 启动 Access 2010 应用程序,打开【公司信息管理系统】数据库。

step 2 在导航窗格的【窗体】组中右击【员工信息】选项,从弹出的快捷菜单中选择【设计视图】命令,打开【员工信息】窗体的设计视图窗口。

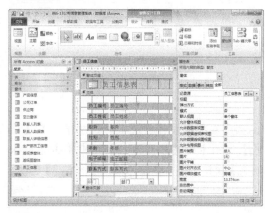

step 3 打开【窗体设计工具】的【设计】选项卡,在【控件】组中单击【其他】按钮,从弹出的控件列表框中单击【矩形】按钮。

step 4 拖动鼠标绘制矩形控件, 使矩形包围其他所有控件。

step 5 释放鼠标, 此时文本框控件在设计视图中的效果如下图所示。

step 6 在矩形控件被选中的状态下, 在【格式】选项卡的【控件格式】组中单击【形状填充】按钮, 将矩形控件填充【浅灰 3】色块。

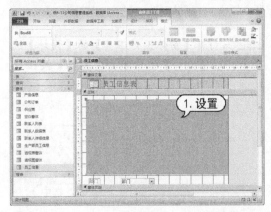

step 7 打开【排列】选项卡, 在【调整大小和排序】组中单击【置于底层】按钮, 使矩

形控件位于最底层, 此时窗体设计视图的效果如下图所示。

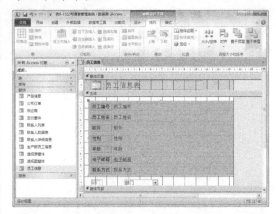

step 8 选中文本框控件、列表框控件和组合框控件, 在【设计】选项卡的【主题】组中单击【主题】按钮, 从弹出的列表框中选择【沉稳】样式, 为控件应用主题样式。

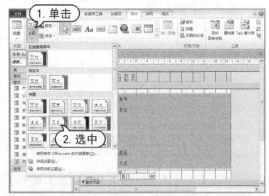

step 9 在【设计】选项卡的【工具】组中单击【属性表】按钮, 打开【属性表】窗格, 在【窗体】的【格式】选项卡中, 单击【图片】右侧的┅按钮。

step⑩ 打开【插入图片】对话框，选择一张图片，单击【确定】按钮。

step⑪ 将图片插入窗体中作为窗体的背景，切换到窗体视图，效果如下图所示。

step⑫ 在快速访问工具栏中单击【保存】按钮🖫，对所做的修改进行保存。

6.3.4 设置窗体的节和属性

最基本的窗体只包含主体，但是随着窗体复杂度的提高，窗体还会包含【窗体页眉】、【页面页眉】、【主体】、【页面页脚】和【窗体页脚】5 个节。选择准确的菜单命令可以显示不同的节，而根据数据显示的时机和特性，可以将数据摆放在不同的节中。

💡 知识点滴

　　如果要添加窗体页眉和页脚，可以在窗体中右击，从弹出的快捷菜单中选择【窗体页眉/页脚】命令；如果要添加页面页眉和页脚，可以在右键菜单中选择【页面页眉/页脚】命令。

包含窗体页眉、窗体页脚、页面页眉、页面页脚和主体的完整窗体效果如下图所示。

💡 知识点滴

　　窗体页眉/页脚及页面页眉/页脚通常成对显示。系统不提供只显示页眉或页脚的功能。

【例6-14】在【公司订单】窗体中添加页脚，并设置窗体属性。

🎬 视频+素材 (光盘素材第 06 章\例 6-14)

step① 打开【公司订单】窗体的设计视图窗口，在【窗体设计工具】的【设计】选项卡的【控件】组中单击【其他】按钮▾，从弹出的控件列表框中单击【文本框】按钮abl，在【页脚】设计区域绘制一个控件，根据打开的向导对话框进行创建，设置文本框标签名为【当前日期】。

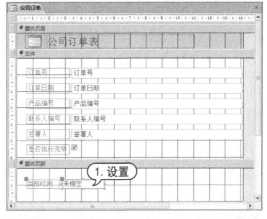

step② 右击文本框控件，在弹出的快捷菜单中选择【属性】命令，打开【属性表】窗格。

step 3 打开【当前时间】的【数据】选项卡，在【控件来源】文本框中输入表达式【=Date()】。

step 4 在窗体设计视图中调整窗体页眉、主体和窗体页脚的大小，使窗体页眉区域和主体区域连接在一起，切换到窗体视图。

step 5 在设计视图的标题栏上右击，在弹出的快捷菜单中选择【属性】命令，打开【属性表】窗格。

step 6 打开【窗体】的【格式】选项卡，在

【默认视图】下拉列表中选择【连续窗体】选项，此时【公司订单】窗体的效果如下图所示。

step 7 在设计视图窗口的主体中同时选中5个文本框控件，打开【属性表】窗格。

step 8 打开【格式】选项卡，在【特殊效果】下拉列表中选择【凸起】选项；单击【背景色】后面的按钮，从弹出的颜色面板中选择【#EFD3D2】色块（褐红色2）。

step 9 切换至窗体视图，窗体效果如下图所示。在快速访问工具栏中单击【保存】按钮，保存对窗体所做的修改。

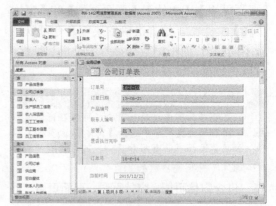

6.4 创建和使用主/子窗体

创建子窗体有两种方法:一种是同时创建主窗体和子窗体;另一种是将已有的窗体添加到另一个窗体中,创建带有子窗体的主窗体。

6.4.1 同时创建主窗体和子窗体

本节以【产品信息表】和【公司订单表】为数据源,同时创建【产品记录】主窗体和【订单记录】子窗体,介绍使用窗体向导同时创建主窗体和子窗体的操作方法。

【例6-15】使用窗体向导同时创建主窗体和子窗体。

📹视频+素材 (光盘素材\第06章\例6-15)

step 1 启动 Access 2010 应用程序,打开【公司信息管理系统】数据库。

step 2 打开【创建】选项卡,在【窗体】组中单击【窗体向导】按钮,打开【窗体向导】对话框。

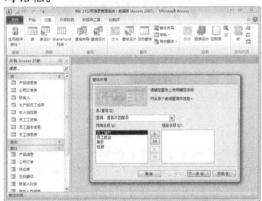

step 3 从【表/查询】列表中选择【表:产品信息表】选项,然后将【可用字段】列表中的所有字段添加到【选定的字段】列表中。

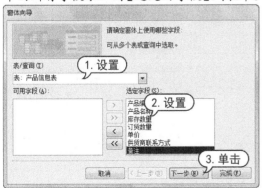

step 4 继续从【表/查询】列表中选择【表:公司订单表】选项,并将除【产品编号】字段外的所有字段添加到【选定的字段】列表中。

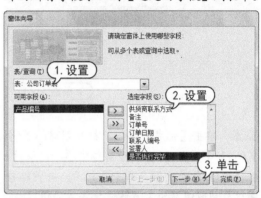

step 5 单击【下一步】按钮,从对话框中选中【带有子窗体的窗体】单选按钮。

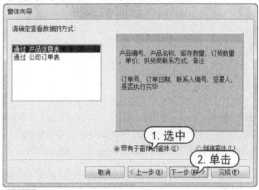

step 6 单击【下一步】按钮,对话框将提示确定子窗体使用的布局。

step 7 单击【下一步】按钮，在【窗体】文本框中将主窗体的标题命名为【产品记录】，在【子窗体】文本框中将子窗体的标题命名为【订单记录】。

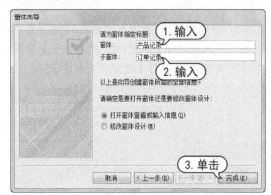

step 8 单击【完成】按钮，打开创建的主/子窗体，如下图所示。当在子窗体中添加记录时，Access 会自动地保存每一条记录，并把链接字段自动地填写为主窗体链接字段的值。

6.4.2 创建子窗体并添加至窗体

除了上面介绍的同时创建主窗体和子窗体的方法外，还可以创建子窗体并将其添加到已有的窗体中。

【例 6-16】将【员工工资】窗体作为【员工信息】窗体的子窗体。

● 视频+素材 (光盘素材\第 06 章\例 6-16)

step 1 启动 Access 2010 应用程序，打开【公司信息管理系统】数据库。

step 2 打开【员工信息】窗体的设计视图窗口，在【设计】选项卡的【控件】组中的【使用控件向导】选项处于选中状态的情况下，单击【子窗体/子报表】按钮■，在设计视图

中添加一个控件。

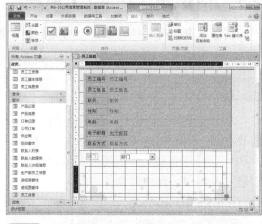

step 3 释放鼠标，打开【子窗体向导】对话框，在对话框中选中【使用现有的窗体】单选按钮，在窗体列表中选择【员工工资】选项。

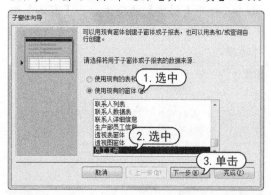

step 4 单击【下一步】按钮，在对话框中选中【自行定义】单选按钮，在【窗体/报表字段】下拉列表中选择【员工编号】选项，在【子窗体/子报表字段】下拉列表中选择【员工编号】选项。

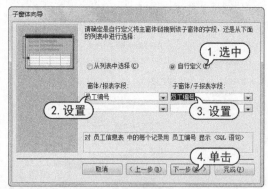

step 5 单击【下一步】按钮，在【请指定子

窗体或子报表的名称】文本框中输入文字【员工工资一览表】。

step⑥ 单击【完成】按钮，切换到窗体视图，此时窗体效果如右上图所示。

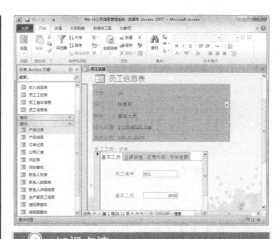

知识点滴

切换到设计视图，可以分别对主窗体和子窗体进行属性及外观设置。

6.5 定制用户入口界面

用户入口界面是用户与系统进行交互的主要通道，一个功能完善、界面美观、使用方便的用户界面，可以极大地提高工作效率。Access 为用户提供了一个创建用户入口界面的向导——切换面板。利用切换面板管理器可以创建和编辑切换面板、组织和应用程序。

如果用户还未创建要为之添加切换面板的数据库，可以使用数据库向导。向导会自动创建一个切换面板，用于帮助用户在数据库中导航。而通过新建【空数据库】方法创建的数据库，可以使用切换面板管理器来创建、自定义和删除切换面板。

知识点滴

在切换面板管理器中，一个切换面板页代表一个切换面板窗体。窗体中的按钮，在切换面板中称为项目，一个切换面板可以包含多个项目，项目又包括文本和命令两部分，多数命令带有参数，以表示命令的操作对象。

【例6-17】为【公司信息管理系统】创建切换面板，使切换面板显示【员工信息】、【产品记录】、【供应商】以及【退出系统】4个项目。

视频+素材 (光盘素材第06章\例6-17)

step① 启动 Access 2010 应用程序，打开【公司信息管理系统】数据库。

step② 单击【文件】按钮，从弹出的【文件】菜单中选择【选项】命令，打开【Access 选项】对话框的【自定义功能区】选项卡，在

【从下列位置选项命令】下拉列表框中选择【不在功能区中的命令】选项，并在列表框中选择【切换面板管理器】选项，单击【添加】按钮，将其添加到自定义的【数据库工具】组中。

step③ 在【Access 选项】对话框中单击【确定】按钮。打开【数据库工具】选项卡，在【数据库工具】组中单击【切换面板管理器】按钮，打开如下图所示的对话框。

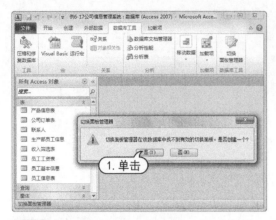

step 4 单击【是】按钮，打开如下图所示的对话框，单击【编辑】按钮。

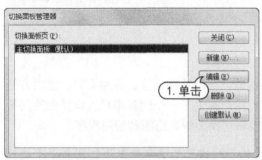

step 5 打开【编辑切换面板页】对话框，在【切换面板名】文本框中输入文字【公司信息管理系统】。

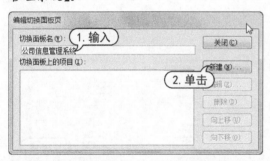

step 6 单击【新建】按钮，打开【编辑切换面板项目】对话框，在【文本】文本框中输入文字【员工信息】，在【命令】下拉列表中选择【在"添加"模式下打开窗体】选项，在【窗体】下拉列表中选择【员工信息】选项。

step 7 单击【确定】按钮，此时【员工信息】项目名称显示在【切换面板上的项目】列表中。

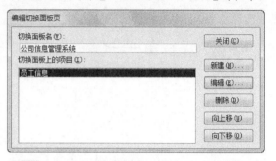

step 8 使用同样的方法，继续添加切换面板项目【产品记录】和【供应商】。

step 9 继续单击【新建】按钮，打开【编辑切换面板项目】对话框。在【文本】文本框中输入文字【退出系统】，在【命令】下拉列表中选择【退出应用程序】选项。

step 10 单击【确定】按钮，此时【编辑切换面板页】对话框如下图所示。

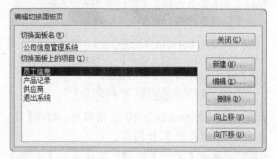

step 11 单击【关闭】按钮，返回到【切换面板管理器】对话框。再次单击【关闭】按钮，【切换面板】窗体名称将显示在导航窗格的

【窗体】列表中。双击打开该窗体。

step 12 单击状态栏的【设计视图】按钮，打开切换面板设计视图窗口。

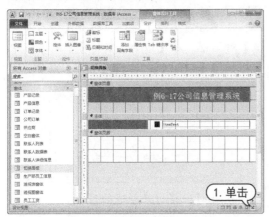

step 13 在设计视图窗口中选中标题区域，在【格式】选项卡的【字体】组中单击【背景色】按钮，将标题区域的背景色更改为【橙色】。

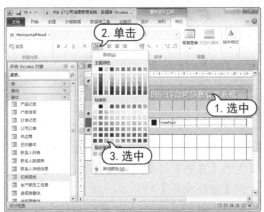

step 14 在主体区域中，选中【绿色】控件区域，右击，从弹出的快捷菜单中选择【属性】

命令，打开【属性表】窗格，单击【图片】右侧的 按钮。

step 15 打开【插入图片】对话框，选择一张图片，单击【确定】按钮。

step 16 切换到窗体视图，窗体视图的效果如下图所示。

step 17 在快速访问工具栏中单击【保存】按钮，保存创建的切换面板。

6.6 案例演练

本章的实战演练部分主要介绍在【公司仓库管理系统】数据库中创建各类窗体的方法，用户可以通过练习巩固本章所学的知识。

【例6-18】在【公司仓库管理系统】数据库中创建窗体。

🔴 视频+素材 (光盘素材\第06章\例6-18)

step ① 启动 Access 2010 应用程序，打开【公司仓库管理系统】数据库。

step ② 在【创建】选项卡的【窗体】组中单击【窗体向导】按钮，打开【窗体向导】对话框，在【表/查询】下拉列表中选择【查询：采购查询】选项，并添加所有字段。

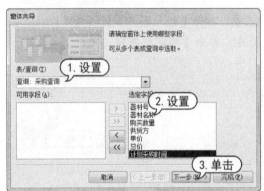

step ③ 单击【下一步】按钮，在对话框中选中【纵栏表】单选按钮。

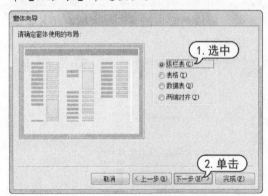

step ④ 单击【下一步】按钮，在打开的对话框的【请为窗体指定标题】文本框中输入文字【采购查询窗体】，并选中【打开窗体查看或输入信息】单选按钮。

step ⑤ 单击【完成】按钮，打开【输入参数值】对话框，在【请输入器材号】文本框中输入数值【A0221】，单击【确定】按钮。

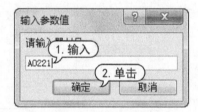

step ⑥ 此时，将打开创建的窗体。

step ⑦ 使用同样的方法，选择在【创建】选项卡的【窗体】组中单击【窗体向导】按钮，打开【窗体向导】对话框，在【表/查询】下拉列表中选择【查询：出库查询】选项，并添加所有字段。

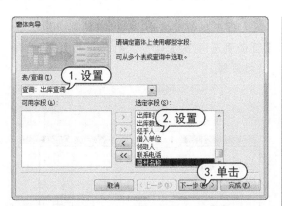

step 8 单击【下一步】按钮，在对话框中选中【两端对齐】单选按钮。

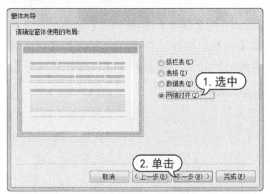

step 11 使用同样的方法创建如下图所示的【入库查询窗体】。

step 9 单击【下一步】按钮，在打开的对话框的【请为窗体指定标题】文本框中输入文字【出库查询窗体】，并选中【打开窗体查看或输入信息】单选按钮。

step 12 打开窗体设计视图窗口。拖动【入库查询】中的所有字段，调节其位置和大小，使得其效果如下图所示。

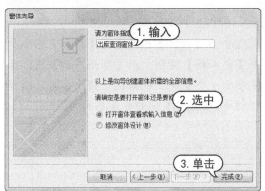

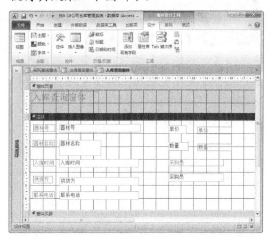

step 10 单击【完成】按钮，打开【输入参数值】对话框，在【请输入器材号】文本框中输入数值【A0221】，单击【确定】按钮，将打开创建的窗体。

step 13 在【主体】区域中，选中添加的所有控件，在【窗体设计工具】的【格式】选项卡的【字体】组中单击【背景色】按钮，从弹出的颜色面板中选择一个色块，为控件设置填充颜色。

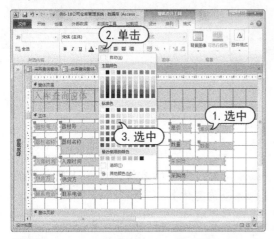

step 14 打开【设计】选项卡，在【控件】组中单击【其他】按钮，从弹出的控件列表中单击【矩形】按钮，拖动鼠标绘制矩形控件，使矩形包围其他所有控件。

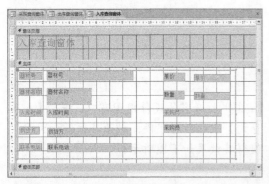

step 15 选择【格式】选项卡，在【控件格式】中单击【形状轮廓】按钮，从弹出的颜色面板中选择【黑色】色块，选择【线条宽度】| 3pt 选项，为控件边框应用颜色和边框样式。

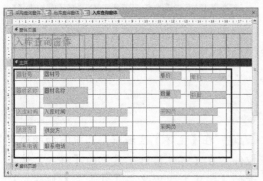

step 16 在空白处右击，从弹出的菜单中选择【页面页眉/页脚】命令，打开页面页眉/页脚设计区域。

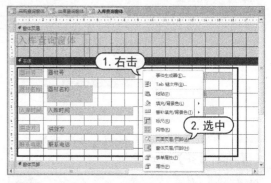

step 17 在【设计】选项卡的【控件】组中单击【标签】按钮，在【页面页脚】设计区域添加一个标签，输入文字【入库数据统计】。

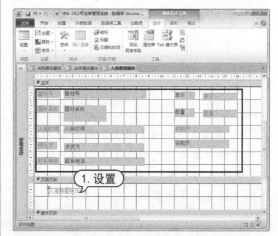

step 18 在【设计】选项卡的【控件】组中单击【文本框】按钮，在【页面页脚】设计区域添加一个控件，根据打开的向导对话框进行创建，设置文本框的标签名称为【当前页】。

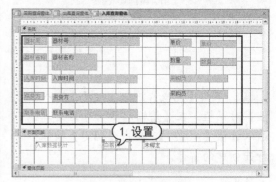

step 19　右击文本框控件，在弹出的快捷菜单中选择【属性】命令，打开【属性表】窗格。

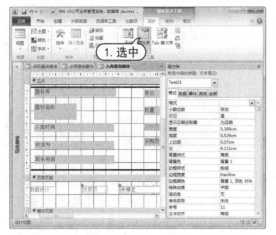

step 20　切换到【数据】选项卡，在【控件来源】文本框中输入表达式【=Page】。

step 21　关闭【属性表】窗格，在快速访问工具栏中单击【保存】按钮，保存设置后的窗体。

step 22　切换到窗体视图，输入参数后，打开窗体视图。

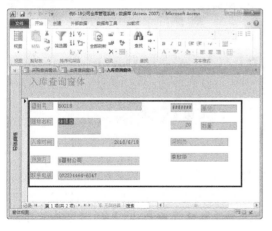

step 23　单击【文件】按钮，从弹出的【文件】菜单中选择【打印】|【打印预览】命令，打开打印预览窗口，预览窗口每页的最下方显示窗体页脚中的内容。

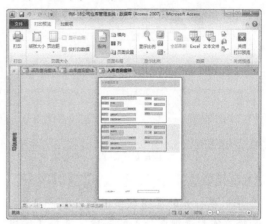

step 24　在导航窗格的【表】中选择【库存表】选项，打开【创建】选项卡，在【窗体】组中单击【窗体】按钮，即可创建一个如下图所示的窗体。

step 25　在快速访问工具栏中单击【保存】按钮，将创建的窗体以【库存查询窗体】为名保存。

【例6-19】以【公司仓库管理系统】数据库中的【库存表】为数据源，建立一个数据透视图窗体。
视频+素材 (光盘素材第 06 章\例 6-19)

step 1　打开【公司仓库管理系统】数据库，打开【库存表】表。

step 2　单击【创建】选项卡的【窗体】组中的【其他窗体】按钮，在弹出的下拉列表框中选择【数据透视图】选项，进入数据透视表的【设计视图】。

step 3 在打开的【图表字段列表】窗格中，选择要作为透视图分类的字段。选择【器材号】字段，将其拖动至【将分类字段拖至此处】区域，如下图所示。

step 4 使用同样的方法，将【现有库存】、【最大库存】和【最小库存】字段拖动至【将数据字段拖至此处】区域。

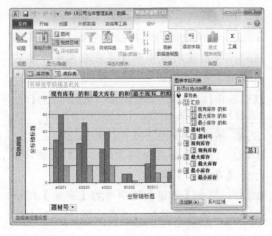

step 5 在【图表字段列表】窗格中，将【现有库存】字段拖动至【将筛选字段拖至此处】区域。

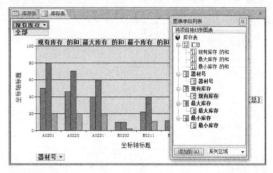

step 6 在【设计】选项卡的【显示/隐藏】组中单击【图例】按钮。在【类型】组中单击【更改图表类型】按钮，打开【属性】对话框，选中【三维柱形图】选项。

step 7 此时，创建的数据透视图窗体的效果如下图所示。

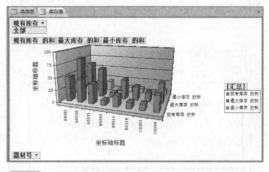

step 8 关闭【属性】对话框，在快速访问工具栏中单击【保存】按钮，将窗体保存。

第7章

报表

　　报表是专门为打印而设计的特殊窗体，Access 2010 中使用报表对象来实现打印格式数据功能，对数据库中的表、查询的数据进行组合，形成报表，还可以在报表中添加多级汇总、统计比较、图片和图表等。本章主要介绍建立报表、设计报表等方法。

对应光盘视频

7.1 创建报表

Access 2010 继承了 Access 2007 灵活简便的风格，提供了强大的报表创建功能，以帮助用户创建专业、功能齐全的报表。通过【创建】选项卡【报表】组中的相应按钮进行报表的创建操作。本节将详细介绍创建报表的几种方法。

7.1.1 报表简介

报表是数据库的又一种对象，是展示数据的一种有效方式。同窗体一样，在报表中也可以添加子报表或控件。在报表中，数据可以被分组和排序，然后以分组次序显示数据，也可以把数值相加汇总、计算平均值或其他统计信息显示和打印出来。

多数报表都被绑定到数据库中的一个或多个表和查询中。报表的记录源引用基础表和查询中的字段。报表无须包含每个基础表或查询中的所有字段。绑定的报表从其基础记录源中获得数据，窗体上的其他信息(如标题、日期和页码)，都存储在报表的设计中。

打开任意报表，在【开始】选项卡的【视图】组中单击【视图】下拉按钮，从弹出的视图菜单中选择视图方式。和窗体一样，Access 中的报表也提供了以下 4 种视图查看方式：

> 设计视图：用于创建和编辑报表的结构。

> 打印预览视图：用于查看报表的页面数据输出形态。

> 布局视图：用于查看报表的版面设置。

> 报表视图：用来浏览创建完成的报表。

Access 几乎能够创建用户所能想到的任何形式的报表。通常情况下，报表主要分为以下几种类型：

> 表格型报表：和表格型窗体、数据表类似，以行列的形式列出数据记录。

> 图表型报表：以图形或图表的方式显示数据的各种统计方式。

> 标签型报表：将特定字段中的数据提取后打印成一个个小的标签，以粘贴标识物品。

7.1.2 使用报表工具创建报表

报表工具提供了最快的报表创建方式，使用它可以为用户自动创建报表。自动创建的报表中将显示数据源的数据表或查询中的所有字段。

【例 7-1】使用报表工具快速创建报表。
视频+素材 (光盘素材\第 07 章\例 7-1)

step 1 启动 Access 2010 应用程序，打开【公司信息管理系统】数据库。

step 2 在导航窗格的【表】组中选择【联系人】选项，打开【创建】选项卡，在【报表】组中单击【报表】按钮。

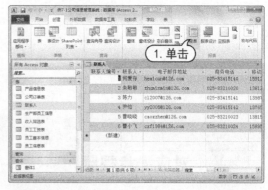

step 3 此时 Access 2010 自动生成如下图所示的报表。

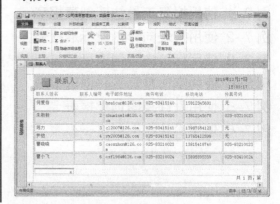

step ④ 单击【文件】按钮，在弹出的【文件】菜单中选择【保存】命令，打开【另存为】对话框，将报表以文件名【联系人信息】进行保存。

7.1.3 使用报表向导创建报表

使用报表向导创建报表不仅可以选择在报表上显示哪些字段，还可以指定数据的分组和排序方式。如果事先指定了表与查询之间的关系，还可以使用来自多个表或查询的字段进行创建。

【例7-2】使用 Access 报表向导创建标准报表。
视频+素材 (光盘素材\第07章\例7-2)

step ① 启动 Access 2010 应用程序，打开【公司信息管理系统】数据库。

step ② 打开【创建】选项卡，在【报表】组中单击【报表向导】按钮，打开【报表向导】对话框。

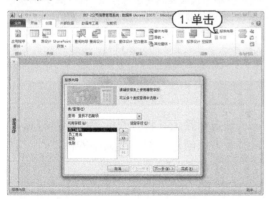

step ③ 在【表/查询】下拉列表框中选择【表：员工信息表】选项，将【可用字段】列表中的

可用字段添加到【选定字段】列表中，单击【下一步】按钮。

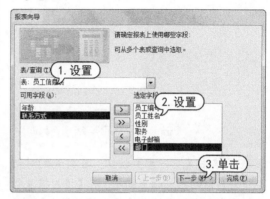

step ④ 在打开的对话框中确定是否添加分组级别，并将左侧列表中的字段依次添加到右侧的分组列表中，单击【下一步】按钮。

step ⑤ 在打开的对话框中，用户可以根据需要选择升序、降序或不排序，这里不进行排序设置，单击【下一步】按钮。

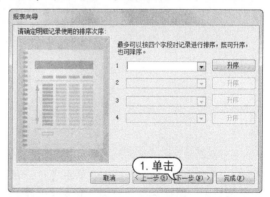

step ⑥ 打开确定报表布局方式的对话框，保持选中【递阶】布局单选按钮和【纵向】方向单选按钮，单击【下一步】按钮。

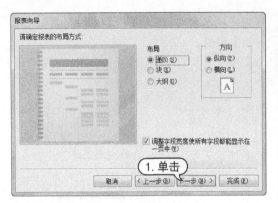

step 7 单击【下一步】按钮，在打开的对话框中为创建的报表指定标题，在【请为报表指定标题】文本框中输入【员工信息报表】。

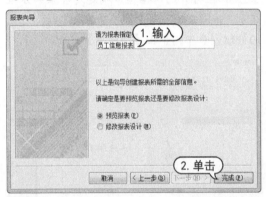

step 8 单击【完成】按钮，创建的报表效果如下图所示。

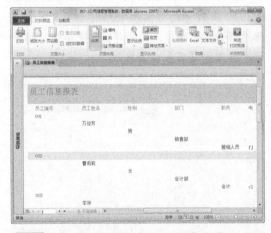

step 9 在状态栏的视图工具中单击【设计视图】按钮 ，切换至设计视图，扩大【电子邮箱】字段的大小，使得在报表视图中能完全显示字段内容，并将其他各个字段所占用的空间

调整到合适的大小

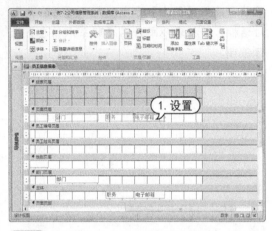

step 10 调整完成后切换到报表视图，效果如下图所示。

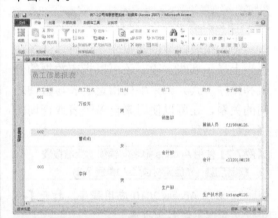

知识点滴

当一个记录集按照一个以上的字段、表达式或组记录源进行分组时，就会嵌入组。在报表中最多可按 10 个字段或表达式进行分组。当根据多个字段或表达式进行分组时，Access 会根据它们的分组级别对组进行嵌套。分组所基于的第一个字段或表达式是第一个且最重要的分组级别；分组所基于的第二个字段或表达式是下一个分组级别，以此类推。

7.1.4 使用标签工具创建标签

单击标签工具将打开标签向导，根据向导提示可以创建各种标准大小的标签。

【例 7-3】 使用标签向导创建标签。

视频+素材 (光盘素材\第 07 章\例 7-3)

step 1 启动 Access 2010 应用程序，打开【公司信息管理系统】数据库。

step 2 在导航窗格的【查询】组中双击【产品信息表-字段查询】选项，打开该查询。

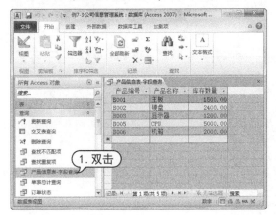

step 3 打开【创建】选项卡，在【报表】组中单击【标签】按钮，打开如下图所示的向导对话框，用来指定标签尺寸，单击【下一步】按钮。

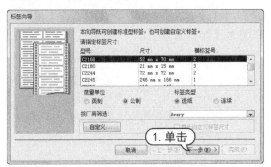

step 4 在打开的向导对话框中设置文本的字体格式。

step 5 单击【下一步】按钮，在向导对话框中指定邮件标签的显示内容。在【可用字段】列表中依次选中【产品编号】、【产品名称】和【库存数量】字段，单击 > 按钮，将其添加到【原型标签】列表中。

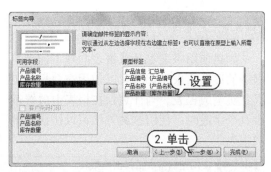

step 6 单击【下一步】按钮，在向导对话框中确定排序依据。在【可用字段】列表中选中【产品编号】字段，单击 > 按钮，将其添加到【排序依据】列表中。

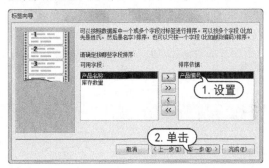

step 7 单击【下一步】按钮，在向导对话框中指定标签名称和打开方式，这里保持默认设置。

step 8 单击【完成】按钮，即可完成标签报表的创建，打开如下图所示的报表打印预览视图效果。

7.1.5 使用空白报表工具创建报表

如果使用报表工具或报表向导不能满足报表的设计需求，那么可以使用空白报表工具从头生成报表。当计划只在报表上放置很少几个字段时，使用这种方法可以快捷地生成报表。

【例7-4】使用空白报表工具创建报表。

视频+素材 (光盘素材\第07章\例7-4)

step ① 启动 Access 2010 应用程序，打开【公司信息管理系统】数据库。

step ② 打开【创建】选项卡，在【报表】组中单击【空报表】按钮，打开如下图所示的空报表和【字段列表】窗格。

step ③ 在【字段列表】中单击【显示所有表】链接，展开所有表，然后单击【生产部员工信息】旁边的加号，打开该表包含的字段列表。

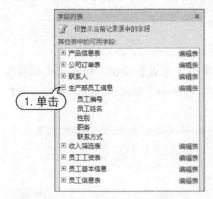

step ④ 拖动【生产部员工信息】下的【员工编号】、【员工姓名】、【性别】、【职务】和【联

系方式】字段到空报表中。

step ⑤ 打开【报表布局工具】的【设计】选项卡，在【页眉/页脚】组中单击【标题】按钮，在空报表中添加【标题】文本框，并输入标题文字【生产部员工信息】，设置其字体为【华文新魏】、字号为18、字体颜色为【深蓝】、字型为【加粗】。

step ⑥ 在【页眉/页脚】组中单击【日期和时间】按钮，打开【日期和时间】对话框。

step ⑦ 在【日期和时间】对话框中保持默认

设置，单击【确定】按钮，此时报表中添加了时间和时期控件。

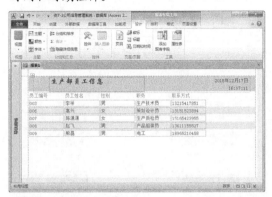

step 8 在快速访问工具栏中单击【保存】按钮，将报表以文件名【生产部员工信息报表】进行保存。

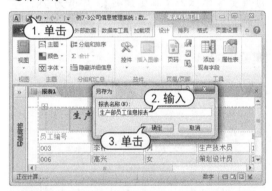

7.1.6 使用报表设计视图创建报表

使用报表向导可以很方便地创建报表，但使用向导创建出来的报表的形式和功能都比较单一，布局较为简单，很多时候不能满足用户的要求。这时可以通过报表设计视图对报表做进一步的修改，或者直接通过报表设计视图创建报表。

【例7-5】使用设计视图创建【员工工资报表】。
视频+素材 (光盘素材\第07章\例7-5)

step 1 启动 Access 2010 应用程序，打开【例7-3】创建的【公司信息管理系统】数据库。

step 2 打开【创建】选项卡，在【报表】组中单击【报表设计】按钮，打开如下图所示的报表设计视图窗口。

step 3 在报表设计视图中右击，在弹出的快捷菜单中选择【报表页眉/页脚】命令，在报表设计视图中添加【报表页眉】和【报表页脚】设计区域。

step 4 打开【报表设计工具】的【设计】选项卡，在【工具】组中单击【属性表】按钮。

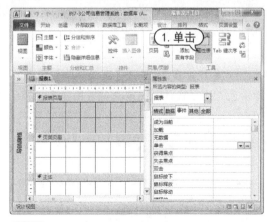

step 5 打开【属性表】窗格，在【所选内容

的类型】下拉列表中选择【报表】选项。

step 6 在窗格中切换到【数据】选项卡，在【记录源】下拉列表中选择【员工工资表】选项。

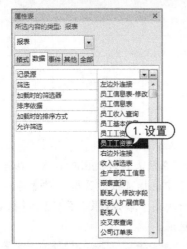

step 7 选中【报表页眉】设计区域的标题栏，切换至【格式】选项卡，单击列表框中的【背景色】按钮，将【报表页眉】设计区域填充为【Access 主题颜色7】(即蓝色)。

step 8 参照步骤7，设置【页面页脚】区域的背景色，此时设计视图窗口如下图所示。

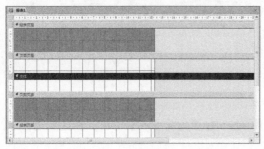

step 9 打开【报表设计工具】的【设计】选项卡，在【控件】组中选择【标签】控件。

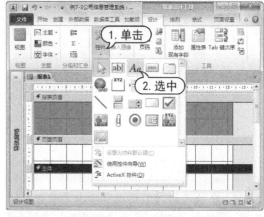

step 10 在标签中输入文字【员工工资报表】，设置文字字体为【华文隶书】、字号为28、字体颜色为橙色。

step 11 在【设计】选项卡的【页眉/页脚】组中单击【页码】按钮，打开【页码】对话框。在【格式】选项区域选择【第 N 页，共 M 页】单选按钮，在【位置】选项区域选择【页面底端(页脚)】单选按钮。

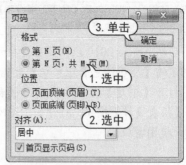

step 12 单击【确定】按钮，此时页码表达式出现在【页面页脚】设计区域，设置表达式颜色为黄色。

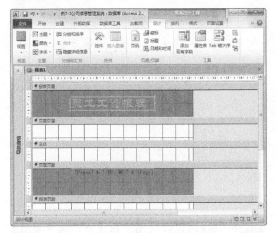

step 13 在【设计】选项卡的【分组和总汇】组中单击【分组和排序】按钮，打开【分组、排序和总汇】窗格。

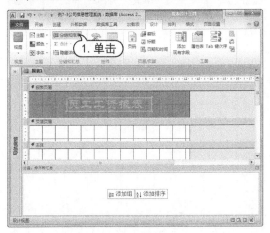

step 14 单击【添加排序】按钮，打开字段列表，选择【员工编号】选项。

step 15 此时，【分组、排序和总汇】窗格如下图所示。

step 16 在窗格中单击【添加组】按钮，在打开的字段列表中选择【员工编号】选项。

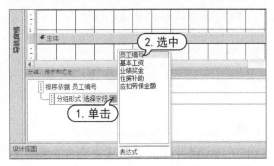

step 17 关闭窗格，此时报表设计视图如下图所示。

step 18 在【员工编号页眉】设计区域添加【员工编号】、【基本工资】、【业绩奖金】、【住房补助】和【应扣劳保金额】标签控件，并调整它们的位置。

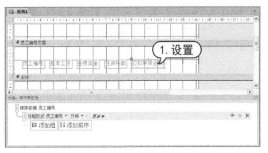

step ⑲ 打开【报表设计工具】的【设计】选项卡，在【工具】组中单击【添加现有字段】按钮，打开【字段列表】窗格。

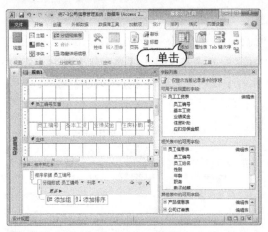

step ⑳ 从字段列表中拖动【员工工资表】中的【员工编号】字段到【主体】设计区域，并删除该控件的标签名称。

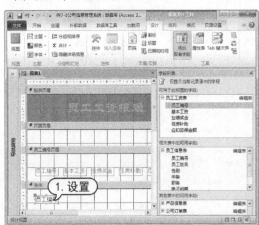

step ㉑ 在主体设计区域添加【基本工资】、【业绩奖金】、【住房补助】和【应扣劳保金额】文本框控件，并调整它们的位置。

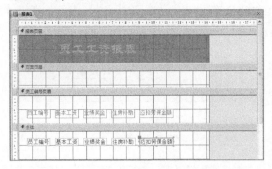

step ㉒ 切换到打印预览视图，所创建报表的效果如下图所示。

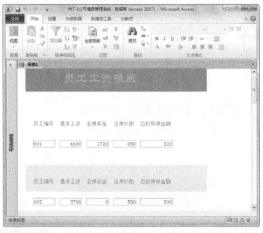

step ㉓ 切换到设计视图，在【资产编号页眉】区域添加标签【实际工资】，在【主体】区域添加文本框控件，并删除该控件的标签。

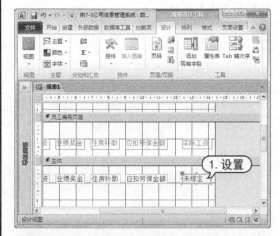

step ㉔ 右击【主体】区域的【未绑定】文本框，在弹出的快捷菜单中选择【属性】命令，打开【属性表】窗格。

step ㉕ 切换到【数据】选项卡，在【控件来源】文本框中输入表达式【=[基本工资]+[业绩奖金]+[住房补助]-[应扣劳保金额]】。

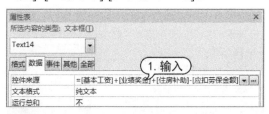

step 26 关闭【属性表】窗格，切换到打印预览视图，观察打印预览效果。

step 27 在快速访问工具栏中单击【保存】按钮，将报表以【员工工资报表】为文件名进行保存。

step 28 切换到【员工工资报表】设计视图，在【主体】区域选中【业绩奖金】控件，在【格式】选项卡的【控件格式】选项区域单击【条件格式】按钮。

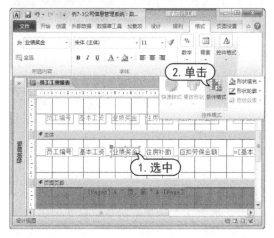

step 29 打开【条件格式规则管理器】对话框，单击【新建规则】按钮。

step 30 打开【新建格式规则】对话框，在【编辑规则描述】选项区域设置添加属性，并设置填充色和字体颜色。

step 31 单击【确定】按钮，关闭所有的对话框，切换到【员工工资报表】报表预览视图。

step 32 按 Ctrl+S 快捷键，保存创建完成的【员工工资报表】。

> **知识点滴**
>
> 要使报表样式更为丰富美观，可以在报表中添加图像、直线和矩形控件等。使用这些控件的方法与在窗体中添加控件和文本框控件的方法相同。

7.1.7 创建子报表

子报表是插入到其他报表中的报表。在合并报表时，两个报表中的一个必须作为主报表。主报表可以是绑定的也可以是非绑定的，也就是说，报表可以基于数据表、查询或 SQL 语句，也可以不基于任何数据对象。非绑定的主报表可作为容纳要合并的无关联子报表的【容器】。

在报表中，如果需要插入包含与主报表数据相关联的信息的子报表，可以设置主报表的【数据来源】属性，将主报表绑定在基础表、查询或 SQL 语句上。例如，可以使用主报表来显示明细记录(如一年的销售情况)，然后用子报表来显示汇总信息(如每个季度的销售量)。

在创建子报表之前，要确保主报表和子报表之间已经建立了正确的关系，这样才能保证在子报表中打印的记录和在主报表中打印的记录有正确的对应关系。

【例 7-6】 使用设计视图创建【员工工资报表】。
💿视频+素材 (光盘素材第 07 章\例 7-6)

step 1 打开【例 7-5】创建的【公司信息管理系统】数据库，打开【员工信息报表】的设计视图窗口。

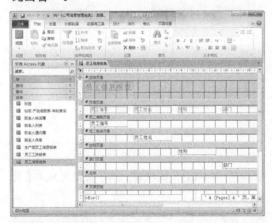

step 2 打开【报表设计工具】的【设计】选项卡，在【控件】组中单击【其他】按钮，在弹出的列表框中单击【子窗体/子报表】按钮。

step 3 将光标移到【主体】区域，按住鼠标左键并拖动，释放鼠标后，打开【子报表向导】对话框。

step 4 单击【下一步】按钮，在【表/查询】下拉列表中选择【表：公司订单表】选项，并将除【产品编号】字段外的所有字段添加到【选定字段】列表中。

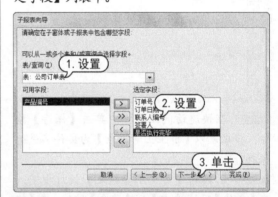

step 5 单击【下一步】按钮，打开如下图所示的对话框，选中【自行定义】单选按钮，设置【窗体/报表字段】和【子窗体/子报表字段】。

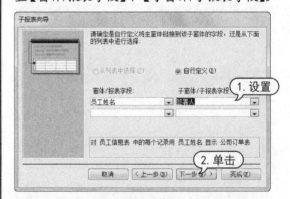

step 6 单击【下一步】按钮，打开如下图所示的对话框，在【请指定子窗体或子报表的名

称】文本框中输入【公司订单表 子报表】。

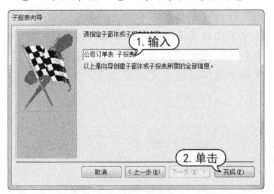

1. 输入

2. 单击

step 7 在对话框中单击【完成】按钮，完成子报表的插入。

step 8 切换到打印预览窗口，打印预览窗口的效果如右上图所示。

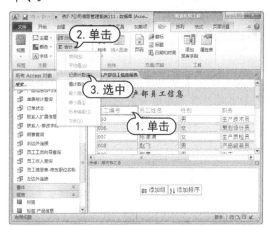

step 9 在快速访问工具栏中单击【保存】按钮，将子报表保存在【员工信息报表】中。

7.2 报表中的计数和求和

对报表中包含的记录进行计数或者需要在含有数字的报表中使用平均值、百分比、总计时，可以使用报表中的计数和求和功能。

7.2.1 报表中的计数

在分组或摘要报表中，可以显示每个组中的记录计数。或者，可以为每条记录添加一个行号，以便记录间的相互引用。

【例 7-7】为【生产部员工信息报表】添加计数和行号。

📀 视频+素材 (光盘素材第 07 章\例 7-7)

step 1 启动 Access 2010 应用程序，打开【公司信息管理系统】数据库。

step 2 在导航窗格的【报表】组中右击【生产部员工信息报表】，在弹出的快捷菜单中选择【布局视图】命令，打开报表的布局视图窗口。

step 3 单击一个不包含 Null 值的字段，如【员工编号】字段，打开【报表布局工具】的【设计】选项卡，在【分组和汇总】组中单击【合计】按钮，在弹出的列表中选择【记录计数】命令。

2. 单击
3. 选中
1. 单击

step 4 打开【开始】选项卡，在【视图】组中单击【视图】下拉列表按钮，在弹出的下拉列表中选中【报表视图】选项。此时，【员工编号】字段下方出现记录计数 6。

step 5 切换到【生产部员工信息报表】的设计视图，在【设计】选项卡的【控件】组中单击【文本框】按钮 ，在【主体】节中添加文本框，并将该文本框控件左侧的标签控件拖动到【页面页眉】节。

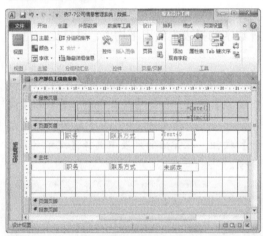

step 6 将在【页面页眉】节中添加的标签控件的名称更改为【序号】，然后按 Alt+Enter 组合键，打开属性表窗格。

step 7 选中【主体】节中的【未绑定】文本框，打开【数据】选项卡，在【运行总和】属性框中选择【工作组之上】选项，在【控件来源】属性框中输入【=1】，在【文本格式】属性框中选择【格式文本】选项。

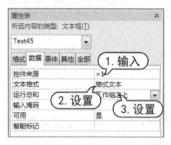

step 8 打开【格式】选项卡，然后在【格式】属性框中输入【#.】(#后跟有一个英文状态下的句点)。

step 9 切换报表视图，此时报表效果如下图所示。

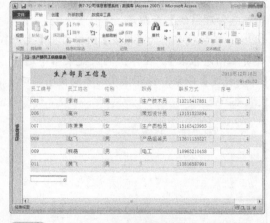

step 10 在快速访问工具栏中单击【保存】按

钮 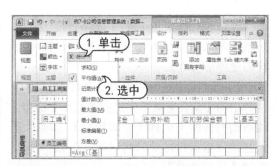，保存修改后的报表。

7.2.2 报表中的求和

使用 Access 的报表求和功能可以使数据更容易理解，本节将介绍在布局视图中使用求和。布局视图是向报表添加总计、平均值和其他求和最快的方式。

【例7-8】在【员工工资报表】报表中使用求和功能计算员工基本工资的平均值。

🎬 视频+素材 (光盘素材\第07章\例7-8)

step 1 启动 Access 2010 应用程序，打开【公司信息管理系统】数据库。

step 2 在导航窗格的【报表】组中右击【员工工资报表】，在弹出的快捷菜单中选择【设计视图】按钮，打开【员工工资报表】的设计视图，选中基本工资数值所在的文本框控件。

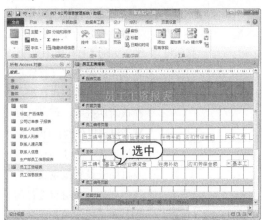

step 3 打开【报表设计工具】的【设计】选项卡，在【分组和汇总】组中单击【合计】按钮，在弹出的菜单中选择【平均值】选项。

step 4 切换报表视图，此时【基本工资】列的最底端会显示平均值。

下表描述了 Microsoft Access 2010 中可以添加到报表的求和函数的类型。

类 型	说 明	函 数
总计	该列所有数字的总和	Sum()
平均值	该列所有数字的平均值	Avg()
计数	对该列的项目进行计数	Count()
最大值	该列的最大数字或字母值	Max()
最小值	该列的最小数字或字母值	Min()
标准偏差	估算该列一组数值的标准偏差	StDev()
方差	估算该列一组数值的方差	Var()

7.3 打印报表

报表就是为了数据的显示和打印而存在的，报表能对数据表的各种数据进行分组、汇总等，创建后除了用于数据的查看以外，还要用于数据的打印输出。

对报表进行打印，一般要做如下几项准备工作：

➢ 进入报表打印预览视图，预览报表。
➢ 设置报表的【页面设置】选项。
➢ 设置打印时的各种选项。

7.3.1 报表的页面设置

页面设置包括定义打印位置、打印列数、

选择纸张和打印机等。定义打印列数实际上是创建多列报表，所以页面设置也是报表设计的延伸部分。

在报表视图窗口中单击【文件】按钮，从弹出的【文件】菜单中选择【打印】命令，在右侧的窗格中选择【打印预览】选项，进入打印预览窗口，此时将自动打开如下图所示的【打印预览】选项卡。

在【页面布局】组中单击【页面设置】按钮，即可打开【页面设置】对话框，如下图所示，该对话框中包括【打印选项】、【页】和【列】3 个选项卡。

下面对【页面设置】对话框中各选项卡所包含的选项及含义进行说明。

选项卡	选 项	含 义
打印选项	页边距	指定 4 个页边距
	示例	在【上】、【下】、【左】、【右】文本框中输入页边距后，即在右侧的【示范】纸张上显示与之相应的页边距
	只打印数据	选定该复选框表示仅打印数据，标签、线条等均不打印

（续表）

选项卡	选 项	含 义
页	打印方向	有【纵向】和【横向】两个选项，默认为纵向打印，即根据纸张宽度按行打印；若指定横向打印，则打印内容将自动转置 90°沿纸张长度方向按列打印。当打印的图文或报表超出所选纸张的宽度时，可以设置横向打印
	纸张	【大小】组合框用于指定纸张规格，【来源】组合框用于指定送纸方式
	用下列打印机打印	打印设备包括【默认打印机】和【使用指定打印机】两个单选按钮。当选择后者时，将激活【页】选项卡下方的【打印机】按钮，单击该按钮将打开打印机的【页面设置】对话框，在该对话框中，可以选择默认设置以外的打印设备
列	网格设置	网格设置中的【列数】文本框用于设置报表页面的打印列数，并附有【行间距】和【列间距】两个文本框，用于设置两行、两列之间的距离
	列尺寸	仅当没有选择【与主体相同】复选框时，在【宽度】和【高度】文本框中设置列尺寸有效，否则其宽度和高度均与主体节的相同
	列布局	选择【先列后行】单选按钮时，记录将按纵向逐列排列，选定【先行后列】单选按钮时，记录按横向逐行排列

知识点滴

打开报表的布局视图或设计视图,此时会自动显示【报表布局工具】或【报表设计工具】的【页面设置】选项卡,在【页面布局】组中单击【页面设置】按钮,同样可以打开【页面设置】对话框。

【例7-9】设置【员工工资报表】报表页面。

视频+素材 (光盘素材\第07章\例7-9)

step 1 启动 Access 2010 应用程序,打开【公司信息管理系统】数据库,打开【员工工资报表】的设计视图。

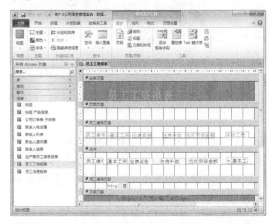

step 2 在【报表设计工具】的【页面设置】选项卡中,单击【页面布局】组中的【页面设置】按钮,打开【页面设置】对话框。

step 3 打开【列】选项卡,在【网格设置】选项区域设置【列数】为 2、【行间距】为【0.3cm】,在【列尺寸】选项区域设置【宽度】为【0cm】,并在【列布局】选项区域选择【先

列后行】单选按钮,取消选中【与主体相同】复选框。

step 4 打开【页】选项卡,在【方向】选项区域选中【横向】单选按钮,在【纸张】大小下拉列表中选中 Legal 选项。

step 5 单击【确定】按钮,关闭【页面设置】对话框,单击状态栏中的【打印预览】按钮,进入报表打印预览视图。

知识点滴

Access 将保存窗体或报表页面设置选项的设置值，所以每个窗体或报表的页面设置选项只需设置一次，但是对于表、查询等对象必须在每次打印时都设置页面设置选项。

7.3.2 报表的打印

切换到打印预览视图，在【打印预览】选项卡的【打印】组中单击【打印】按钮，打开【打印】对话框，如下图所示。用户在对话框中指定打印的具体细节即可。

实现报表预览和打印还有另外 3 种方法：一是通过添加预览或打印控件，创建预览或打印按钮；二是使用与打印有关的宏操作；三是在 Visual Basic 代码中执行 OpenReport 方法。

【例7-10】在【员工工资】窗体中添加【打印预览】和【打印】两个按钮，用以实现预览和打印效果。

◎视频+素材 (光盘素材\第 07 章\例 7-10)

step 1 打开【例7-9】创建的【公司信息管理系统】数据库的【员工工资】窗体的设计视图窗口。

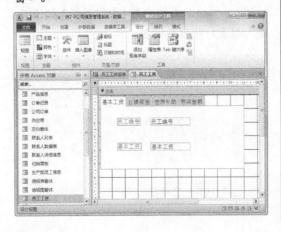

step 2 打开【窗体设计工具】的【设计】选项卡，在【控件】组中单击【其他】按钮，在打开的列表框中保持【使用控件向导】按钮的选中状态，然后单击【按钮】按钮，在设计窗口的【主体】区域添加一个按钮控件。

step 3 此时，自动打开【命令按钮向导】对话框，确定按钮产生的动作，在【类别】列表中选择【报表操作】选项，在【操作】列表中选择【预览报表】选项。

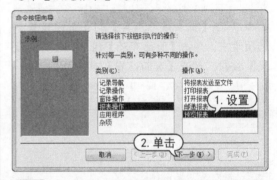

step 4 单击【下一步】按钮，在打开的对话框中确定将要预览的报表，这里选择【员工工资报表】报表选项。

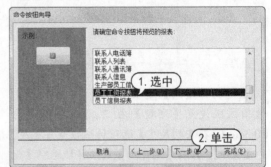

step 5 单击【下一步】按钮，在打开的对话框的【图片】列表框中选择【预览】选项，其他保持默认设置。

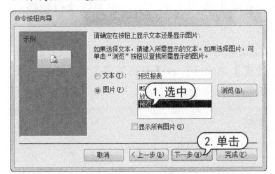

step 6 单击【下一步】按钮，打开如下图所示的对话框。在文本框中输入自定义名称，以便于以后对该按钮的引用，这里输入【打印预览】。

step 7 单击【完成】按钮，将命令按钮添加到窗体中，此时窗体视图的效果如下图所示。

step 8 使用相同的方法，在【员工工资】窗体中添加【打印】命令按钮。其中设置该命令控件产生的动作如右上图所示。

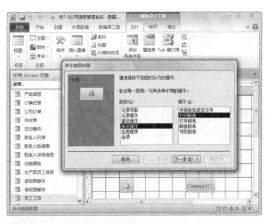

step 9 在打开的对话框中输入【打印报表】，然后单击【完成】按钮。

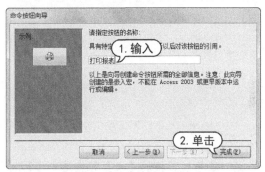

step 10 创建完毕的窗体效果如下图所示。

step 11 按下 Ctrl+S 快捷键，对修改的【员工工资】窗体进行保存。

> **知识点滴**
>
> 同功能区中的【打印】按钮一样，单击窗体中的【打印】按钮，将会直接打印指定的报表。与单击【打印预览】功能选项卡中的【打印】按钮不同的是，单击窗体中的【打印】按钮不会打开【打印】对话框。

7.4 案例演练

本章的实战演练部分将介绍在【公司仓储管理系统】数据库中创建报表并修改报表格式的方法，用户可以通过练习巩固本章所学的知识。

【例 7-11】在【公司仓储管理系统】数据库中创建【器材采购】报表，然后在设计视图中修改报表格式。

🎬 视频+素材 (光盘素材\第 07 章\例 7-11)

step ① 启动 Access 2010 应用程序，打开【公司仓储管理系统】数据库。

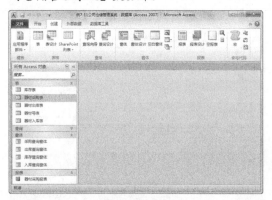

step ② 在导航窗格的【表】组中选中【器材采购表】选项，打开【创建】选项卡，在【报表】组中单击【报表】按钮，生成如下图所示的报表。

step ③ 在快速访问工具栏中单击【保存】按钮🖫，将报表以文件名【器材采购报表】进行保存。

step ④ 自动打开【报表布局工具】的【页面设置】选项卡，在【页面布局】组中单击【页面设置】按钮。

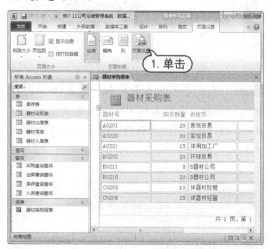

step ⑤ 打开【页面设置】对话框的【列】选项卡，在【网格设置】选项区域的【行间距】文本框中输入【1cm】，取消选中【与主体相同】复选框，单击【确定】按钮。

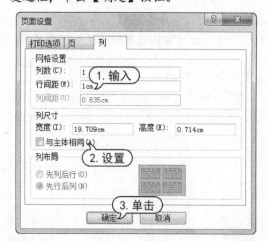

step ⑥ 切换到设计视图窗口，单击【控件】组中的【直线】按钮，在设计视图的【主体】区域添加直线控件。

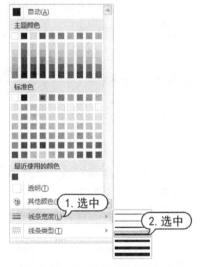

step 7 选中直线控件,打开【格式】选项卡,在【控件格式】组中单击【形状轮廓】下拉列表按钮,在打开的颜色面板中选择一种如下图所示的线条宽度。

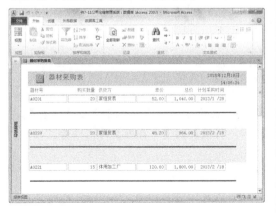

step 8 再次单击【形状轮廓】下拉列表按钮,在弹出的下拉列表中选中一种线条颜色。此时报表打印视图的效果如下图所示。

step 9 在报表的设计视图窗口中,选中【页面页脚】区域的【页码】控件,右击,从弹出的快捷菜单中选择【属性】命令,打开【属性表】窗格。

step 10 打开【数据】选项卡,在【控件来源】文本框中输入【="第 " & [Page] & " 页"】。

step 11 打时报表打印预览窗口的底部将显示设置后的页码,效果如下图所示。

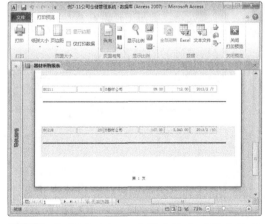

step 12 在快速访问工具栏中单击【保存】按

钮 🔲，将【器材采购报表】保存。

【例 7-12】在【公司仓储管理系统】数据库中创建器材库存统计的柱形图报表。

📹 视频+素材 (光盘素材\第 07 章\例 7-12)

step ① 启动 Access 2010，打开【公司仓储管理系统】数据库。

step ② 打开【创建】选项卡，在【报表】组中单击【报表设计】按钮，进入报表的【设计视图】。

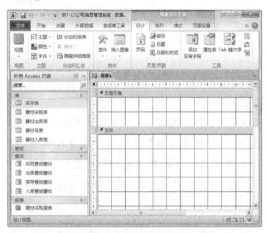

step ③ 选择【设计】选项卡，在【控件】组中单击【其他】按钮▾，在弹出的下拉列表中选中【图表】控件。

step ④ 在报表【设计视图】的【主体】部分绘制一个矩形框，打开【图表向导】对话框。

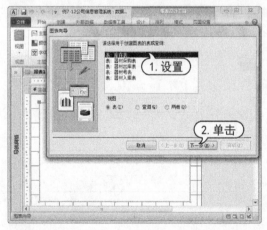

step ⑤ 在【图表向导】对话框中选中【表：库存表】选项后，单击【下一步】按钮，在打开的对话框中选择用于图表的字段，然后单击

【下一步】按钮。

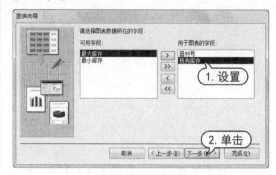

step ⑥ 在打开的对话框中选中【柱形图】选项，然后单击【完成】按钮，在【主体】区域创建柱形图报表。

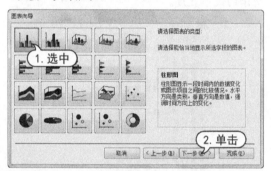

step ⑦ 切换进入报表的【报表视图】下查看报表效果，如下图所示。

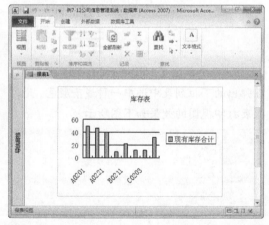

step ⑧ 在快速访问工具栏中单击【保存】按钮 🔲，将报表以【库存表】为名保存。

第8章

宏

　　Access 拥有强大的程序设计能力，它提供了功能强大且容易使用的宏，通过宏可以轻松完成许多在其他软件中必须编写大量程序代码才能做到的事情。本章将介绍有关宏的知识，包括宏的概念、宏的类型、创建与运行宏的基本方法以及与宏相关的各种事件和宏操作。

 **对应光盘视频**

8.1 宏简介

Access 共有 50 多种宏指令，它们和内置函数一样，可为应用程序的设计提供各种基本功能。使用宏非常方便，不需要记住语法，也不需要编程，只需利用几个简单的宏操作就可以对数据库完成一系列的操作。宏实现的中间过程是自动的。

8.1.1 宏的概念

简单来说，宏就是一些操作的集合，其中的每个操作都能够实现特定的功能。将一定的操作排列成顺序，就构成了"宏"。在Access 中，可以将宏看成一种简化了的编程语言，这种语言是通过选择一系列要执行的操作来编写的。编写宏无须记住各种语法，每个宏的操作参数都显示在宏的【设计视图】中，如下图所示。

通过使用宏，用户无须在 VBA 模块中编写代码，即可向窗体、报表和控件中添加功能。通过运行宏，Access 能够有次序地自动完成一连串的操作，包括各种数据、键盘或鼠标操作。

> 💡 知识点滴
>
> 宏的【设计视图】其实就是【宏生成器】。在Access 2010 中，宏的设计视图做了不少改变：去掉了原来的【行】组，添加了【折叠/展开】组；在【工具】组中用【将宏转换为 Visual Basic 代码】按钮代替了原来的【生成器】按钮。

Access 2010 中的宏可以帮助用户完成以下工作：

> ➤ 打开和关闭数据表、窗体，打印报表

和执行查询。

> ➤ 显示提示框，显示警告。
> ➤ 实现数据的输入和输出。
> ➤ 在数据库启动时执行操作等。
> ➤ 筛选、查找数据记录。

所以，宏的功能几乎涉及所有的数据库操作细节。灵活地运用宏，能够让用户的Access 数据库系统变得功能强大而又生动。

8.1.2 事件的概念

事件过程是为响应由用户或程序代码引发的事件或由系统触发的事件而运行的过程。事件(event)是指对象所能辨识或检测的动作，当此动作发生于某个对象上时，其相对的事件便会被触发。如果预先为此事件编写了宏或事件程序，该宏或事件程序便会被执行。如用鼠标单击窗体上的按钮，该按钮的 Click(单击)事件便会被触发，指派给 Click 事件的宏或事件程序也就跟着被执行。

触发事件的动作并不仅仅是用户的操作，程序代码或操作系统都有可能触发事件。例如，作用的窗体或报表发生执行时期错误时，便会触发窗体或报表的 Error 事件；当窗体打开并显示其中的数据记录时，便会触发 Load 事件。

8.1.3 宏的类型

在 Access 中，宏可以是包含操作序列的一个宏，也可以是由若干个宏构成的宏组，还可以使用条件表达式来决定在什么情况下运行宏，以及在运行宏时是否进行某项操作。根据以上 3 种情况可以将宏分为 3 类：操作序列、宏组和包括条件操作的宏。

1. 操作序列

这是最基本的宏类型。通过引用【宏名】来执行宏。例如，通过一个命令按钮的单击事件调用宏的过程如下：打开该命令按钮的属性窗口，在单击事件中指定要调用的宏名。

2. 宏组

所谓宏组，就是在一个宏名下存储多个宏。通常情况下，如果存在许多宏，最好将相关的宏分到不同的宏组，这样有助于数据库的管理。

宏组类似于程序设计中的【主程序】，而宏组中【宏名】列中的宏类似于【子程序】，使用宏组既可以增加控制，又可以减少编制

宏的工作量。

可以通过引用宏组中的【宏名】(宏组名.宏名)执行宏组中的指定宏。在执行宏组中的宏时，Access 系统将按顺序执行【宏名】列中的宏所设置的操作以及紧跟在后面的【宏名】列为空的操作。

3. 条件操作宏

某些情况下，可能希望仅当特定条件为真时，才在宏中执行相应的操作。这时可以使用宏的条件表达式来控制宏的流程，这样的宏称为条件操作宏。其中，使用条件表达式还可以决定在某些情况下运行宏时，是否进行某个操作。

8.2 宏的创建与设计

宏的创建方法和其他对象的创建方法稍有不同。通常创建宏对象比较容易，因为不管是创建单个宏还是创建宏组，各种宏操作都是从 Access 提供的宏操作中选取，而不是自定义的。其他对象都可以通过向导和设计视图进行创建，但是宏不能通过向导创建，只可以通过设计视图直接创建。

8.2.1 创建与设计单个宏

创建单个宏的方法很简单，在宏【设计视图】中选择需要的宏操作，并设置操作参数即可。

【例 8-1】创建一个简单宏，要求该宏运行时，打开【公司信息管理系统】数据库中的【公司订单】窗体。

视频+素材 (光盘素材\第 08 章\例 8-1)

step 1 启动 Access 2010 应用程序，打开【公司信息管理系统】数据库。

step 2 选择【创建】选项卡，在【宏与代码】组中单击【宏】按钮。

step 3 此时，自动创建一个名为【宏 1】的空白宏，单击【添加新操作】框右侧的下拉按钮，从弹出的下拉菜单中选择 OpenForm 选项。

step 4 自动弹出 OpenForm 宏信息框，在其

中填写各个参数。

step 5 在快速访问工具栏中单击【保存】按钮，打开【另存为】对话框。在【宏名称】文本框中输入宏名称【打开公司订单窗体】。

step 6 单击【确定】按钮，完成单个宏的创建，此时宏将显示在导航窗格的【宏】组中。

step 7 右击创建的宏，从弹出的菜单中选择【运行】命令，打开如右上图所示的窗体。

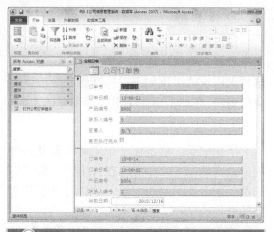

8.2.2 创建与设计宏组

宏组是存储在同一个宏名下的相关宏的组合，它与其他宏一样可在宏窗口中进行设计，并保存在数据库窗口的导航窗格的【宏】组中。如果有许多个宏执行不同的操作，那么可以将宏建立为不同的宏组，以方便数据库的管理和维护。

【例 8-2】创建一个宏组，要求在运行该宏组时打开【员工信息】窗体，然后通过单击【员工信息】窗体中的【退出系统】按钮，退出当前数据库。

视频+素材 (光盘素材\第 08 章\例 8-2)

step 1 启动 Access 2010 应用程序，打开【公司信息管理系统】数据库。

step 2 打开【创建】选项卡，在【宏与代码】组中单击【宏】按钮，打开宏的设计视图窗口，此时自动创建一个名为【宏 1】的空白宏。

step 3 在【添加新操作】文本框中输入

Submacro，然后按下Enter键，并将子宏命名为【打开】。

step 4 在子宏块中单击【添加新操作】按钮，从弹出的菜单中选择OpenForm选项。

step 5 使用同样的方法在【打开】子宏块中添加MaximizeWindow，添加【关闭】子宏块，并添加CloseDatabase宏操作（设置此宏操作没有任何参数）。

step 6 在快速访问工具栏中单击【保存】按钮，打开【另存为】对话框，将宏以【宏组】名称进行保存。

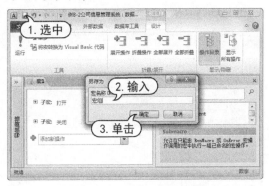

step 7 在导航窗格的【窗体】组中打开【员工信息】窗体的设计视图窗口。在【窗口设计工具】的【设计】选项卡的【控件】组中单击【按钮】控件，在设计窗口中绘制一个命令按钮，并关闭【命令按钮向导】对话框。

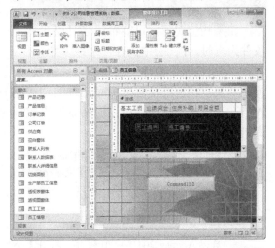

step 8 打开【格式】选项卡，在【标题】文本框中输入命令按钮的名称【退出系统】。

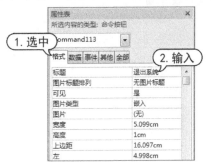

step 9 按下Ctrl+S快捷键,保存对窗体所做的修改。

step 10 运行创建的宏,此时该宏自动打开【员工信息】窗体,并显示窗口的最大化效果。

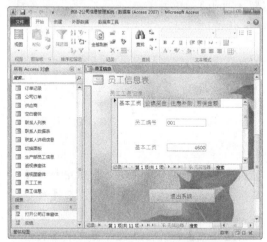

8.2.3 创建与设计条件宏

在某些情况下,可能希望当且仅当特定条件为真时,才在宏中执行一个或多个操作。例如,如果在某个窗体中使用宏来校验数据,可能要显示相应的信息来响应记录的相应输入值。在这种情况下,可以使用条件来控制宏的流程。

【例8-3】创建条件宏,要求运行宏时自动打开【员工工资】窗体,当用户在【基本工资】文本框中修改或添加数据时,如果输入的数据小于3 700,系统将自动给出提示。

📀视频+素材 (光盘素材第08章\例8-3)

step 1 启动Access 2010应用程序,打开【公司信息管理系统】数据库,打开【员工工资】窗体的设计视图窗口。

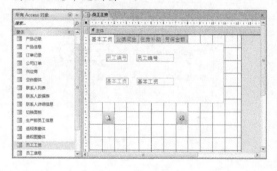

step 2 右击【基本工资】文本框控件,在弹出的快捷菜单中选择【属性】命令,打开【属性表】窗格。

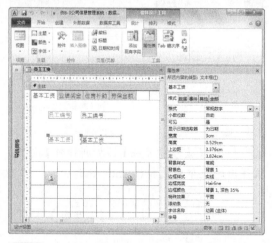

step 3 打开【事件】选项卡,单击【更新后】文本框右侧的⋯按钮。

step 4 打开【选择生成器】对话框,在列表框中选择【宏生成器】选项,单击【确定】按钮,打开宏设计视图窗口。

step 5 在右侧的【操作目录】窗格中双击IF宏，并在【宏生成器】中输入表达式【[基本工资]<3700】。

step 6 单击【添加新操作】框右侧的下拉按钮，从弹出的下拉菜单中选择Message Box选项，自动弹出宏信息框，在其中填写各个参数。

step 7 按Ctrl+S快捷键，保存该条件宏，关闭【宏生成器】。

step 8 返回至【员工工资】窗体的【设计视

图】，可以看到【事件】的【更新后】文本框中显示【[嵌入的宏]】字样，表明条件宏已创建完成。

step 9 打开【员工工资】窗体，在【基本工资】文本框中更改数据，如输入3400，按Enter键，此时会打开【提示】对话框，单击【确定】按钮，取消事件。

💡 知识点滴

创建的条件宏(又称数据宏)不会显示在导航窗格的【宏】组中。需要注意的是，用户只能在窗体设计视图的【属性表】窗格的【事件】选项卡中管理宏。

8.3 创建选区

Access 定义了许多宏操作，这些宏操作几乎涵盖了数据库管理的全部细节。下面将介绍以下常用操作命令，为用户在设计宏时提供参考。

▶ AddMenu：使用该命令可以创建【加载项】选项卡下的自定义菜单，也可以用于创建自定义右键菜单。该命令可用于窗体、报表或控件，也可以用于整个数据库。

▶ ApplyFilter：使用该命令可以将筛选、查询应用到表、窗体或报表中，以便对表或基础表中的记录进行限制或排序。对于报表，只能在报表的 OnOpen 事件的嵌入式宏中使用此命令。

➤ Beep：使用该命令可以使计算机的扬声器发出"嘟嘟"声。

➤ CancelEvent：使用该命令可以取消一个事件。

➤ Close：使用该命令可以关闭指定的 Access 窗口。如果没有指定窗口，则关闭当前活动窗口，可以使用 CloseDatabase 命令来关闭当前数据库。

➤ EmailDatabaseObject：可以使用该命令将指定的 Access 2010 数据表、窗体、报表、模块或数据访问页包含电子邮件中，以便在其中进行查看和转发。

➤ FindRecord：使用该命令可以查找符合 FindRecord 参数条件的第一个数据实例。此数据可能在当前记录中、当前记录之前或之后的记录中，也可能在第一条记录中。可以在活动数据表、查询数据表、窗体数据表或窗体中查找记录。

➤ FindNextRecord：使用该命令可以查找符合前一 FindRecord 命令所指定条件的下一条记录。使用 FindNext 命令可重复搜索记录。

➤ GoToControl：使用该命令可以将焦点移至指定的字段或控件。当希望特定字段或控件获得焦点时，可以使用此命令。使用此命令根据某些条件在窗体中导航。例如，用户在个人信息窗体的【已婚】控件中输入【否】，则焦点可以自动跳过【配偶姓名】控件，并移至下一控件。

➤ GoToPage：使用该命令可以将活动窗体中的焦点移至指定页中的第一个控件。例如，有这样一个【员工信息】窗体：个人信息在第一页上，办公室信息在第二页上，而销售信息在第三页上。这时可以使用 GoToPage 命令移至所需页，也可以使用选项卡控件在一个窗体上显示多页信息。

➤ GoToRecord：可以使用该命令，使打开的表、窗体或查询结果的特定记录成为当前活动记录。

➤ MaximizeWindow：使用该命令可以最大化活动窗口，以使其充满 Access 窗口。使用该命令可以在活动窗口中尽可能地看到对象部分。

➤ MinimizeWindow：与 MaximizeWindow 命令用法相反，使用该命令可以将活动窗口缩小成 Access 窗口底部的一个小标题栏。

➤ Messagebox：使用该命令可以显示一个包含警告或信息性消息的消息框。例如，可将 Messagebox 命令与条件操作宏一起使用。当某条记录不满足宏中的验证条件时，消息框将显示错误消息。

➤ OnError：使用该命令可以指定当宏出现错误时如何处理。

➤ OpenForm：可以使用该命令在窗体视图、设计视图、打印预览视图与数据表视图中打开一个窗体。用户可以为窗体选择数据输入和窗口模式，并可以限制窗体显示的记录。

➤ OpenQuery：可以使用该命令在数据表视图、设计视图或打印预览视图中打开选择查询或交叉表查询。该命令将运行动作查询。只有在 Access 数据库环境(.mdb 或.accdb) 中才能使用该命令。

➤ OpenReport：可以使用该命令在设计视图或打印预览视图中打开报表，或将报表直接发送到打印机。通过设置各种参数还可以限制报表中打印的记录。

➤ OpenTable：可以使用该命令在数据表视图、设计视图或打印预览视图中打开表。通过设置各种参数还可以选择该表的数据输入模式。

➤ QuitAccess：可以使用该命令退出 Access 2010，还可以使用 Quit 命令指定其中一个选项，在退出 Access 时保存数据库对象。

➤ ExportWithFormatting：可以使用该命令在 Access 中实现数据对象的导出操作。

➤ Requery：可以使用该命令对活动对象上指定控件的数据源进行重新查询，以实现对该控件中数据的更新。如果没有指定控件，该命令会对对象自身的源进行重新查询。

使用该命令可确保活动对象或其某个控件显示的是最新数据。

▶ RunMacro：可以使用该命令运行宏或宏组。使用该命令可以完成从其他宏中运行宏、根据条件运行宏、将宏附加到自定义菜单命令等任务。

8.4 宏的运行与调试

创建宏以后就可以在需要时调用该宏。设计完成的宏或宏组并不一定总是正确的，因此在宏的设计过程中，还可以对宏进行调试。宏调试的目的，就是要找出宏的错误原因和出错位置，以便使设计的宏操作能达到预期效果。

8.4.1 运行宏

宏可以分为独立宏(即单个宏)和嵌入式宏；相应的，宏的执行也可以分为两种，即独立宏的执行和嵌入式宏的执行。

1. 独立宏的执行

独立宏可以通过以下方式运行：

▶ 直接运行宏：在导航窗格的【宏】组中双击宏名即可。

▶ 从宏组中运行宏：打开【数据库工具】选项卡，在【宏】组中单击【运行宏】按钮，打开【执行宏】对话框，对于宏组中的每个宏，Access 都包括一个形式为【宏组名.宏名】的条目，在【宏名称】列表框中选择宏，单击【确定】按钮。

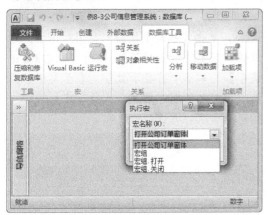

▶ 从另一个宏中运行宏：进入【宏生成器】，在空白操作行的操作列表中选择RunMacro 操作命令，将【宏名称】参数设置为要运行的宏的名称即可。

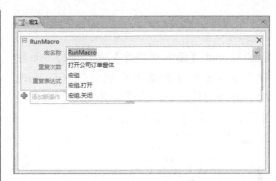

2. 嵌入式宏的执行

对于嵌入在窗体、报表或控件中的宏，执行方法相对而言少很多，主要通过以响应窗体、报表或控件中事件的形式运行宏。这种方法其实就是嵌入式宏的工作方法。在窗体或报表中发生设定的事件时，如果条件满足，就会触发执行响应的宏。

8.4.2 调试宏

对宏进行调试，可以采用 Access 的单步调试方式，即每次只执行一个操作，以便观察宏的流程和每一步操作的结果。通过这种方法，可以比较容易地分析出错的原因并加以改正。

【例 8-4】创建【打开窗体】宏，添加 OpenForm宏操作，并将【窗体名称】参数设置为数据【1】。试用单步调试功能对该宏进行调试并修改错误。

🔘 视频+素材 (光盘素材第 08 章\例 8-4)

step 1 启动 Access 2010 应用程序，打开【公司信息管理系统】数据库。

step 2 打开【创建】选项卡，在【宏与代码】组中单击【宏】按钮，进入【宏生成器】，此时自动创建一个名为【宏1】的空白宏。

step ③ 单击【添加新操作】框右侧的下拉按钮，从弹出的下拉菜单中选择OpenForm选项，打开宏信息框，在【窗体名称】列表框中输入1，其他不做设置。

step ④ 在快速访问工具栏中单击【保存】按钮，以【打开窗体】为名保存宏。

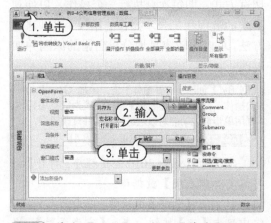

step ⑤ 单击【工具】组中的【单步】按钮，

然后单击【运行】按钮，打开如下图所示的【单步执行宏】对话框。

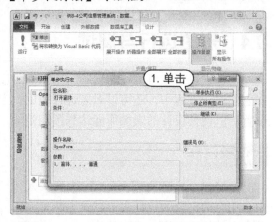

step ⑥ 对话框中的【操作名称】是OpenForm，【错误号】文本框中为0，表示未发生错误，然后单击【单步执行】按钮，打开如下图所示的错误提示框。

step ⑦ 单击【确定】按钮，关闭对话框，返回到如下图所示的对话框，此时可以看到【错误号】文本框中将显示数字，表示发送了错误，单击对话框中的【停止所有宏】按钮，可以停止宏的运行。

step ⑧ 返回宏设计窗口重新修改该步操作。

8.5　事件

事件是一种特定的操作，在某个对象上发生或对某个对象发生。Microsoft Access 可以响应多个事件，如单击、更改、更新前、更新后等。事件的发生通常是用户操作的结果。通过使用事件过程，可以为窗体、报表或控件上发生的事件添加自定义的事件响应。宏运行的前提是有触发宏的事件发生。在 Access 中，根据任务类型可将事件分为 Data(数据处理)事件、Focus(焦点)事件、Mouse(鼠标)事件和 Keyboard(键盘)事件。每种类型的事件又由若干种具体事件组成。对于每一种具体事件，Access 都提供了响应事件的默认事件过程，如果默认事件过程不能满足应用要求，则可通过编写相应的事件过程代码定制响应事件的操作。本节将简单介绍这些常用的事件。

8.5.1 Data 事件

Data 事件即数据处理事件。当窗体或控件中的数据被输入、删除或更改时，或当焦点从一条记录移到另一条记录时，将发生 Data 事件。

Data 事件包括的具体事件及对应属性和发生时刻的说明如下表所示。

事件名称	事件属性	说　明
After-DelConfirm	窗体	在确认删除操作，并且在记录已被删除或者删除操作被取消之后发生
After-Insert	窗体	发生在数据库中插入一条新记录之后
After-Update	窗体和控件	发生在控件和记录的数据被更新之后
BeforeDel-Confirm	窗体	发生在删除一条或多条记录后，但是在确认删除之前
Before-Insert	窗体	发生在开始向新记录中写第一个字符，但记录还没有添加到数据库时
Before-Update	窗体和控件	发生在控件和记录的数据被更新之前

（续表）

事件名称	事件属性	说　明
Change	控件	发生在文本框或组合框的文本部分内容更改时
Current	窗体	当把焦点移到一条记录，使之成为当前记录时发生
Delete	窗体	发生在删除一条记录时，但在确认之前
Dirty	窗体	一般发生在窗体内容或组合框部分的内容改变时
otInList	控件	发生在输入一个不在组合框列表中的值时
Updated	控件	发生在当 OLE 对象被修改时

8.5.2 Focus 事件

Focus 事件即焦点事件，该类型事件与焦点的改变相关，当窗体或控件失去或获得焦点时，或者当窗体和报表成为激活状态时，将发生该事件。

Focus 事件包括的事件、对应属性和发生时刻的说明如下表所示。

（续表）

事件名称	事件属性	说　明
Activate	OnActivate (窗体和报表)	当窗体或报表等窗口变为当前活动窗口时发生
Deactivate	OnDeactivat (窗体和报表)	发生在其他 Access 窗口变成当前窗口时，例外情况是当焦点移到另一个应用程序窗口、对话框或弹出窗体时
Enter	OnEnter (控件)	发生在控件接收焦点之前，事件在 GotFocus 之前发生
Exit	OnExit (控件)	发生在焦点从一个控件移到另一个控件之前，事件在 LostFocus 之前发生
GotFocus	OnGotFocus (窗体和控件)	窗体或控件接收焦点时发生
LostFocus	OnLostFocus (窗体和控件)	窗体或控件失去焦点时发生

8.5.3 Mouse 事件

Mouse 事件即鼠标事件。当用户在进行鼠标操作时发生此类事件，如按下或单击鼠标按钮。通过对该类事件的编程，应用程序可以处理所有的鼠标操作。这里的鼠标事件包括右击。在 Access 中的右击鼠标事件，都将弹出快捷菜单，用户可以通过【自定义】对话框来自定义快捷菜单。Mouse 事件包括的事件、对应属性和发生时刻的说明如下表所示。

事件名称	事件属性	说　明
MouseUp	OnMouseUp (窗体和控件)	当鼠标指针在窗体或控件上，释放按下鼠标时发生

（续表）

事件名称	事件属性	说　明
Click	OnClick (窗体和报表)	发生在对控件单击时。对窗体来说，一定是单击记录浏览按钮、节或控件之外区域时才能发生该事件
DblClick	OnDblClick (窗体和报表)	发生在对控件双击时。对窗体来说，一定是双击空白区域或窗体上的记录浏览按钮时才能发生该事件
Mouse Down	OnMouseDown (窗体和控件)	发生在当鼠标指针在窗体或控件上，按下鼠标的时候
Mouse Move	OnMouseMove (窗体和控件)	当鼠标指针在窗体、窗体选择内容或控件上移动时发生

8.5.4 Keyboard 事件

Keyboard 事件即键盘事件。当在键盘上输入，或使用 SendKeys 操作或 SendKeys 语句发送击键时，将发生 Keyboard 事件。通过对 Keyboard 事件编程可以编写示范系统，帮助用户学习和掌握 Access 的操作与应用。

Keyboard 事件包括的事件、对应属性和发生时刻说明如下表所示。

事件名称	事件属性	说　明
KeyPress	窗体和报表	发生在控件或窗体有焦点且按下并释放一个产生标准 ANSI 字符的键或组合时

（续表）

事件名称	事件属性	说　明
KeyDown	窗体和报表	发生在控件或窗体有焦点并且按键盘任何键时

（续表）

事件名称	事件属性	说　明
KeyDUp	窗体和控件	发生在控件或窗体有焦点并释放一个按下的键时

8.6 案例演练

本章的实战演练部分包括创建条件宏组和 UI 宏两个综合实例操作，用户通过练习从而巩固本章所学知识。

【例 8-5】在【公司仓库管理系统】数据库中创建一个条件宏组，用来实现对口令的检验。如果口令正确，则关闭该窗口，同时打开另一个窗口；如果口令不正确，将出现信息框要求重新输入口令。
🔴 视频+素材 (光盘素材\第 08 章\例 8-5)

step 1 启动 Access 2010 应用程序，打开【公司仓库管理系统】数据库。

step 2 打开窗体设计视图新建一个窗体，在窗体中添加一个文本框控件和两个按钮控件。

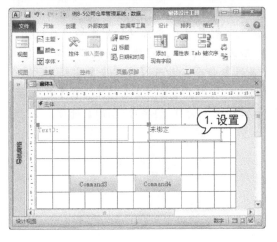

step 3 右击文本框标签 Text 0，在弹出的快捷菜单中选择【属性】命令，打开【属性表】窗格，在【格式】选项卡的【标题】文本框中输入文字【请输入管理员口令】。

step 4 选择【格式】选项卡，在【字体】组中设置标签的标题字号为 16、字型为【加粗】、字体为【华文新魏】、颜色为【红色】。

step 5 选按照同样的方法，将设计视图中 Command 3 和 Command 4 命令按钮的标题

属性分别设置为【确定】和【取消】，同时设置窗体背景填充色，效果如下图所示。

step 6 在快速访问工具栏中单击【保存】按钮，将窗体以文件名【口令窗口】进行保存。

step 7 关闭窗体，打开【创建】选项卡，在【宏与代码】组中单击【宏】按钮，打开宏设计视图窗口。

step 8 单击【添加新操作】下拉按钮，从弹出的下拉菜单中选择Submacro命令，插入一个子宏，然后设置该宏的宏名为【确定】，再添加IF宏操作，设置条件为【Forms]![口令窗口]![Text0]=123456】；添加OpenForm操作，设置对象类型为【窗体】、对象名称为【切换面板】；继续添加StopMacro宏操作，作用是结束当前宏操作。

step 9 在Else条件区域添加MessageBox操作，设置添加不满足时（即[Text0]<>"123456" Or [Text0] Is Null)，在【消息】文本框中输入文字【口令错误，请重新输入！】，设置类型为【警告！】；继续添加GoToControl操作，在【控件名称】文本框中输入文本框标签的控件名称【Text0】。

step 10 使用同样的方法设置【取消】子宏属性，添加如下图所示的操作。

step 11 在快速访问工具栏中单击【保存】按钮，将宏以文件名【口令窗口宏】进行保存。

step 12 打开【口令窗口】窗体的设计视图，右击文本框控件，在弹出的快捷菜单中选择【属性】命令，打开【属性表】窗格。

step 13 切换到【事件】选项卡，在【更新后】下拉列表中选择【[事件过程]】选项。

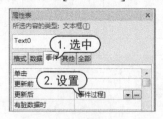

step ⑭ 选中【取消】按钮控件，设置【单击】事件属性为【口令窗口宏.取消】。

step ⑮ 选中【确定】按钮控件，设置【单击】事件属性为【口令窗口宏.确定】。

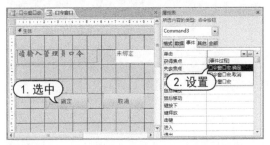

step ⑯ 切换到【口令窗口】的窗体视图，在【请输入管理员口令】文本框中输入正确口令123456。

step ⑰ 单击【确定】按钮，此时系统将自动打开【切换面板】窗体。

step ⑱ 在【请输入管理员口令】文本框中输入错误口令或未输入任何口令时，单击【确定】按钮，此时系统将自动打开系统提示窗口。

step ⑲ 单击【确定】按钮，返回至【口令窗口】的窗体视图。光标依然定位在文本框中，单击【取消】按钮，即可退出系统。

【例8-6】在数据库中创建一个UI宏，当单击窗体中的ID字段时，会打开一个详细信息窗体。

📹 视频+素材 (光盘素材\第08章\例8-6)

step ① 启动Access 2010,使用数据库中的【联系人】模板，创建一个【联系人】数据库。

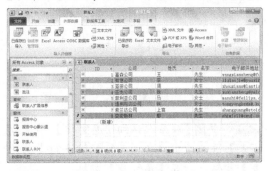

step ② 在导航窗格中，选择【联系人】表，然后在【创建】选项卡的【窗体】组中，单击【客户表单】下拉列表按钮，在弹出的下拉列表中选中【数据表】选项。

step ③ 单击快速访问工具栏中的【保存】按钮，在打开的【另存为】对话框中，将数据表命名为【联系人窗体】，并单击【确定】按钮。

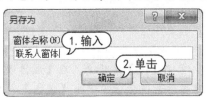

step ④ 在导航窗格中，选择【联系人】表，

然后在【创建】选项卡的【窗体】组中单击【窗体】按钮，打开联系人窗体。

step 5 单击快速访问工具栏中的【保存】按钮，将打开的窗体保存为【联系人详细信息窗体】，如下图所示。

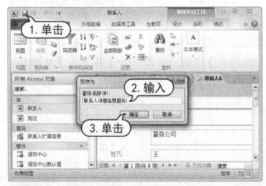

step 6 关闭【联系人详细信息窗体】，在【数据表】选项卡中单击【工具】组下的【属性表】按钮，打开【属性表】窗格。

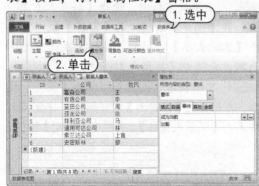

step 7 单击【ID】字段名，在【属性表】窗格的【事件】选项卡中单击【单击】属性框中的…按钮。

step 8 在打开的【选择生成器】对话框中选中【宏生成器】选项，然后单击【确定】按钮。

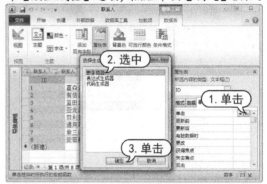

step 9 在【添加新操作】框中输入OpenForm命令，然后按下Enter键，并为该宏设置参数。

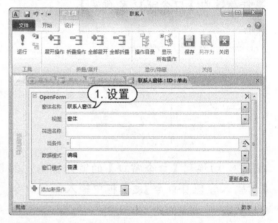

step 10 单击【保存】按钮，并关闭宏窗口，进入【联系人窗体】界面，在【属性表】窗格中将显示新迁入的宏。

step 11 单击任意ID即可打开【联系人窗体】，如下图所示。

第9章

VBA 编程语言

虽然 Access 的交互操作功能非常强大且易于掌握，但是在实际的数据库应用系统中，用户还是希望尽量通过自动操作达到数据库管理的目的。应用程序设计语言在开发中的应用，可以加强对数据管理应用功能的扩展。Office 中包含 Visual Basic for Application(VBA)，VBA 具有与 Visual Basic 相同的语言功能，它为 Access 提供了无模式用户窗体以及支持附加 Active X 控件等功能。本章将简要介绍 VBA 编程。

 对应光盘视频

9.1 VBA 简介

Access 是一种面向对象的数据库，它支持面向对象的程序开发技术。Access 的面向对象开发技术就是通过 VBA 编程来实现的。

9.1.1 认识 VBA

Microsoft 公司开发的 Visual Basic 可视化编程软件，有着十分强大的编程功能。经过多年的发展，不仅具备了原 Basic 语言简单易学的特点，而且在结构化和可视化开发上做出了明显改进。

Microsoft Access 2010 中的 VBA 与 VB 有着相似的结构和开发环境，而且其他的 Office 软件，如 Microsoft Excel、Microsoft Word 等也都内置了相同的 VBA，只是在不同的应用程序中有不同的内置对象和不同的属性方法，因此有着不同的应用。

VBA 几乎可以执行 Access 菜单和工具中所有的功能。VBA 程序的运行是 Microsoft Office 解释执行的，VBA 不能编译成扩展名为.exe 的可执行程序，不能脱离 Office 环境而运行。

利用 Access 创建的数据库管理应用程序无须编写太多代码。通过 Access 内置的可视界面，用户可以完成足够的程序响应事件，如执行查询、设置宏等，并且在 Access 中已经内置了许多计算函数，如 Sum()、Count() 等，它们可以执行相当复杂的运算，但是由于以下几种原因，用户需要使用 VBA 作为程序指令的一部分：

➤ 定义用户自己的函数。Access 提供了很多计算函数，但是有些特殊的函数 Access 是没有提供的，如圆的面积、执行条件判断等。

➤ 编写包含有条件结构或循环结构的表达式。

➤ 打开两个或两个以上的数据库。

➤ 将宏操作转换成 VBA 代码，就可以打印出 VBA 源程序，改善文档的质量。

同其他面向对象编程语言一样，VBA 也

有对象、属性、方法、事件等。

➤ 对象：代码和数据的结合单元，如表、窗体、文本框都是对象。对象是由语言中的类定义的。

➤ 属性：定义的对象特性，如大小、颜色和对象状态等。

➤ 方法：对象能够执行的动作，如刷新等。

➤ 事件：对象能够辨识的动作，如鼠标单击、双击等。

9.1.2 VBA 编程环境

Microsoft Access 中包含了 VBA，它是 VBA 程序的编辑和调试环境。在 Access 中，可以通过如下操作进入 VBA 开发环境：

➤ 新建用户相应窗体、报表或控件的事件过程以进入 VBA：在控件的【属性表】窗格中，打开【事件】选项卡，在任意事件的下拉列表框中选择【事件过程】选项，单击后面的省略号按钮，为这个控件添加事件过程，如下图所示。

➤ 直接进入 VBA：打开【数据库工具】选项卡，在【宏】组中单击 Visual Basic 按钮即可。

➤ 新建一个模块以进入 VBA：打开【创建】选项卡，在【宏与代码】组中单击【模块】按钮。

通过以上各种方法，可以进入 VBA 编程环境。VBA 的开发环境窗口如下：

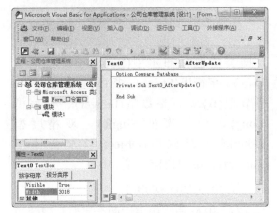

在上图中，除去熟悉的菜单栏和工具栏以外，其余的屏幕可以分为 3 个部分：分别为【代码】、【工程】和【属性】窗口。

▶ 【代码】窗口：该窗口是模块代码的编写、显示窗口，在该窗口中实现 VBA 代码的输入和显示。在【代码】窗口中可以对不同模块中的代码进行查看，并且可以通过右击进行代码的复制、剪切和粘贴操作。

▶ 【工程】窗口：在该窗口中用一个分层结构列表来显示数据库中的所有工程模块，并对它们进行管理。双击【工程】窗口中的某个模块，即可在【代码】窗口中显示这个模块的 VBA 程序代码。

▶ 【属性】窗口：在该窗口中可以显示和设置选定的 VBA 模块的各种属性。

9.1.3 代码界面

VBA 继承了 VB 编辑器的众多功能，具有自动显示快速信息、快捷的上下文关联帮助以及快速访问语句、过程等功能。用户可以根据【工程】窗口所提供的便利功能轻松地编写 VBA 应用程序代码。若要正确地编写代码，必须掌握语句和编码规则。

1. 语句

语句可用来表达一种动作、声明或定义，具有完整的语法定义。Visual Basic 语句可分为以下 3 种：

▶ 声明语句：用于为变量、常数或过程命名，并且可以指定一种数据类型。

▶ 赋值语句：能将一个值或表达式赋给表达式变量或属性。

▶ 可执行语句：这类语句数量最多，包含执行过程、函数、方法的语句和控制语句等。

2. 编码规则

书写规范的程序语句有利于快速读懂程序，分析和找出程序中的错误。一般情况下，要求语句写在代码窗口声明部分和过程中的语句行。为清晰起见，通常一条语句只占一行。如果一行中包含多条语句，在语句之间必须以冒号【:】作为分隔符。

Visual Basic 允许一条语句占据多行，但必须在下一行的前面加上续行符“ _”，用于在下一行继续上一逻辑行的内容。需要注意的是，续行符的书写格式是以一个空格开头，其后跟一个下划线字符。

若代码需要连续地写在两行上，可在第一行的末尾键入续行符，然后按下 Enter 键，再键入第二行代码。例如：

> MsgBox“密码输入错误！ _
> 请输入字母或数字的组合。”

🔍 **知识点滴**

使用该方法可以将一行语句写在多行上。

9.2　VBA 语法知识

语法是任何程序的基础。一个函数程序，就是某段命令代码按照一定的规则，对具有一定数据结构的变量、常量进行运算，从而计算出结果。因此，在一种编程语言中，必定包括一定数据类型的变量、常量，必定包括一定的运算规则和命令代码。本节将对函数程序的各个部分作简单介绍。

9.2.1 关键字和标识符

在 VBA 中，系统可以使用一些特殊的字符串(即关键字)。通常情况下，在命名宏、变量等处使用字符串时不可以使用这些特殊的关键字。而在任何一门可视化编程语句中则都有标识字符，其作用是标识常量、变量、对象、属性、过程等，也就是它们的名称。

1. 关键字

在 VBA 编辑窗口中关键字是以蓝色字符显示的。在 VBA 中常用的关键字如下表所示。

Array	False	Get	Print
As	Is	Input	Private
And	Open	Let	Resume
Binary	End	Lock	Set
Case	Integer	Mid	Step
Currency	Long	Public	String
Dim	Else	Next	To
Double	Empty	Null	Until
Date	Error	On	Type
Do	For	Option	Or
Imp	With	Run	Exit
True	Loop	Sub	Object

2. 标识符

在 VBA 中，命名标识符需要遵循如下规则：

➤ 标识符是有一定意义的、直观的英文字符串。

➤ 标识符必须以字母或下划线开头。

➤ 标识符由字母、数字或下划线组成而且不可以含空格。

➤ 标识符不区分字母的大小写。

➤ 标识符不能与 VBA 中的关键字相

同，但可以加一个前缀或后缀。

9.2.2 数据类型

在 Access VBA 中，系统提供了多种数据类型，为编程提供了方便。VBA 提供的数据类型包括布尔型(Boolean)、日期型(Date)、字符串(String)、货币型(Currency)、字节型(Byte)、整数型(Integer)、长整型(Long)、单精度型(Single)、双精度型(Double)、对象型(Object)以及变体型(Variant)和用户自定义型。

1. 布尔型(Boolean)

在 VBA 语言中占用两个字节，取值可以为 True 或 False。如果变量的值只有两种选择(即真或假)，可以将它设置为 Boolean 型。布尔型变量的声明方式如下：

Dim I As Boolean

2. 日期型(Date)

在 VBA 中可用来存储日期、时间的数据结构是日期型，占用 8 个字节，可以表示日期和时间，是浮点型的数值形式。Date 数据的整数部分存储的为日期值，在小数部分存储时间值，并且可以和其他类型的数据进行相互转换。日期型数据的声明方式如下：

Dim mydate As Date
mydate = #8/20/2016#

在上述代码中,定义变量 mydate 为日期类型，然后将它赋值为 2016 年 8 月 20 日。当前日期可以在 VBA 中通过 Now、Date、Time 函数来获取。

> 💧 知识点滴
>
> 为日期型数据赋值时一定要加上分隔符#，这样才能被 VBA 代码所识别，以上表达式如果直接赋值为 8/20/2016，VBA 会将它判断为运算表达式——8 除以 20 再除以 2016。

3. 字符串型(String)

字符串型数据可以用来代表一定长度的

文本数据，如在引用文件名或显示消息时可以使用该类型的数据。字符串型数据变量的声明方式如下：

Dim str1 As String

str1 = "请输入信息"

也可以使用 String *size 的形式声明长度固定的字符串。例如：

Dim str1 As String*20

4. 货币型(Currency)

货币型数据用于表示各种货币。该类型占用 8 个字节，是整型的数值形式。货币型变量的声明方式如下：

Dim money As Currency

5. 字节型(Byte)

可存储为一个字节的数值形式。该类型为无符号类型，因此不能表示负值。字节型数据用于操作字符串，可以将字符串转换为字节数组以提高运算性能。

6. 整数型(Integer)

占用两个字节，其范围为-32768 到 32767。在声明整数型变量时，可以使用 Integer 关键字，也可以直接在变量后附加一个百分比符号(%)，例如：

Dim Int1 As Integer

Dim Int2%

上述的 Int1 和 Int2 都是整数型变量。

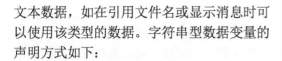

知识点滴

有些数据类型可以通过类型声明字符来声明，如整数型为%、货币型为@、字符串型为$、长整数型为&、单精度型为!、双精度型为#。

7. 长整型(Long)

存储 4 个字节(32 位)的有符号数值形式，范围从 -2 147 483 648 到 2 147 483 647。

8. 单精度型(Single)

存储 4 个字节的浮点小数数值形式，可以表示一定长度的小数变量。

9. 双精度型(Double)

存储 8 个字节的浮点数值形式，有效位数要比 Single 大得多，因此可以表示的范围也更大。

10. 对象型(Object)

可以引用应用程序或其他程序中的对象地址。利用 Set 语句可以使对象型变量引用实际程序中的对象，声明方式如下：

Dim abc as Object

Set abc = OpenDatabase("c:\Access\db1.mdb")

11. 变体型数据(Variant)

定义数据时省略后面的 As 部分之后，该变量就被定义为变体型数据。这类特殊类型数据可以灵活地转换为任何数据类型，当对其赋予不同值时，就可以自动进行类型转换。

12. 用户自定义型数据

用户可以使用 Type 关键字自定义数据类型，该数据类型可以包含一种或多种数据类型。其语法格式如下：

Type 数据类型名

数据类型元素名 AS 系统数据类型名

End Type

例如，有下面的例子：

Type myType

Myname As String

Mysex As Boolean

Myage As Integer

Mybirth As Date

End Type

上面定义了名为 myType 的自定义类型，其中包含字符串、布尔变量、整数和日期型数据，可以在定义了这种数据类型之后声明该类型的变量。

9.2.3 变量、常量和数组

在 VBA 中，程序是由过程组成的，过程又由根据 VBA 规则书写的指令组成。一个程序包括常量、变量、运算符、语句、函数、数据库对象和事件等基本要素。

1. 常量

常量可以在程序中代表固定不变的数值。在程序中不能修改常量或给常量赋新值。在 VBA 代码编程中，一般有两种常量来源。

▶ 系统内部定义的常量：如 vbOk、vbYes、vbNo 等，一般由应用程序和控件提供，可以与它们所属的对象、方法和属性等一起使用。Visual Basic 中的常量都列在 VBA 类型库以及 Data Access Object(数据访问对象，DAO)程序库中。

▶ 用户自定义的常量：可以通过 Const 语句来声明自定义的常量。例如：

```
Const PI As single = 3.1415926
Const Mybirth As date = #9/20/1982#
```

2. 变量

在 Visual Basic 中，变量的使用并不强制要求先声明后使用，但在使用变量之前进行声明可以避免发生程序错误。

声明变量可以将变量通知给程序，便于在以后的设计中识别。通常使用 Dim 语句来声明变量。声明变量的格式为：

Dim:变量名称 As 数据类型或对象类型

变量的类型可以是基本的数据类型或其他应用程序的对象类型，如 form、recordset 等。

变量名必须遵循以下规则：

▶ 变量名以字母开头，可以包含字母、数字和下划线；

▶ 不能包含关键字；

▶ 不能超过 255 个字符；

▶ 在变量的作用域中，变量的名称应该是唯一的。

如果声明语句出现在过程中，则该变量只可以在本过程中被使用。如果该语句出现在模块的声明部分，则该变量可以被模块中所有的过程使用，但是不能被同一项目中的不同模块使用。如果需要设置为项目的公用变量，可以在声明语句中加入 Public 关键字。例如，声明一个公用的字符串类型变量的语法如下：

Public string1 As String

在声明语句前添加范围修饰关键字，可以在声明变量的同时定义变量的有效性范围，即变量的作用域。

▶ Public 语句：可以声明公共模块级别变量。即使公有变量只是在类模块或标准模块中被声明，也可以应用于项目中的任何过程。

▶ Private 语句：可以声明一个私有的模块级别的变量，该变量只能用在同一模块的过程中。例如，定义字符串型的私有变量的语法如下：

Private string1 As string

▶ Static 语句：使用该语句取代 Dim 语句时，所声明的变量在调用时仍保留它原有的值。

▶ Option Explicit 语句：在 Visual Basic 中，可以通过简单的赋值语句来隐含声明一个变量，所有隐含声明的变量都为 Variant 类型，但这些变量将占用更多的系统内存资源。因此，明确声明变量在编程中更可取，并且可以减少命名冲突和错误的发生率。可以将 Option Explicit 语句放置在模块的所有过程之前，该语句要求程序对模块中的所有变量明确声明。如果程序遇到未声明的变量或拼写错误的变量，将会在编译时发出错误信息。

> **知识点滴**
>
> 在模块级别中使用 Dim 语句时的效果和 Private 是相同的，不过使用 Private 语句可以更容易读取并解释代码型为$、长整数型为&、单精度型为!、双精度型为#。

Static 语句：使用该语句取代 Dim 语句时，所声明的变量在调用时仍保留它原有的值。

Option Explicit 语句：在 Visual Basic 中，可以通过简单的赋值语句来隐含声明一个变量，所有隐含声明的变量都为 Variant 类型，但这些变量将占用更多的系统内存资源。因此，明确声明变量在编程中更可取，并且可以减少命名冲突和错误的发生率。可以将 Option Explicit 语句放置在模块的所有过程之前，该语句要求程序对模块中的所有变量明确声明。如果程序遇到未声明的变量或拼写错误的变量，将会在编译时发出错误信息。

3. 数组

数组的声明方式和其他的变量是一样的，不同之处在于数组声明通常必须指定数组的大小。可以声明固定大小的数组，也可以声明动态变化大小的数组。声明格式为：

Dim　数组名称(数组范围) As　数据类型

固定大小的整数型数组的赋值过程如下：

```
Dim int1 As Integer
Dim count(20) As Integer
'声明数据类型
For int1=0 to 19
'用循环语句为数组赋值
Count(int1)=int1
Next int1
```

一般而言，如果没有使用 Option Base 语句指定数组范围的下界，数组索引将默认从 0 开始。通过数组可以操作一系列数据，以方便编写程序。还可以声明动态数组和多维数组，以便更灵活地编程。例如，下面的整型二维数组变量的声明：

Dim IntArray1 (9,9)　As Integer

该变量定义了一个 10×10 大小的整型数组。数组变量的最大值是以操作系统内存的大小为基础的。如果使用的数组超出了内存的容量，程序的执行速度将变慢。

9.3　程序流程控制语言

控制语句则是穿插在各条语句中的逻辑纽带。与传统的程序设计语言一样，VBA 中的控制语句按语句代码执行的先后顺序可以分为 3 种结构：顺序结构、选择(分支)结构和循环结构，按作用类型可分为赋值语句、选择语句和循环语句等。本节将重点介绍 3 种控制语句。

9.3.1　赋值语句

赋值语句用于指定一个值或表达式给变量或常量。赋值语句通常包含一个等号(=)。例如：

```
Sub Question()
Dim yourName As String
yourName = InputBox("What is your name? ")
MsgBox "your name is" & yourName
End Sub
```

在该过程中指定 InputBox 函数的返回值给变量 yourName。上述赋值语句还可以写成：

Let yourName = InputBox("What is your name? ")

在这里使用了 Let 语句，不过在多数情况下 Let 语句是可选的，一般常常省略。

另一条赋值语句是 Set 语句，它用来指定一个对象给已声明成对象的变量。而 Set 关键字是必需的，例如：

```
Sub ApplyFormat()
Dim myCell As Range
Set myCell = Worksheets("Sheet1").Range("A1")
With myCell.Font
.Bold = True
```

```
.Italic = True
End With
End Sub
```

其中，Set 语句指定 Sheet1 上的一个范围给对象变量 myCell。

设置属性值的语句也是一条赋值语句。例如：

```
ActiveCell.Font.Bold = True
```

该语句设置活动单元格 Font(字体)对象的 Bold(加粗)属性。

9.3.2 选择语句

选择语句在 VBA 中是最常用的控制语句之一，使得在 VBA 中能实现更复杂的应用程序系统。在 VBA 中经常使用的选择语句有 If 语句和 Select Case 语句两种。

1. If 语句

If 语句是一类比较简单的条件控制语句，可以通过紧跟在 If 后面的表达式的值，判断出在其影响范围下的语句是否被执行。

If 条件语句利用应用程序根据测试条件的结果对不同的情况做出反应，其基本语法结构如下：

```
If  条件表达式  Then
基本语句
Else
基本语句
End If
```

If 语句在条件表达式为真的情况下执行 Then 后面的语句，否则执行 Else 后的语句。如果不想为 If 语句块设计否定情况下执行的语句，则可以省略 Else 语句。除了上述情况以外，如果有多个附加的条件，还可以通过 Else…If 加入条件表达式，进行条件语句的嵌套。最后，If 语句块终结于 End If 语句，其程序执行流程图如右上图所示。

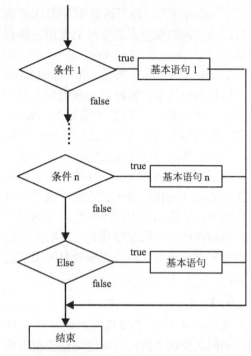

需要注意的是，简单 If 语句也可以在一行中表达出来，但所有的语句必须在一行中用冒号分隔开，如下所示：

```
If i > 10 Then i = i + 1: j = i + 1
```

其中的 i 和 j 都是整数。通过冒号分隔之后，VBA 可以识别需要执行的是多条语句，并分别执行。

如果是简单的赋值操作，还可以通过如下所示的 IIF 函数来实现：

```
findrecords = Iif(rs.NoMatch, false, true)
```

以上语句可以用来查询在相应的记录集中是否有记录存在，并返回布尔类型的变量通知程序。

2. Select Case 语句

如果在 If 语句中，一个表达式有多个可选值，并且需要为这些可选值建立不同的执行语句，例如选项组控件可以通过不同的值来判断选项组中到底哪个按钮被按下，这样的语句设计通过 If 语句不方便实现，这时就需要使用 Select Case 语句。

Select Case 语句可以将相应的表达式与

多个值进行比较，在验证合适之后执行，Select Case 语句的基本语言结构如下：

> Select Case 表达式
>
> Case 可选值 1
>
> 基本语句 1
>
> Case 可选值 2
>
> 基本语句 2
>
> Case 可选值 n
>
> 基本语句 n
>
> Case Else
>
> 基本语句
>
> End Select

Select Case 语句块首先对表达式的值进行判断，然后将表达式的值与下面的可选值进行比较，匹配后就执行相应的语句。如果所有的可选值都不符合条件的话，Select Case 语句块会执行 Case Else 后的语句。Case Else 语句是可以省略的，如果都不匹配，而且没有 Case Else 语句，VBA 会跳出这个语句块，继续执行其后的语句。与 If 语句一样，Select Case 语句块同样有一个 End Select 来终止该语句的执行，其程序执行流程图如下图所示。

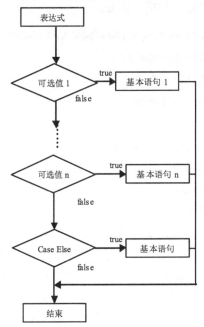

以下是一个简单的 Select Case 语句例子，用它来实现编辑选项组的复制、粘贴和剪切工作。

```
Private Sub Command11_Click()
Select Case Frame2
Case 1
CopyContent
Case 2
PasteContent
Case 3
CopyContent
ClearContent
End Select
End Sub
```

知识点滴

在这里并没有定义相应的子过程，相应语句只代表相应操作，但没有实现功能，用户可以定义这些过程并实现相应功能。

每条 Case 语句可以包含一个或几个可选值，或是可选值的范围，以便作出判断，如下面的设定奖金的程序示例所示：

```
Function Prize(achievements,salary)
Select Case achievements
Case 1
Prize = salary*0.1
Case 2,3
Prize = salary*0.2
Case 4 To 9
Prize = salary*0.3
Case Is>9
Prize = salary*0.5
Case else
Prize = 0
End Select
End Function
```

以上 If 语句和 Select Case 语句都是

VBA 支持的选择结构,可以根据相应的表达式选择执行程序中的哪一部分。

9.3.3 循环语句

编程中经常需要重复执行某些操作,这时就需要通过循环语句来判断并执行这些循环操作。VBA 提供了多种循环控制语句,其中常用的包括 Do…Loop 语句、For…Next 语句以及 While…Wend 语句等。

1. Do…Loop 语句

Do…Loop 语句可以通过 While 或 Until 语句来判断条件表达式的真假,进而决定是否继续执行。其中,While 语句指在满足表达式为真的条件下继续进行循环,而 Until 语句在条件表达式为真时就自动结束循环。Do…Loop 语句的语法结构有以下两种。

第一种是将判断表达式置于循环主体之前,先判断表达式,再执行循环主体,其语法结构如下:

```
Do While | Until  条件表达式
基本语句
Loop
```

第二种是将判断表达式置于循环主体之后,不论表达式真假与否,循环主体都将至少被执行一次,其语法结构如下:

```
Do
基本语句
Loop   While | Until  条件表达式
```

设计 Do…Loop 语句块时应注意防止出现死循环,在循环有限次数之后,表达式的值一定要能达到满足结束该循环语句的条件。在 Do…Loop 语句中,While 和 Until 语句并不是必不可少的,也可以直接设计为 Do…Loop,然后在语句中设定一定的条件判断表达式,通过 Exit Do 语句退出循环。

如果需要,还可以对循环语句进行多重嵌套,即在简单的循环语句中加入另一条循环语句,这样通过简单的几条语句就可以执行多出代码本身几个数量级的命令,从而方便程序设计工作。在实际的程序设计中,所需的循环方式还有很多,在一定情况下使用其他的循环语句更加方便。

2. For…Next 语句

For…Next 语句可以根据指定的次数来重复循环主体中的命令,并在该次数达到要求之后结束循环。在该循环中,通过使用计数器变量达到对循环的控制效果。For…Next 语句的基本语法结构如下:

```
For 计数器 = 起始数值 To 结束数值 [步长]
基本语句
Next  计数器
```

其中,可以设定循环的步长值,即每次循环之后计数器的变化值。如果没有设定的话,默认步长为 1。起始值并不一定要比结束值小,VBA 会首先判断它们的大小,然后决定计数器变量的变化方向。For…Next 语句要通过 Next 关键字结尾,对计数器的值进行累加或递减。在计数器值超出起始值与结束值的范围时,系统会终结该循环的执行。

该循环也可以通过嵌套多条循环语句来实现批处理数据,例如:

```
Dim i As Integer, j As integer, k As integer
Dim Counter = 0
For i = 1 To 10
For j = 1 to 10
For k = 1 to 10
Counter = Counter+1
Next k
Next j
Next i
```

上述语句实现了三重循环的设计,值得注意的是,每一个嵌套循环都应该有各自不同的计数器变量,并且相应的 For…Next 语句应该配套出现,而不能交叉出现。

还有另一种 For…Next 语句,即 For

Each…Next 语句。该语句并非通过一定的计数器变量来完成循环，而是针对一个数组或集合中的每个元素重复执行循环主体中的语句。如果不知道在某个对象集合中具体有多少元素，只需要对该数组或集合的每个元素进行操作，这时就可以使用 For Each…Next 语句，该语句的语法结构如下：

> For Each 元素名称 In 元素集合
>
> 基本语句
>
> Next 元素名称

上述元素可以是某个对象或集合中的元素，也可以是处于某个数组中的元素。一般情况下，该变量为 Variant 类型。

3. While…Wend 语句

在 While…Wend 循环控制语句中，只要条件表达式为真就会执行循环。该语句的语法结构如下：

> While 条件表达式
>
> 基本语句
>
> Wend

这类语句和前面的循环语句一样，在结尾通过一个关键字将程序转回到前面循环开始处。该语句在循环的主体部分对表达式的某些参数进行改动，循环到该条件表达式的值将不再为真，从而结束循环。

9.4 过程模块

模块是将 VBA 代码的声明、语句和过程作为一个单元进行保存的集合，是基本语言的一种数据库对象，数据库中的所有对象都可以在模块中进行引用。利用模块可以创建自定义函数、子程序以及事件过程等，以便完成复杂的计算功能。模块可以代替宏，并可以执行标准宏所不能执行的功能。过程是包含 VBA 代码的基本单位，可以完成一系列指定的操作。简单地说，模块是由能够完成一定功能的过程组成的；过程是由一定的代码组成的。

9.4.1 模块的定义和创建

Access 模块有两种基本类型：类模块和标准模块。模块中的每一个过程都可以是一个 Function 过程或一个 Sub 过程。

1. 类模块

窗体和报表模块都是类模块，而且它们各自与某一报表或窗体相关联。窗体或报表通常都含有事件过程，该过程用于响应窗体或报表中的事件。可以使用事件过程来控制窗体或报表的行为，以及它们对用户操作的响应。

为窗体或报表创建第一个事件过程时，Access 将自动创建与之关联的窗体或报表模块。如果要查看窗体或报表模块，可以单击窗体或报表设计视图工具栏中的【代码】按钮。

2. 标准模块

标准模块包含的是通用过程和常用过程，它们不与任何对象相关联，并且可以在数据库中的任何位置运行。单击数据库窗口对象栏中的【模块】按钮，可以在右侧的窗口中看到标准模块的列表。

【例 9-1】创建一个简单的标准模块。

视频+素材 (光盘素材第 09 章\例 9-1)

step 1 启动 Access 2010 应用程序，新建一个数据库，命名为【创建模块示例】。

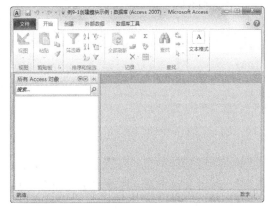

step 2 打开【数据库工具】选项卡，在【宏】组中单击Visual Basic按钮，进入VBA编程环境。

step 3 在菜单栏中选择【插入】|【模块】命令，新建一个模块。

step 4 在模块中输入以下代码：

```
Sub Example ()
Dim A As String
A = "Hello World!"
MsgBox A
End Sub
```

step 5 在工具栏中单击【保存】按钮🖫，将

该模块命名为【Hello World】。

step 6 在菜单中选择【运行】|【运行子过程/用户窗体】命令，即可看到该模块的运行结果。

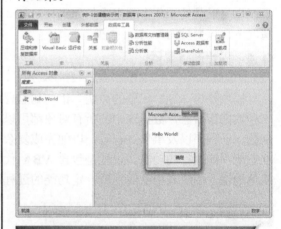

9.4.2 过程的创建

过程由计算的语句和方法组成，通常分为 Sub 过程、Function 过程和 Property 过程。其中，Sub 过程是最常用的过程类型，也称为命令宏，可以传送参数和使用参数来调用它，但不返回任何值；Function 过程也称为自定义函数过程，其运行方式和使用程序的内置函数一样，即通过调用 Function 过程获得函数的返回值；Property 过程能够处理对象的属性。

Sub 过程又分为事件过程和通用过程：使用事件过程可以完成基于事件的任务，如命令按钮的 Click 事件过程、窗体的 Load 事件过程等；使用通用过程可以完成各种应用程序的共用任务，也可以完成特定于某个应用程序的任务。

【例 9-2】创建一个过程，要求显示一个包含【确定】按钮和【取消】按钮的对话框，并在单击相应按钮后显示不同的信息。

📀 视频+素材 (光盘素材\第 09 章\例 9-2)

step 1 在 Access 2010 中，打开 Visual Basic 窗口，新建一个模块。

step 2 在模块中输入以下代码：

```
Sub Example2()
Dim Mess,Wind
Mess = "选择结果"
Wind = MsgBox("请选择确定或取消按钮", 1
+ 64, "确认选择")
Select Case Wind
Case vbOK
MsgBox "已选确定", , Mess
Case vbCancel
MsgBox "已选取消", , Mess
End Select
End Sub
```

step 3 单击工具栏中的【运行子过程/用户窗体】按钮▶，打开如下图所示的对话框。

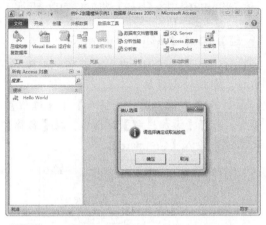

step 4 单击【确定】按钮，打开如下图所示的对话框。单击【确定】按钮，关闭对话框。

9.4.3 过程的调用

Call 语句用来调用过程，也可调用 Visual Basic 的函数和自定义函数，两者均采用如下格式：

[Call] name [argumentlist]

其中，name 表示被调用过程的名称，argumentlist 表示参数列表，各参数间必须以逗号隔开。

在窗体过程(如事件过程)中可以直接调用标准模块中的过程，但也可通过标准模块的名称来调用。在标准模块的过程中调用窗体模块中的过程时，必须以 Visual Basic 格式指出窗体名，如【Form_员工信息.name】。

【例9-3】创建一个用于比较两个正数数值大小的窗体。当单击窗体中的【比较】按钮时，可以调用比较模块，实现数值的比较。

视频+素材 (光盘素材\第09章\例9-3)

step 1 在Access 2010中，打开Visual Basic窗口，新建一个模块。

step 2 在菜单栏中选择【插入】|【过程】命令，打开【添加过程】对话框，在【名称】文本框中输入【Compare】。

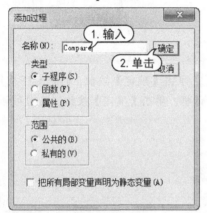

step 3 单击【确定】按钮，在如下图所示的窗口中输入以下代码：

```
Public Sub Compare(a As Integer, b As Integer)
Dim c As Integer
If a < b Then c = a: a = b: b = c
```

step 4 在设计视图中新建一个窗体，添加4个文本框控件和一个按钮控件，如右上图所示。

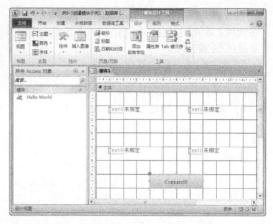

step 5 更改控件的名称，并添加【大于】标签控件，窗体效果如下图所示。

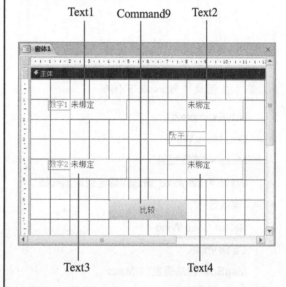

step 6 打开【窗体设计工具】的【设计】选项卡，单击【工具】组中的【查看代码】按钮，进入编程环境。

step 7 为窗体中的控件添加以下代码：

```
Private Sub Command9_Click()
Dim m As Integer, n As Integer
m = Text1.Value
n = Text3.Value
Compare m, n
Text2.Value = m
Text4.Value = n
End Sub
```

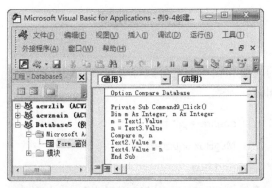

step 8 将窗体设计视图切换到窗体视图,单击窗口右下角的【窗体视图】按钮,在【数字1】和【数字2】文本框中输入两个用于比较的数值,单击【比较】按钮。

step 9 此时,窗体右侧两个文本框中将显示两个数值的大小,如右上图所示。

step 10 在快速访问工具栏中单击【保存】按钮 🔲,将窗体和模块分别进行保存。

9.5 对 VBA 代码的保护

在开发数据库产品以后,为了防止其他人查看或更改 VBA 代码,需要对该数据库的 VBA 代码进行保护。用户可以通过对 VBA 代码设置密码来防止其他非法用户查看或编辑数据库中的程序代码。

【例9-4】为 VBA 代码设置保护密码。

🎬视频+素材 (光盘素材\第 09 章\例 9-4)

step 1 打开包括需要保护的VBA 代码的 Microsoft Access文件,如【创建模块示例】。在【数据库工具】选项卡的【宏】组中单击 Visual Basic按钮,进入VBA编辑环境。

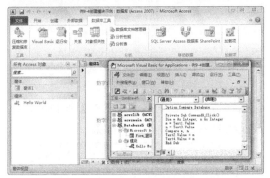

step 2 选择【工具】|【Database5 属性】命令,打开【Database5-工程属性】对话框。

step 3 打开【保护】选项卡,在【锁定工程】选项区域选中【查看时锁定工程】复选框,在【查看工程属性的密码】选项区域输入密

码【123456】。

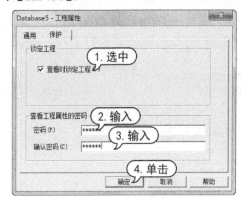

step 4 在【Database5-工程属性】对话框中,单击【确定】按钮完成对密码的设置。

step 5 当打开模块修改编辑窗口时,系统将弹出如下图所示的对话框,要求用户输入密码。

9.6 案例演练

本章的实战演练部分包括创建计算圆面积的模块和编写评定分数等级的 VBA 程序等多个实例操作，用户通过练习从而巩固本章所学知识。

【例9-5】在数据库中创建一个能计算半径为30的圆面积的模块。

视频+素材 (光盘素材\第 09 章\例9-5)

step 1 创建一个名为【计算模块】的数据库，然后选择【创建】选项卡，在【宏与代码】组中单击【模块】按钮。

step 2 新建一个模块，进入 VBA 编辑环境。

step 3 在打开的【模块 1(代码)】窗口中输入以下代码：

```
Sub sequence()
Dim r As Single
Dim square As Single
Const pi = 3.1416
r = 30
```

```
square = pi * r * r
MsgBox square
End Sub
```

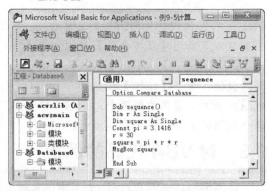

step 4 单击工具栏中的【运行子过程/用户窗体】按钮，打开如下图所示的对话框。

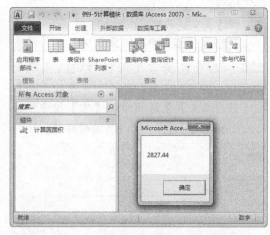

step 5 在工具栏中单击【保存】按钮，将该模块命名为【计算圆面积】。

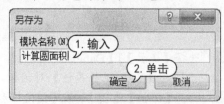

【例9-6】编写一个 VBA 程序，实现对输入的分数进行等级评定。

视频+素材 (光盘素材第 09 章\例9-6)

step 1　创建一个名为【分数等级评定】的数据库，然后选择【数据库工具】选项卡，在【宏】组中单击Visual Basic按钮，进入VBA编辑环境。

step 2　在编辑器中选择【插入】|【模块】命令，新建一个模块。

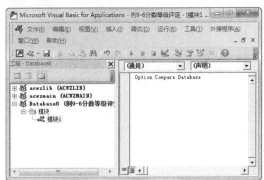

step 3　在模块中输入以下代码：

```
Sub choose()
Dim result As Integer
result = InputBox("请输入分数")

If result < 60 Then
MsgBox "不及格"
ElseIf result < 75 Then
MsgBox "通过"
ElseIf result < 85 Then
```

MsgBox "良好"

```
ElseIf result < 100 Then
MsgBox "优秀"
Else
MsgBox "输入分数错误"
End If
End Sub
```

step 4　单击工具栏中的【运行子过程/用户窗体】按钮，打开如下图所示的对话框。

step 5　在对话框中输入 88，然后单击【确定】按钮，将显示下图所示的对话框。

step 6　在对话框中输入 200，然后单击【确

定】按钮，将显示下图所示的对话框。

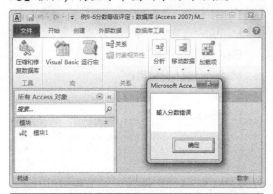

【例 9-7】将附加到【模块实例】窗体的宏转换为 VBA 代码。

视频+素材 (光盘素材\第 09 章\例 9-7)

step 1 打开【创建模块示例】数据库，在导航窗格中右击【模块示例】窗体，在弹出的菜单中选中【设计视图】命令。

step 2 在【设计】选项卡的【工具】组中单击【将窗体转换为Visual Basic代码】按钮，在打开的对话框中单击【转换】按钮。

step 3 在打开的提示对话框中单击【确定】按钮。

step 4 在【设计】选项卡的【工具】组中，单击【查看代码】按钮。进入VBA界面，即可在【代码】窗口中查看转换后的代码，如下图所示。

第10章

Access 在人事管理中的应用

本章综合运用前面章节所介绍的知识，创建一个【考勤管理系统】数据库系统，涉及的知识包括数据库表的创建、数据库表操作及应用、窗体、数据查询、宏与模块、VBA 程序设计等，全方位向用户展示使用 Access 应用程序创建数据库管理系统的方法和过程。

 **对应光盘视频**

10.1 需求分析

在企业的考勤管理中，良好的考勤管理系统可以有效地帮助人事管理部门进行员工的日常考勤管理。通过该系统，可以记录每个员工的出勤、出差、请假和加班的情况。本章以假设的需求进程开发该考勤管理系统。假设的需求为只要输入员工的信息或查询的时间点、时间段，就可以方便地统计员工的考勤资料。

考勤管理系统主要包括 4 个模块：员工信息管理、工作时间设置、考勤管理、考勤统计。各模块的具体功能如下：

▶ 员工信息管理：主要完成员工基本资料的管理，包括对员工信息的添加、修改和删除等基本操作。

▶ 工作时间设置：主要用来设置员工的上下班时间。

▶ 考勤管理：该模块包括出勤管理、加班管理、出差管理、缺勤管理 4 个子功能，可以实现对员工日程主要考勤情况的记录管理。

▶ 考勤统计：该模块是系统的重点和难点，主要完成对员工的各种考勤资料的统计，包括出差时间、加班时间、缺勤时间以及迟到和早退次数等。

10.2 数据库结构设计

明确考勤管理系统的目的以后，首先要设计合理的数据库。数据库的设计最重要的就是数据表的设计。数据表作为数据库中的其他对象的数据源，表结构设计的好坏直接影响到数据库的性能。因此，设计具有良好表关系的数据表在系统开发过程中是相当重要的。

10.2.1 创建空数据库系统

在设计数据表之前，需要先建立一个数据库，然后在该数据库中创建表、窗体、查询等数据库对象。

【例 10-1】 新建一个名为【考勤管理系统】的空数据库。

视频+素材 (光盘素材\第 10 章\例 10-1)

step 1 启动 Access 2010 应用程序，在自动弹出的 Backstage 视图的【可用模板】选项区域选择【空数据表】选项。

step 2 在屏幕右下方的【文件名】文本框中输入【考勤管理系统】，单击【创建】按钮，新建一个空数据库，系统自动创建一个空数据表。

10.2.2 数据表字段结构设计

在创建数据库以后，就可以设计数据表了。数据表是整个系统中存储数据的唯一对象，它是所有其他对象的数据源，表结构的设计直接关系着数据库的性能。

【例 10-2】设置【考勤管理系统】系统中需要用到的数据表。

视频+素材 (光盘素材\第 10 章\例 10-2)

step ① 在如下图所示的数据库窗口中，单击【视图】组中的【视图】下拉按钮，从弹出的菜单中选择【设计视图】命令。

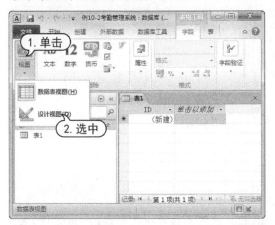

step ② 打开【另存为】对话框，在【表名称】文本框中输入数据表名称【员工信息】。

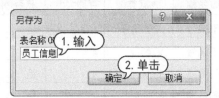

step ③ 单击【确定】按钮，进入表设计视图。

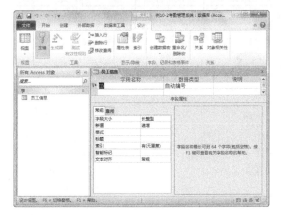

step ④ 在【员工信息】表的设计视图中进行表字段的设计。其中，各个表字段的名称、

数据类型等，如下表所示。

字段名称	类型	大小	是否必需	备注
员工编号	文本	4	是	关键字
部门编号	文本	4	是	
员工姓名	文本	10	否	
性别	文本	4	否	
年龄	数字	整型	否	默认值: 0
移动电话	文本	11	否	
电子邮箱	文本	50	否	
备注	文本	50	否	

step ⑤ 在快速访问工具栏中单击【保存】按钮，保存【员工信息】数据表。

step ⑥ 使用表设计视图创建【工作时间】表，其结构如下表所示。

字段名称	数据类型	是否必需	备注
早上班时间	日期/时间	是	输入掩码: 短时间
午下班时间	日期/时间	是	输入掩码: 短时间
午上班时间	日期/时间	是	输入掩码: 短时间
晚下班时间	日期/时间	是	输入掩码: 短时间

step ⑦ 完成【工作时间】表的创建后，其效果如下图所示。

（续表）

字段名称	数据类型	字段大小	是否必需
上班日期	日期/时间		是
上班时间	日期/时间		是
下班时间	日期/时间		是
是否为下午	是/否		是
备注	文本	50	否

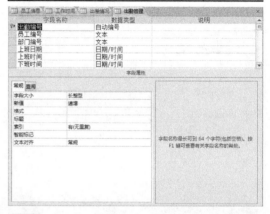

step 8 使用表设计视图创建【出差情况】表，其结构如下表所示。

字段名称	数据类型	字段大小	是否必需
出差编号	自动编号		是
员工编号	文本	4	是
部门编号	文本	4	是
出差日期	日期/时间		否
结束日期	日期/时间		否
备注	文本	50	否

step 10 使用表设计视图创建【加班管理】表，其结构如下表所示。

字段名称	数据类型	字段大小	是否必需
加班编号	自动编号		是
员工编号	文本	4	是
部门编号	文本	4	是
开始日期	日期/时间		是
结束日期	日期/时间		是
备注	文本	50	否

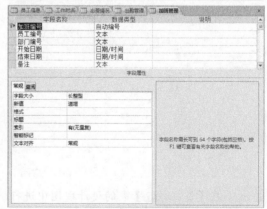

step 9 使用表设计视图创建【出勤管理】表，其结构如下表所示。

字段名称	数据类型	字段大小	是否必需
出勤编号	自动编号		是
员工编号	文本	4	是
部门编号	文本	4	是

step 11 使用表设计视图创建【缺勤管理】表，

其结构如下表所示。

字段名称	数据类型	字段大小	是否必需
缺勤编号	自动编号		是
员工编号	文本	4	是
部门编号	文本	4	是
缺勤原因	文本	50	是
开始日期	日期/时间		是
结束日期	日期/时间		是

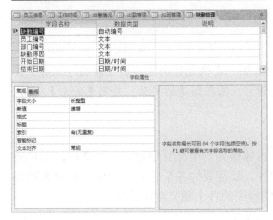

step 12 使用表设计视图创建【考勤统计】表，其结构如下表所示。

字段名称	数据类型	字段大小	是否必需
统计编号	自动编号		是
员工编号	文本	4	是
部门编号	文本	4	是
开始日期	日期/时间		是
结束日期	日期/时间		是
出差次数	数字	整型	是
出差时间	文本	8	是
缺勤次数	数字	整型	是
缺勤时间	文本	8	是
加班次数	数字	整型	是
加班时间	文本	8	是
迟到次数	数字	整型	是
早退次数	数字	整型	是
旷工次数	数字		是

（续表）

字段名称	数据类型	字段大小	是否必需
备注	文本	50	否

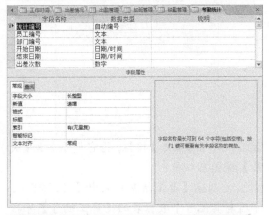

10.2.3 数据表的表关系设计

　　数据表中按主题存放了各种数据记录。在使用时，用户从各个数据表中提取出一定的字段进行操作。这其实也就是关系型数据库的工作方式。

　　从各个数据表中提取数据时，应当先设定数据表关系。Access 作为关系型数据库，支持灵活的关系建立方式。

【例 10-3】 在【考勤管理系统】数据库中建立各表之间的表关系。

视频+素材（光盘素材\第 10 章\例 10-3）

step 1 启动 Access 2010 应用程序，打开【考勤管理系统】数据库。

step 2 打开【数据库工具】选项卡，在【关系】组中单击【关系】按钮，进入数据库的【关系】视图，自动打开【关系工具】的【设计】选项卡。

step 3 在【工具】组中单击【清除布局】按钮，清除数据库中的所有表关系。

step 4 在【关系】组中单击【显示表】按钮，

打开【显示表】对话框，选中除【工作时间】选项以外的所有选项，单击【添加】按钮。

step 5　单击【添加】按钮，将它们添加到【关系】视图窗口中。

step 6　创建【员工信息】表中【员工编号】字段与其他 5 个数据表的【员工编号】字段

间的关系。

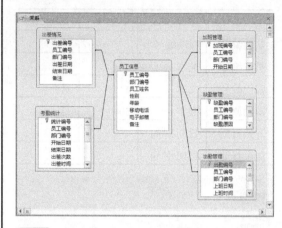

step 7　在快速访问工具栏中单击【保存】按钮 🖫，保存创建的关系，关闭【关系】视图。

10.3　窗体和编码的实现

　　窗体对象是直接与用户交流的数据库对象。窗体作为一个交互平台、一个窗口，用户通过它查看和访问数据库，实现数据的输入等。此外，还需要为各个独立的数据库对象添加各种事件过程和通用过程。通过这些 VBA 程序，使程序的各个独立对象连接在一起。

10.3.1　创建【员工信息管理】窗体

　　在【员工信息管理】窗体中能够完成对员工基本资料的管理，包括对员工信息的添加、删除和更新。

【例 10-4】在【考勤管理系统】数据库中创建【员工信息管理】窗体。

视频+素材　(光盘素材\第 10 章\例 10-4)

step 1　启动 Access 2010 应用程序，打开【考勤管理系统】数据库。

step 2　打开【创建】选项卡，在【窗体】组中单击【窗体向导】按钮，打开【窗体向导】对话框。

step 3　在【表/查询】下拉列表中选择【表：员工信息】选项，单击 >> 按钮，将【可用字段】列表中的所有字段添加到【选定字段】

列表中。

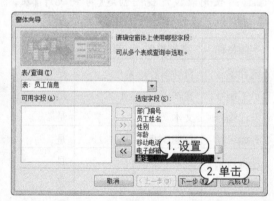

step 4　单击【下一步】按钮，在打开的对话框中选中【纵栏表】单选按钮。

step 5　在打开的对话框中，指定窗体标题为【员工信息管理】，单击【完成】按钮。

step 6　在状态栏中单击【设计视图】按钮 🗹，切换到窗体设计视图，在【设计】选项卡的【工具】组中单击【属性表】按钮，打开【属性表】窗格。

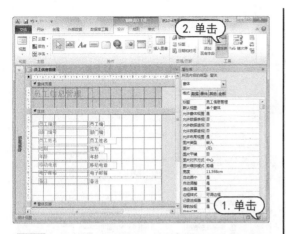

step ⑦ 在【所选内容类型】下拉列表中选择【窗体】选项，打开【格式】选项卡，在【滚动条】下拉列表中选择【两者均无】选项，设置【记录选择器】和【导航按钮】属性为【否】。

step ⑧ 打开窗体设计视图，在窗体中添加 1 个矩形控件和 3 个命令按钮控件，并将 3 个命令按钮的【标题】和【名称】属性设置为【添加记录】、【删除记录】和【关闭窗体】，使窗体效果如下图所示。

step ⑨ 使用向导控件的方法在【员工信息管理】窗体中添加一个【子窗体/子报表】控件。

该子窗体中包括【员工信息】数据表中的所有字段，设置主/子窗体之间的链接字段为【无】，此时窗体视图的效果如下图所示。

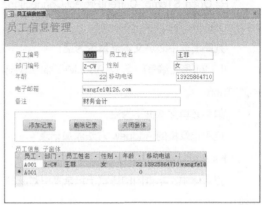

step ⑩ 切换至窗体的设计视图，右击【添加记录】按钮控件，在弹出的快捷菜单中选择【属性】命令，打开【属性表】对话框的【事件】选项卡，在【单击】下拉列表中选择【事件过程】选项，单击 ⋯ 按钮。

step ⑪ 进入 VBA 编程环境，在【代码】窗口中为【添加记录】按钮的【单击】事件添加如下代码：

```
Private Sub 添加记录_Click()
On Error GoTo Err_添加记录_Click
'定义字符型变量
Dim STemp As String
'定义数据集变量
Dim Rs As ADODB.Recordset
'为定义的数据集变量分配空间
Set Rs = New ADODB.Recordset
'为打开数据表"查询语句"字符变量赋值
```

STemp = "Select * From 员工信息"

'打开"员工信息"数据表

Rs.Open STemp, CurrentProject.Connection, adOpenKeyset, adLockOptimistic

'判断窗体中必填文本框是否为空

If Me![员工编号] <> "" And Me![部门编号] <> "" Then

'如果必填文本框不为空

'使用记录集的 Addnew 方法添加记录

Rs.AddNew

'把窗体中文本框内的值赋予记录集中对应的字段

Rs("员工编号") = Me![员工编号]

Rs("部门编号") = Me![部门编号]

Rs("员工姓名") = Me![员工姓名]

Rs("性别") = Me![性别]

Rs("年龄") = Me![年龄]

Rs("移动电话") = Me![移动电话]

Rs("电子邮箱") = Me![电子邮箱]

Rs("备注") = Me![备注]

'使用记录集中的 UpDate 方法刷新记录集

Rs.Update

'弹出信息记录"添加完成"的提示信息

MsgBox "员工记录成功添加", vbOKOnly, "添加完成"

Else

'如果必填文本框为空，则弹出"注意"信息

MsgBox "窗体中员工编号和部门编号字段不能为空!", vbOKOnly, "注意"

Me![员工编号].SetFocus

End If

Me![员工信息 子窗体].Requery

'释放系统为 Rs 数据集分配的空间

Set Rs = Nothing

Exit_添加记录_Click:

Exit Sub

Err_添加记录_Click:

MsgBox Err.Description

Resume Exit_添加记录_Click

End Sub

step 12 在窗体中添加员工信息(【员工姓名】文本框为空)，单击【添加记录】按钮，此时系统弹出【注意】提示框。

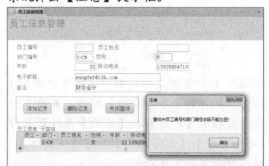

step 13 在【员工编号】和【员工姓名】文本框中输入数据，单击【添加记录】按钮，此时系统弹出【添加完成】提示框。

step 14 单击【确定】按钮，该条记录将显示

在【员工信息 子窗体】中。

step ⑮　为【删除记录】按钮的【单击】事件
添加如下代码：

```
Private Sub 删除记录_Click()
On Error GoTo Err_删除记录_Click
'定义字符型变量
Dim STemp As String
'定义用于循环的整型变量
Dim i As Integer
'定义数据集变量
Dim Rs As ADODB.Recordset
'为定义的数据集变量分配空间
Set Rs = New ADODB.Recordset
'为打开数据表"查询语句"字符变量赋值
STemp = "Select * From 员工信息"
'打开"员工信息"数据表
Rs.Open STemp, CurrentProject.Connection,
adOpenKeyset, adLockOptimistic
'使用 For…Next 循环语句在 Rs 数据集中循
环判断
For i = 1 To Rs.RecordCount
'判断记录集中的"员工编号"字段值是否与
窗体中"员工编号"文本框内的值相同
If  Rs("员工编号") = Me![员工信息 子窗
体]![员工编号] Then
'如果相同则删除记录
Rs.Delete 1
'设置 i 的值跳出循环
i = Rs.RecordCount + 1
```

```
Else
'如果不相同则移到下一记录
Rs.MoveNext
End If
Next i
MsgBox "成功删除员工记录", vbOKOnly, "
删除完成"
'刷新"员工信息 子窗体"子窗体
Me![员工信息 子窗体].Requery
'释放系统为 Rs 数据集分配的空间
Set Rs = Nothing
Exit_删除记录_Click:
Exit Sub
Err_删除记录_Click:
MsgBox Err.Description
Resume Exit_删除记录_Click
End Sub
```

step ⑯　在窗体中首先添加【员工编号】为
A002 的员工信息，然后将光标放置在子窗体
的该条记录中，单击【删除记录】按钮，系
统将打开如下图所示的【删除完成】提示框。

step ⑰　单击【确定】按钮，此时子窗体的效
果如下图所示。

员工信息 子窗体					
员工 ·	部门 ·	员工姓名 ·	性别 ·	年龄 ·	移动电话 ·
＊ A002				0	

step ⑱　为【关闭窗体】按钮的【单击】事件

添加如下代码:

```
Private Sub 关闭窗体_Click()
On Error GoTo Err_关闭窗体_Click
DoCmd.Close
Exit_关闭窗体_Click:
Exit Sub
Err_关闭窗体_Click:
MsgBox Err.Description
Resume Exit_关闭窗体_Click
End Sub
```

step ⑲ 在窗体中单击【关闭窗体】按钮，系统将关闭【员工信息管理】窗体。

10.3.2 创建【工作时间设置】窗体

公司员工的工作时间设定功能由【工作时间设置】窗体来实现。通过此窗体向职工发布作息时间信息，具体操作步骤如下:

【例 10-5】在【考勤管理系统】数据库中创建【工作时间设置】窗体。

💿 视频+素材 (光盘素材第 10 章\例 10-5)

step ① 使用窗体向导创建【工作时间设置】窗体，将【工作时间】工作表中的 4 个字段都添加到该窗体中。

step ② 在设计视图中添加 1 个直线控件和 4 个命令按钮控件。

step ③ 为【修改时间】按钮的【单击】事件添加如下代码:

```
Private Sub 修改时间_Click()
On Error GoTo Err_修改时间_Click
'修改工作时间
DoCmd.DoMenuItem acFormBar,
acRecordsMenu, acSaveRecord, acMenuVer70
'弹出"修改成功"信息
MsgBox "员工工作时间设置成功!",
vbOKOnly, "修改成功"
Exit_修改时间_Click:
Exit Sub
Err_修改时间_Click:
MsgBox Err.Description
Resume Exit_修改时间_Click
End Sub
```

step ④ 在窗体文本框中输入上下班时间，当光标在文本框中单击时，将提示输入掩码。输入完成后，单击【修改时间】按钮，将打开如下图所示的【修改成功】提示框。

step ⑤ 为【默认时间】按钮的【单击】事件添加如下代码:

```
Private Sub 默认时间_Click()
On Error GoTo Err_默认时间_Click
'默认上下班时间
Me![早上班时间] = "09:00"
Me![午下班时间] = "12:00"
Me![午上班时间] = "12:00"
Me![晚下班时间] = "17:00"
```

'弹出"系统默认时间"信息

MsgBox "已经恢复为系统默认时间!", vbOKOnly, "默认时间"

Exit_默认时间_Click:

Exit Sub

Err_默认时间_Click:

MsgBox Err.Description

Resume Exit_默认时间_Click

End Sub

step 6 在窗体中单击【默认时间】按钮，此时窗体中 4 个文本框都更改为默认值，并弹出【默认时间】提示框.

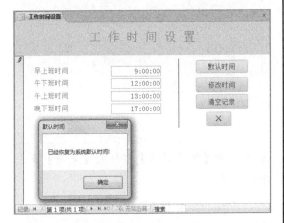

step 7 为【清空记录】按钮的【单击】事件添加如下代码：

```
Private Sub 清空记录_Click()
On Error GoTo Err_清空记录_Click
'定义字符型变量
Dim STemp As String
'定义数据集变量
Dim Rs As ADODB.Recordset
'为定义的数据集变量分配空间
Set Rs = New ADODB.Recordset
'清空文本框的现有记录
STemp = "Delete * From 工作时间"
'使用 DoCmd 对象的 RunSQL 方法执行查询
DoCmd.RunSQL STemp
```

MsgBox "工作时间已删除!", vbOKOnly, "删除时间"

Exit_清空记录_Click:

Exit Sub

Err_清空记录_Click:

MsgBox Err.Description

Resume Exit_清空记录_Click

End Sub

step 8 当需要重新设置工作时间时，单击【清空记录】按钮，然后重新在窗口文本框中设置时间即可。删除时间后弹出的【删除时间】提示框如下图所示。

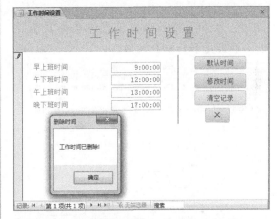

10.3.3 创建【出勤管理】窗体

创建【出勤管理】窗体，可以记录员工日常的出勤情况，包括上班日期、上班时间和下班时间等内容。

【例 10-6】在【考勤管理系统】数据库中创建【出勤管理】窗体。

视频+素材 (光盘素材\第 10 章\例 10-6)

step 1 使用窗体向导创建【出勤管理】窗体，将【出勤管理】工作表中除【出勤编号】字段外的所有字段添加到窗体中。

step 2 在设计视图中添加 1 个直线控件和 2 个命令按钮控件。

step 3 使用控件向导在窗体中添加一个组合框控件，用来判断上午或下午的作息时间。

在向导中设置获取数值的方法为【自行键入所需的值】选项，单击【下一步】按钮。

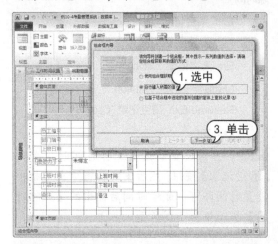

step 4 在向导对话框中设置组合框显示的值，单击【下一步】按钮。

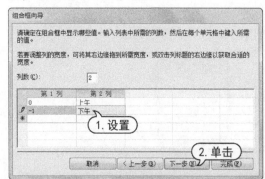

step 5 在对话框中设置可用字段为 col1 选项，单击【下一步】按钮。

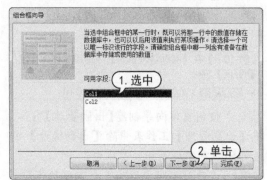

step 6 在打开的对话框的【将该数值保存在这个字段中】下拉列表中选择【是否为下午】，如右上图所示。

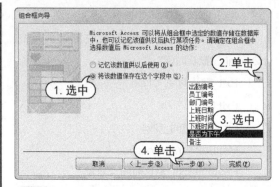

step 7 根据向导提示继续创建组合框，直到创建完成。创建的组合框效果如下图所示。

step 8 为【保存记录】按钮的【单击】事件添加如下代码：

```
Private Sub 保存记录_Click()
'定义字符型变量
Dim STemp As String
'定义数据集变量
Dim Rs As ADODB.Recordset
'为定义的数据集变量分配空间
Set Rs = New ADODB.Recordset
'为打开数据表"查询语句"字符变量赋值
STemp = "Select * From 出勤管理"
'打开"出勤管理"数据表
Rs.Open STemp, CurrentProject.Connection,
adOpenKeyset, adLockOptimistic
'判断窗体中必填文本框和组合框是否为空
If Me![员工编号] <> "" And Me![部门编号]
<> "" And Me![上班日期] <> "" And Me![上班时间]
<> "" And Me![下班时间] <> "" And Me![是否为下
```

午] <> "" Then

　　'使用记录集 Addnew 方法添加记录

　　Rs.AddNew

　　'把窗体中文本框和组合框的值赋予记录集中

对应的字段

　　Rs("员工编号") = Me![员工编号]

　　Rs("部门编号") = Me![部门编号]

　　Rs("上班日期") = Me![上班日期]

　　Rs("上班时间") = Me![上班时间]

　　Rs("下班时间") = Me![下班时间]

　　Rs("是否为下午") = Me![是否为下午]

　　'判断选择的是上午还是下午

　　If Me![是否为下午].Value = -1 Then

　　'如果选择上午则把上午的值设置为是

　　Rs("是否为下午").Value = True

　　Else

　　'如果选择下午则把上午的值设置为否

　　Rs("是否为下午").Value = False

　　End If

　　Rs("备注") = Me![备注]

　　'使用记录集的 Update 方法来刷新记录集

　　Rs.Update

　　'弹出信息记录"添加完成"的提示信息

　　MsgBox "出勤记录已经成功添加", vbOKOnly, "添加完成"

　　Else

　　'如果必填文本框和组合框为空, 则弹出"注意"信息

　　MsgBox "必填字段不能为空!", vbOKOnly, "注意"

　　'把光标置于"员工编号"文本框内

　　Me![员工编号].SetFocus

　　End If

　　'释放系统为 Rs 数据集分配的空间

　　Set Rs = Nothing

　　Exit_保存记录_Click:

　　Exit Sub

　　Err_保存记录_Click:

　　MsgBox Err.Description

　　Resume Exit_保存记录_Click

　　End Sub

step 9 在【出勤管理】窗体中输入出勤信息(【员工编号】字段为空), 单击【保存记录】按钮, 此时会弹出【注意】提示框。

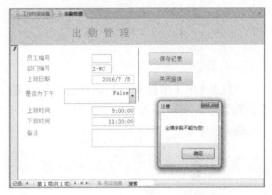

step 10 当在【时间段】组合框中选择【0, 上午】选项, 并保存该出勤记录时, 该记录将同时保存到【出勤管理】数据表。

step 11 参照前面介绍的方法设置【关闭窗体】按钮的【单击】属性的代码。

　　参照制作【出勤管理】窗体的方法创建【出差管理】窗体, 效果如下图所示。

参照制作【出勤管理】窗体的方法创建【加班管理】窗体，效果如下图所示。

加班管理窗体图示

参照制作【出勤管理】窗体的方法创建【缺勤管理】窗体，效果如下图所示。

缺勤管理窗体图示

保证以上 3 个窗体外观样式的统一，且都不引用源数据表中的自动编号字段。其中【出差管理】窗体中【保存记录】按钮的单击事件属性如下所示：

```
Private Sub 保存记录_Click()
'定义字符型变量
Dim STemp As String
'定义数据集变量
Dim Rs As ADODB.Recordset
'为定义的数据集变量分配空间
Set Rs = New ADODB.Recordset
'为打开数据表"查询语句"字符变量赋值
STemp = "Select * From 出差情况"
```

```
'打开"出差情况"数据表
    Rs.Open STemp, CurrentProject.Connection,
adOpenKeyset, adLockOptimistic
'判断窗体中必填文本框和组合框是否为空
    If Me![员工编号] <> "" And Me![部门编号]
<> "" And Me![出差日期] <> "" And Me![结束日期]
<> "" Then
    '如果必填文本框和组合框不为空
    '使用记录集 Addnew 方法添加记录
    Rs.AddNew
    '把窗体中文本框和组合框的值赋予记录集中
对应的字段
    Rs("员工编号") = Me![员工编号]
    Rs("部门编号") = Me![部门编号]
    Rs("出差日期") = Me![出差日期]
    Rs("结束日期") = Me![结束日期]
    Rs("备注") = Me![备注]
    '使用记录集的 Update 方法来刷新记录集
    Rs.Update
    '弹出信息记录"添加完成"的提示信息
    MsgBox "出差记录已经成功添加",
vbOKOnly, "添加完成"
    Else
    '如果必填文本框和组合框为空, 则弹出"注意
"信息
    MsgBox "必填字段不能为空!", vbOKOnly, "
注意"
    '把光标置于"员工编号"文本框内
    Me![员工编号].SetFocus
    End If
'释放系统为 Rs 数据集分配的空间
    Set Rs = Nothing
Exit_保存记录_Click:
    Exit Sub
Err_保存记录_Click:
    MsgBox Err.Description
```

Resume Exit_保存记录_Click

End Sub

10.3.4 创建【考勤统计】窗体

创建【考勤统计】窗体，可以统计某一时间段内每个员工的各项资料信息，包括出差时间、加班时间、请假时间以及迟到和早退次数等。

【例 10-7】在【考勤管理系统】数据库中创建【考勤统计】窗体。

视频+素材 (光盘素材\第 10 章\例 10-7)

step 1 使用窗体向导创建【考勤统计】窗体，将【考勤统计】数据表中除【统计编号】字段外的所有字段添加到窗体中。

step 2 将窗体中除【员工编号】、【备注】、【开始日期】和【结束日期】以外的所有文本框都锁定，调整设计视图中文本框的【格式】属性。

step 3 在【考勤统计】窗体中添加命令按钮等控件，使得窗体效果如下图所示。

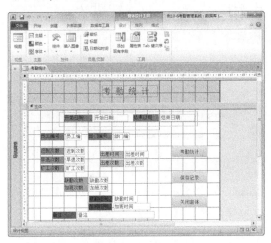

step 4 为【考勤统计】按钮的【单击】事件添加如下代码：

```
Private Sub 考勤统计_Click()
'定义保存员工总共出差和请假的次数
Dim CCTime, QJTime As Integer
'定义用于循环的整型变量
Dim i As Integer
'定义保存统计时间的变量
```

```
Dim Num As Variant
'定义字符型变量
……
Exit Sub
Err_考勤统计_Click:
MsgBox Err.Description
Resume Exit_考勤统计_Click
End Sub
```

step 5 为【保存记录】按钮的【单击】事件添加如下代码：

```
Private Sub 保存记录_Click()
On Error GoTo Err_保存记录_Click
'定义字符型变量
Dim STemp As String
'判断员工编号等文本框是否为空
If Me![员工编号] <> "" And Me![开始日期]
<> "" And Me![结束日期] <> "" And Me![出差时间]
<> "" Then
    '定义考勤统计结果"查询语句"字符型变量
    STemp = "INSERT INTO 考勤统计"
    STemp = STemp & "(员工编号,部门编号,开始日期,结束日期,出差次数,"
    STemp = STemp & "出差时间,缺勤次数,缺勤时间,加班次数,"
    STemp = STemp & "加班时间,迟到次数,早退次数,旷工次数,备注)"
    STemp = STemp & "VALUES( '" & Me![员工编号] & "','" & Me![部门编号] & "',"
    STemp = STemp & "'" & Me![开始日期] & "','" & Me![结束日期] & "',"
    STemp = STemp & "'" & Me![出差次数] & "','" & Me![出差时间] & "',"
    STemp = STemp & "'" & Me![缺勤次数] & "','" & Me![缺勤时间] & "',"
    STemp = STemp & "'" & Me![加班次数] & "','" & Me![加班时间] & "',"
```

STemp = STemp & "'" & Me![迟到次数] &
"','" & Me![早退次数] & "',"

STemp = STemp & "'" & Me![旷工次数] &
"','" & Me![备注] & "')"

　　'使用 DoCmd.RunSQL STemp

　　DoCmd.RunSQL STemp

　　MsgBox "成功保存记录", vbOKOnly, "保存
成功"

　　Else

　　'如果"员工编号"等文本框为空, 则弹出警告信息

　　MsgBox "员工编号等字段不能为空",
vbOKOnly, "警告"

　　'把光置置于"员工编号"文本框内

　　Me![员工编号].SetFocus

　　End If

　　Exit_保存记录_Click:

　　Exit Sub

　　Err_保存记录_Click:

　　MsgBox Err.Description

　　Resume Exit_保存记录_Click

　　End Sub

step 6 输入【开始日期】、【结束日期】和【员
工编号】, 单击【考勤统计】按钮, 系统立即
统计该员工在一个时间段内的出勤、旷工、
加班等情况。

step 7 系统统计完情况后, 单击【保存记录】
按钮。

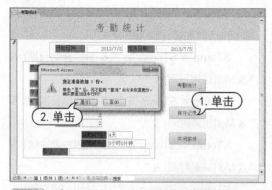

step 8 单击【是】按钮, 打开【保存成功】
对话框。

step 9 设置【关闭窗体】按钮的【单击】事
件属性。单击该按钮, 将执行关闭窗体操作。

10.3.5 创建系统启动界面

　　创建完各个窗体之后, 需要使用【切换
面板管理器】创建一个切换界面, 将这些对
象都集成到一起形成一个完整的系统。

【例 10-8】在【考勤管理系统】数据库中创建考勤
系统启动界面。

●视频+素材 (光盘素材\第 10 章\例 10-8)

step 1 打开【数据库工具】选项卡, 在【数
据库工具】组中单击【切换面板管理器】按
钮, 打开如下图所示的【切换面板管理器】
对话框。

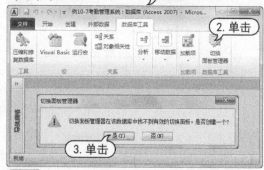

step 2 单击【是】按钮, 打开如下图所示的
对话框, 单击【编辑】按钮。

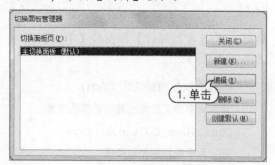

step 3 打开【编辑切换面板页】对话框, 在
【切换面板名】文本框中输入文字【企业考勤

管理系统】。

step 4　单击【新建】按钮，打开【编辑切换面板项目】对话框，在【文本】文本框中输入文字【员工信息管理】，在【命令】下拉列表中选择【在"添加"模式下打开窗体】选项，在【窗体】下拉列表中选择【员工信息管理】选项。

step 5　单击【确定】按钮，此时【员工信息管理】项目名称显示在【切换面板上的项目】列表中。

step 6　单击【新建】按钮，打开【编辑切换面板项目】对话框，在【文本】文本框中输入文字【工作时间设置】，在【命令】下拉列表中选择【在"添加"模式下打开窗体】选项，在【窗体】下拉列表中选择【工作时间设置】选项。

step 7　单击【确定】按钮，返回【编辑切换面板页】对话框。

step 8　单击【新建】按钮，打开【编辑切换面板项目】对话框，在【文本】文本框中输入文字【考勤统计】，在【命令】下拉列表中选择【在"添加"模式下打开窗体】选项，在【窗体】下拉列表中选择【考勤统计】选项。

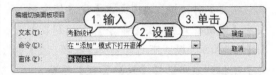

step 9　单击【确定】按钮，返回【编辑切换面板页】对话框。

step 10　单击【新建】按钮，打开【编辑切换面板项目】对话框，在【文本】文本框中输入文字【出差管理】，在【命令】下拉列表中选择【在"添加"模式下打开窗体】选项，在【窗体】下拉列表中选择【出差管理】选项。

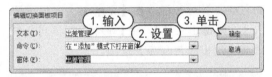

step 11　单击【确定】按钮，返回【编辑切换面板页】对话框。

step 12　单击【新建】按钮，打开【编辑切换面板项目】对话框，在【文本】文本框中输入文字【出勤管理】，在【命令】下拉列表中选择【在"添加"模式下打开窗体】选项，在【窗体】下拉列表中选择【出勤管理】选项。

step 13　单击【确定】按钮，返回【编辑切换面板页】对话框。

step 14　单击【新建】按钮，打开【编辑切换面板项目】对话框，在【文本】文本框中输入文字【加班管理】，在【命令】下拉列表中选择【在"添加"模式下打开窗体】选项，在【窗体】下拉列表中选择【加班管理】选项。

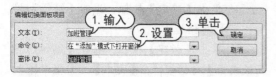

step 15 单击【确定】按钮，返回【编辑切换面板页】对话框。

step 16 单击【新建】按钮，打开【编辑切换面板项目】对话框，在【文本】文本框中输入文字【缺勤管理】，在【命令】下拉列表中选择【在"添加"模式下打开窗体】选项，在【窗体】下拉列表中选择【缺勤管理】选项。

step 17 单击【确定】按钮，返回【编辑切换面板页】对话框。

step 18 单击【新建】按钮，打开【编辑切换面板项目】对话框，在【文本】文本框中输入文字【退出系统】，在【命令】下拉列表中选择【退出应用程序】选项。

step 19 单击【确定】按钮，返回【编辑切换面板页】对话框，然后单击【关闭】按钮。

step 20 在【切换面板管理器】对话框中单击【关闭】按钮。

step 21 此时，【切换面板】窗体名称显示在数据库窗口的【窗体】组中。双击打开该窗体，窗体效果如下图所示。

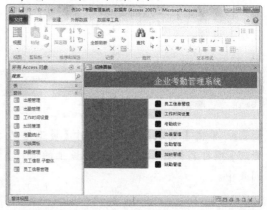

step 22 最后，在快速访问工具栏中单击【保存】按钮，保存【考勤管理系统】数据库。

第11章

Access 在客户管理中的应用

　　本章将使用 Access 2010 开发一个【客户管理系统】，通过该系统再次复习各个数据库对象，帮助读者了解系统开发的一般步骤，认识表、查询、窗体、报表等数据库对象分别在数据库程序中的作用。

对应光盘视频

11.1 需求分析

本章主要介绍基于 Access 数据库开发的企业客户管理系统。通过该系统，公司可以对客户进行管理，记录各个客户的订单信息、产品信息等。

根据实例的需求，【客户管理系统】数据库中应该具备以下主要功能：

▶ 用户登录：只有经过系统身份认证的用户才可以登录系统。

▶ 客户资料的管理：利用该功能，可以实现对客户信息的查看、添加和删除等操作。

▶ 客户订单的管理：使用该功能，可以实现对客户订单的管理。可以在该功能模块中查看客户订单，同时能够添加新的客户订单或者删除订单操作。

▶ 运货商的管理：在接受客户订单后，公司必须及时将货物发送给客户，运货商在这个过程中发挥着重要的作用，因此该功能应能够对运货商进行管理。

▶ 采购订单管理：用户可以利用该功能对产品的买入进行管理，进行产品采购订单的查看、添加和删除操作。

在开发客户管理系统时，理解数据表的结构，掌握各个数据表之间的关系，熟悉查询和窗体的设计，是整个实例操作的关键。

11.2 数据库结构设计

明确了设计客户管理系统的功能和目标后，首先需要设计合理的数据库。数据库的设计最重要的是数据库结构的设计。数据表作为数据库中其他对象的数据源，表结构设计的好坏直接影响数据库的性能，也影响整个系统的复杂程度，因此设计既要满足需求，又要具有良好的结构。在本章介绍的【客户管理系统】实例中，初步设计以下所示的几张数据表。

名　称	说　明
采购订单	该表中主要存放各采购订单的记录，比如采购订单的 ID、采购时间、货物的运费等
采购订单明细	该表中主要存储采购订单的产品信息，因为一个采购订单中可以有多个产品，所以建立此明细表记录各个订单采购的产品、数量和单价
采购订单状态	该表中存放采购订单的状态信息，用于标识该采购订单是新增的、已批准的还是完成并关闭的
产品	该表用于记录公司经营的产品，包括产品名称、简介、单价等
订单	该表中主要存放各订单的订货记录，例如订单 ID、订购日期、承运商等
订单明细	该表中主要存放关于特定订单的产品信息。因为一个订单中可能有多个产品，所以建立此明细表记录各个订单的产品、数量和单价信息
订单状态	该表中用于记录各个订单的状态，用以表示该订单是新增的、已发货还是已经完成的
供应商	该表中存放了公司上游的供应商信息，例如公司的联系人姓名、电话、公司简介等
客户	该表中存放了公司的客户信息，是实现客户资料管理的关键表
用户密码	该表中主要存储系统管理员或系统用户的信息，是实现用户登录模块的后台数据源
运货商	该表中主要存放为该公司承担货物运输任务的各个物流商的信息

11.2.1 创建空数据库系统

在设计【客户管理系统】之前，需要首

先建立一个数据库，然后在数据库中创建表、窗体、查询等数据库对象。数据库相当于一个容器，用于集中管理其中的对象。

【例 11-1】在 Access 2010 中新建一个名为【客户
管理系统】的空数据库。

视频+素材 (光盘素材\第 11 章\例 11-1)

step 1 启动 Access 2010 应用程序，在自动弹
出的 Backstage 视图的【可用模板】选项区域
选择【空数据表】选项。

step 2 在屏幕右下角的【文件名】文本框中
输入【客户管理系统】。

step 3 单击【创建】按钮，创建一个空数据
库，系统自动创建一个名为【表 1】的空数据
表，如下图所示。

11.2.2 设计数据表字段结构

在创建数据库后，用户可以设计其中的
数据表。数据表是整个系统中存储数据的唯
一对象，它是所有其他对象的数据源，表结
构的设计直接关系着数据库的性能。

1. 采购订单表

在采购订单表中主要存储的是各个采购
订单的记录，例如采购订单的 ID、采购时间、
货物的运费等。

【例 11-2】在【客户管理系统】数据库中创建【采
购订单】表。

视频+素材 (光盘素材\第 11 章\例 11-2)

step 1 在创建的【客户管理系统】数据库中
选中【表 1】，在【开始】选项卡的【视图】组
中单击【视图】下拉列表按钮，在弹出的下拉
列表中选中【设计视图】选项。

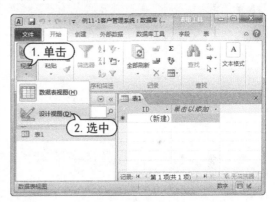

step 2 在打开的【另存为】对话框中输入【采
购订单】，然后单击【确定】按钮。

step 3 进入表的设计视图，然后按照下表所示进行表字段的设计。

字段名称	数据类型	字段宽度	是否主键
采购订单ID	数字	长整型	是
供应商ID	数字	长整型	否
提交日期	日期/时间	短日期	否
创建日期	日期/时间	短日期	否
状态ID	数字	长整型	否
运费	货币	自动	否
税款	货币	自动	否
付款日期	日期/时间	短日期	否
付款额	货币	自动	否
付款方式	文本	50	否
备注	备注	无	否

step 4 完成数据表字段的设置后，【设计视图】如下图所示。

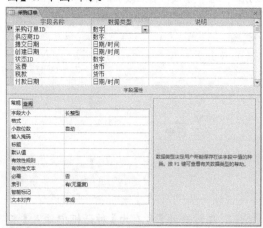

step 5 为了确保记录输入正确，可以为表中的【日期/时间】类型的字段加上有效性规则，如下图所示。

step 6 在快速访问工具栏中单击【保存】按钮保存数据表，然后在【视图】组中单击【视图】下拉列表按钮，在弹出的下拉列表中选中【数据表视图】选项。

step 7 创建完成后的采购订单表的效果如下图所示。

2. 采购订单明细表

采购订单明细表中主要存储关于采购订单的产品信息。因为一个采购订单中可以有多个产品，所以建立此明细表记录各个订单采购的产品、数量和单价等数据。

【例 11-3】在【客户管理系统】数据库中创建采购订单明细表。

视频+素材 (光盘素材\第 11 章\例 11-3)

step 1 打开【客户管理系统】数据库，在【创建】选项卡的【表格】组中单击【表】按钮，创建【表1】数据表。

step 2 右击【表1】表，在弹出的菜单中选中【设计视图】命令。

step 3 打开【另存为】对话框，在【表名称】文本框中输入【采购订单明细】，然后单击【确定】按钮。

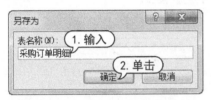

step 4 进入表的设计视图，然后按照下表所示进行表字段的设计。

字段名称	数据类型	字段宽度	是否主键
ID	自动编号	长整型	是
采购订单	数字	长整型	否
产品 ID	数字	长整型	否
数量	数字	小数	否
单位成本	货币	自动	否
接收日期	日期/时间	短日期	否

step 5 完成数据表字段的设置后，【设计视图】如下图所示。

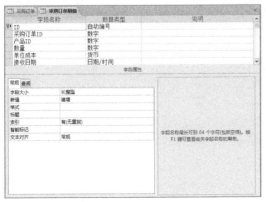

step 6 在设置采购订单明细表时，要确立一个概念，即平时创建的表，【设计视图】中的字段名将成为【数据表视图】中的列名。而通过【字段属性】选项区域的【标题】行，可以设置在数据表中显示的列名。例如，会将【产品 ID】字段的标题设置为【产品】，这样在表中就会显示【产品】而不是【产品 ID】。

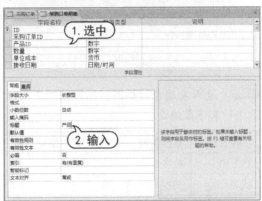

step 7 在快速访问工具栏中单击【保存】按钮保存数据表，然后在【视图】组中单击【视图】下拉列表按钮，在弹出的下拉列表中选中【数据表视图】选项。创建完成后的【采购订单明细】表的效果如下图所示。

3. 采购订单状态表

采购订单状态表中存放采购订单的状态信息，用于标识该采购订单是新增的、已批准的还是已经完成的。

【例 11-4】 在【客户管理系统】数据库中创建采购订单状态表。

视频+素材 (光盘素材\第 11 章\例 11-4)

step 1 打开【客户管理系统】数据库，在【创建】选项卡的【表格】组中单击【表】按钮，创建【表1】数据表。

step 2 右击【表1】表，在弹出的菜单中选中【设计视图】命令。打开【另存为】对话框，在【表名称】文本框中输入【采购订单状态】，然后单击【确定】按钮。

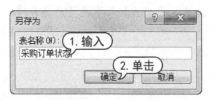

step 3 进入表的设计视图，然后按照下表所示进行表字段的设计。

字段名称	数据类型	字段宽度	是否主键
状态ID	数字	长整型	是
状态	文本	50	否

step 4 完成数据表字段的设置后，【设计视图】如下图所示。

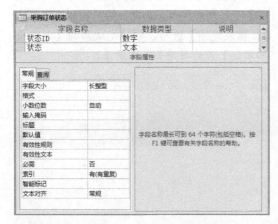

step 5 在快速访问工具栏中单击【保存】按钮保存数据表，然后切换到数据表视图，【采购订单状态】表的效果如下图所示。

4. 产品表

产品表用于记录公司经营的产品信息，例如产品的名称、简介等。

【例 11-5】在【客户管理系统】数据库中创建产品表。

视频+素材 (光盘素材\第 11 章\例 11-5)

step 1 打开【客户管理系统】数据库，在【创建】选项卡的【表格】组中单击【表】按钮，创建【表1】数据表。

step 2 右击【表1】表，在弹出的菜单中选中【设计视图】命令。打开【另存为】对话框，在【表名称】文本框中输入【产品】，然后单击【确定】按钮。

step 3 进入表的设计视图，然后按照下表所示进行表字段的设计。

字段名称	数据类型	字段宽度	是否主键
ID	自动编号	长整型	是
产品代码	文本	25	否
产品名称	文本	50	否
说明	备注	无	否
单价	货币	自动	否
单位数量	文本	50	否

step 4 完成数据表字段的设置后，【设计视图】如下图所示。

step⑤ 在快速访问工具栏中单击【保存】按钮保存数据表，然后切换到数据表视图，【产品】表的效果如下图所示。

5. 订单表

订单表中主要存储各订单的订货记录，例如订单 ID、订购日期、承运人等。

【例 11-6】 在【客户管理系统】数据库中创建【订单】表。

🎬视频+素材 (光盘素材\第 11 章\例 11-6)

step① 打开【客户管理系统】数据库，在【创建】选项卡的【表格】组中单击【表】按钮，创建【表 1】数据表。

step② 右击【表 1】表，在弹出的菜单中选中【设计视图】命令。打开【另存为】对话框，在【表名称】文本框中输入【订单】，然后单击【确定】按钮。

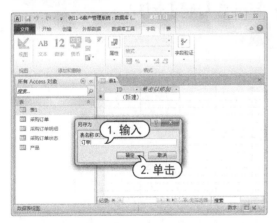

step③ 进入表的设计视图，然后按照右上表所示进行表字段的设计。

字段名称	数据类型	字段宽度	是否主键
订单 ID	数字	长整型	是
客户 ID	数字	长整型	否
订购日期	日期/时间	短日期	否
到货日期	日期/时间	短日期	否
发货日期	日期/时间	短日期	否
运货商 ID	数字	长整型	否
运货费	货币	自动	否
付款日期	日期/时间	短日期	否
付款额	货币	自动	否
付款方式	文本	50	否
状态 ID	数字	长整型	否
备注	备注	无	否

step④ 完成数据表字段的设置后，【设计视图】如下图所示。

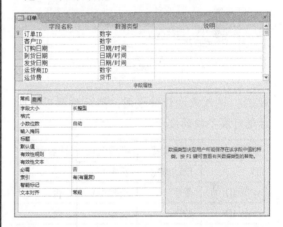

step⑤ 在快速访问工具栏中单击【保存】按钮保存数据表，然后切换到数据表视图，【订单】表的效果如下图所示。

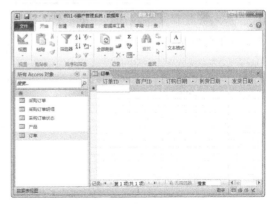

6. 订单明细表

订单明细表中主要存放关于特定订单的产品信息。因为一个订单中可以有多个产品，所以建立此明细表记录各个订单的产品、数量、单价等信息。

【例 11-7】在【客户管理系统】数据库中创建订单明细表。

视频+素材 (光盘素材第 11 章\例 11-7)

step 1 打开【客户管理系统】数据库，在【创建】选项卡的【表格】组中单击【表】按钮，创建【表1】数据表。

step 2 右击【表1】数据表，在弹出的菜单中选中【设计视图】命令。打开【另存为】对话框，在【表名称】文本框中输入【订单明细】，然后单击【确定】按钮。

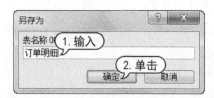

step 3 进入表的设计视图，然后按照下表所示进行表字段的设计。

字段名称	数据类型	字段宽度	是否主键
ID	自动编号	长整型	是
订单 ID	数字	长整型	否
产品 ID	数字	长整型	否
数量	数字	小数	否
单价	货币	自动	否
折扣	数字	双精度型	否

step 4 完成数据表字段的设置后，【设计视图】如下图所示。

step 5 在快速访问工具栏中单击【保存】按钮保存数据表，然后切换到数据表视图，【订单明细】表的效果如下图所示。

7. 订单状态表

订单状态表中记录公司各个订单的状态，用以表示该订单是新增的、已发货的还是已经完成并被关闭的。

【例 11-8】在【客户管理系统】数据库中创建订单状态表。

视频+素材 (光盘素材第 11 章\例 11-8)

step 1 打开【客户管理系统】数据库，在【创建】选项卡的【表格】组中单击【表】按钮，创建【表1】数据表。

step 2 右击【表1】数据表，在弹出的菜单中选中【设计视图】命令。打开【另存为】对话框，在【表名称】文本框中输入【订单状态】，然后单击【确定】按钮。

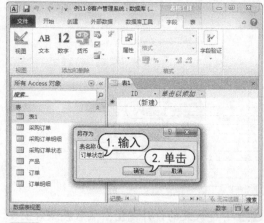

step 3 进入表的设计视图，然后按照下表所示进行表字段的设计。

字段名称	数据类型	字段宽度	是否主键
状态ID	数字	长整型	是
状态名	文本	50	否

step④ 完成数据表字段的设置后,【设计视图】如下图所示。

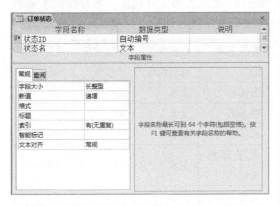

step⑤ 在快速访问工具栏中单击【保存】按钮保存数据表,然后切换到数据表视图,【订单状态】表的效果如下图所示。

8. 供货商表

供货商表中存放了公司上游的供应商信息,例如公司联系人姓名、电话等。

【例 11-9】在【客户管理系统】数据库中创建供货商表。

◎视频+素材 (光盘素材第 11 章例 11-9)

step① 打开【客户管理系统】数据库,在【创建】选项卡的【表格】组中单击【表】按钮,创建【表 1】数据表。

step② 右击【表 1】数据表,在弹出的菜单中

选中【设计视图】命令。打开【另存为】对话框,在【表名称】文本框中输入【供货商】,然后单击【确定】按钮。

step③ 进入表的设计视图,然后按照下表所示进行表字段的设计。

字段名称	数据类型	字段宽度	是否主键
ID	自动编号	长整型	是
公司	文本	50	否
联系人	文本	50	否
职务	文本	50	否
电子邮件地址	文本	50	否
业务电话	文本	25	否
住宅电话	文本	25	否
移动电话	文本	25	否
传真号	文本	25	否
地址	备注	无	否
城市	文本	50	否
省/市/自治区	文本	50	否
邮政编号	文本	15	否
国家/地区	文本	50	否
主页	超链接	无	否
备注	备注	无	否
附件	附件	无	否

step④ 完成数据表字段的设置后,【设计视图】如下图所示。

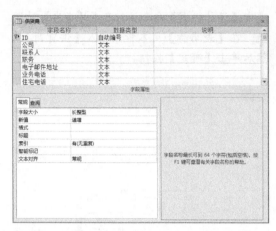

step 5 在快速访问工具栏中单击【保存】按钮保存数据表，然后切换到数据表视图，供货商表的效果如下图所示。

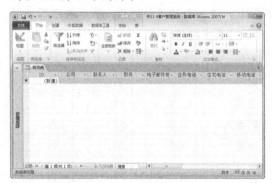

9. 客户表

客户表中存放了公司的客户信息，该表是实现客户资料管理的关键表。表中记录的内容有客户联系人姓名、电话、公司简介等。

【例 11-10】在【客户管理系统】数据库中创建客户表。

🔘 视频+素材 (光盘素材第 11 章例 11-10)

step 1 打开【客户管理系统】数据库，在【创建】选项卡的【表格】组中单击【表】按钮，创建【表 1】数据表。

step 2 右击【表 1】数据表，在弹出的菜单中选中【设计视图】命令。打开【另存为】对话框，在【表名称】文本框中输入【客户】，然后单击【确定】按钮。

step 3 进入表的设计视图，然后按照下表所示进行表字段的设计。

字段名称	数据类型	字段宽度	是否主键
ID	自动编号	长整型	是
公司	文本	50	否
联系人	文本	50	否
职务	文本	50	否
电子邮件地址	文本	50	否
业务电话	文本	25	否
住宅电话	文本	25	否
移动电话	文本	25	否
传真号	文本	25	否
地址	备注	无	否
城市	文本	50	否
省/市/自治区	文本	50	否
邮政编码	文本	15	否
国家/地区	文本	50	否
主页	超链接	无	否
备注	备注	无	否
附件	附件	无	否

step 4 完成数据表字段的设置后，【设计视图】如下图所示。

step 5 在快速访问工具栏中单击【保存】按钮保存数据表，然后切换到数据表视图，客户

表的效果如下图所示。

10. 用户密码表

用户密码表中主要存放系统管理员或系统用户的信息，它是实现用户登录模块的后台数据源。

【例 11-11】在【客户管理系统】数据库中创建用户密码表。

视频+素材 (光盘素材\第 11 章\例 11-11)

step 1　打开【客户管理系统】数据库，在【创建】选项卡的【表格】组中单击【表】按钮，创建【表1】数据表。

step 2　右击【表1】数据表，在弹出的菜单中选中【设计视图】命令。打开【另存为】对话框，在【表名称】文本框中输入【用户密码】，然后单击【确定】按钮。

step 3　进入表的设计视图，然后按照下表所示进行表字段的设计。

字段名称	数据类型	字段宽度	是否主键
用户 ID	自动编号	长整型	是
用户名	文本	20	否
密码	文本	20	否

step 4　完成数据表字段的设置后，【设计视图】如右上图所示。

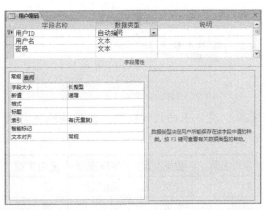

step 5　在快速访问工具栏中单击【保存】按钮保存数据表，然后切换到数据表视图，用户密码表的效果如下图所示。

11. 运货商表

运货商表中主要存放为公司承担货物运输的各个物流商的信息，例如物流公司名、联系人等。

【例 11-12】在【客户管理系统】数据库中创建运货商表。

视频+素材 (光盘素材\第 11 章\例 11-12)

step 1　打开【客户管理系统】数据库，在【创建】选项卡的【表格】组中单击【表】按钮，创建【表1】数据表。

step 2　右击【表1】数据表，在弹出的菜单中选中【设计视图】命令。打开【另存为】对话框，在【表名称】文本框中输入【运货商】，然后单击【确定】按钮。

step 3 进入表的设计视图，然后按照下表所示进行表字段的设计。

字段名称	数据类型	字段宽度	是否主键
ID	自动编号	长整型	是
公司	文本	50	否
联系人	文本	50	否
职务	文本	50	否
电子邮件地址	文本	50	否
业务电话	文本	25	否
住宅电话	文本	25	否
移动电话	文本	25	否
传真号	文本	25	否
地址	备注	无	否
城市	文本	50	否
省/市/自治区	文本	50	否
邮政编码	文本	15	否
国家/地区	文本	50	否
主页	超链接	无	否
备注	备注	无	否
附件	附件	无	否

step 4 完成数据表字段的设置后，【设计视图】如下图所示。

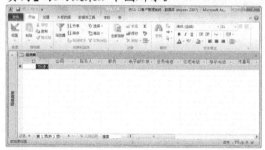

step 5 在快速访问工具栏中单击【保存】按

钮保存数据表，然后切换到数据表视图，【运货商】表的效果如下图所示。

11.2.3 设计数据表之间的关系

数据表中按主题存放了各种数据记录。在使用时，用户可以从各个数据表中提取出一定的字段进行操作。这就是关系型数据库的工作方式。

从各个数据表中提取数据时，应先设定数据表之间的关系，Access 支持灵活的关系建立方式。在【客户管理系统】数据库中完成数据表字段的设计后，需要建立各个表之间的表关系，下面将为创建的 11 个数据表设置数据表关系。

【例 11-13】在【客户管理系统】数据库中为数据表设计关系。

视频+素材 (光盘素材\第 11 章\例 11-13)

step 1 打开【客户管理系统】数据库后，选择【数据库工具】选项卡。

step 2 在【数据库工具】选项卡的【关系】组中单击【关系】按钮，进入数据的【关系】视图。

step ③　在【设计】选项卡的【关系】组中单击【显示表】按钮，打开【显示表】对话框。

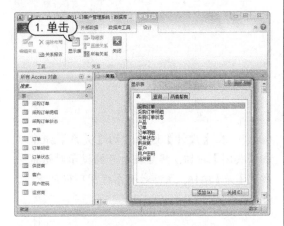

step ④　在【显示表】对话框中依次选择所有数据表，然后单击【添加】按钮，将所有数据表添加进【关系】视图。

step ⑤　在【显示表】对话框中单击【关闭】按钮，【关系】视图的效果如下图所示。

step ⑥　选择【采购订单】表中的【采购订单ID】字段，按下鼠标左键不放并将其拖动到【采购订单明细】表中的【采购订单ID】字段上，释放鼠标左键，打开【编辑关系】对话框。

step ⑦　在【编辑关系】对话框中选中【实施参照完整性】复选框，以保证在【采购订单明细】表中登记的【采购订单 ID】记录都存在于【采购订单】表中，单击【创建】按钮。

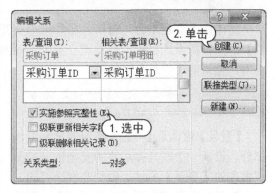

step ⑧　此时，将创建一个一对多关系，如下图所示。

step ⑨　重复以上操作，参照下表所示建立其余各表之间的表关系。

表　名	字段名	相关表名	字段名
采购订单状态	状态 ID	采购订单	状态 ID
产品	ID	采购订单明细	产品 ID
订单	订单 ID	订单明细	订单 ID
订单状态	状态 ID	订单	状态 ID
供应商	ID	采购订单	供应商 ID
客户	ID	订单	客户 ID
运货商	ID	订单	运货商 ID

step 10 完成以上操作后，用户可以在表的【关系】视图中看到所有的关联关系。

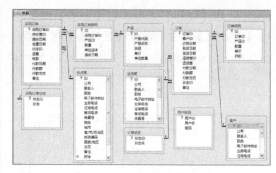

step 11 在【设计】选项卡的【关系】组中单击【关闭】按钮，然后在打开的提示对话框中单击【是】按钮，保存对关系视图所做的更改。

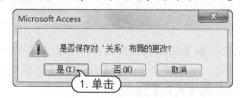

11.3　窗体的实现

窗体作为交互平台、窗口，在与用户交互的过程中发挥着重要的作用。在【客户管理系统】中，根据设计目标，需要建立多个不同的窗体，例如实现导航功能的【主页】窗体，实现用户登录的【登录】窗体等。

11.3.1 设计【登录】窗体

【登录】窗体是【登录】模块的重要组成部分。设计一个既具有足够的安全性，又美观大方的【登录】窗体，也是非常必要的。

下面将参照下表所示的各项参数，设计【登录】窗体。

类　型	名　称	标　题
标签	用户名	用户名：
标签	密码	密码：
文本框	UserName	
文本框	Password	
按钮	OK	确定：
按钮	Cancel	取消：

【例 11-14】在【客户管理系统】数据库中创建【登录】窗体。

● 视频+素材 (光盘素材\第 11 章例 11-14)

step 1 打开【客户管理系统】数据库后，选择【创建】选项卡，在【窗体】组中单击【窗体设计】按钮，创建一个新的窗体并进入如下图所示的窗体设计视图。

step 2 设置窗体的大小，在窗口右侧的【属性表】窗格的【格式】选项卡中设置窗体的【宽度】为【12cm】，选中【主体】区域，设置【主

体】的【高度】为【7cm】。

step 3　在【控件】组中单击【矩形】控件按钮，按下鼠标左键，从【主体】的最左上角向右下方绘制一个矩形，然后在【属性表】窗格中设置该矩形的宽度为【12cm】、背景色为【橙色】，如下图所示。

step 4　完成以上设置后，【用户登录】窗体在【窗体视图】中的效果如下图所示。

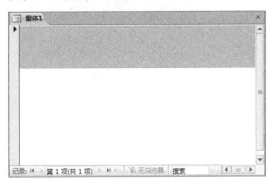

step 5　在【主体】区域右击鼠标，在弹出的菜单中选择【填充/背景色】命令，在打开的色块中选择一种颜色作为背景色。

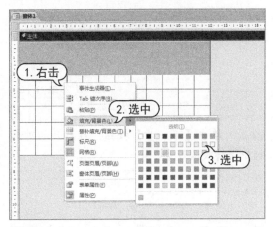

step 6　在【控件】组中单击【组合框】控件，在【主体】区域单击，打开【组合框向导】对话框，单击【下一步】按钮。

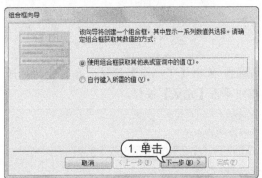

step 7　在打开的对话框中选中【表：用户密码】选项后，单击【下一步】按钮。

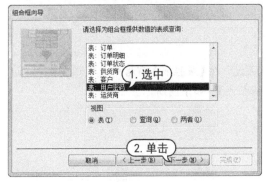

step 8　在打开的对话框的【可用字段】列表框中选中【用户 ID】和【用户名】字段，单击，将其添加至【选定字段】列表框中。

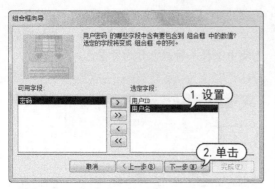

step 9 单击【下一步】按钮，在打开的对话框中保持默认设置。

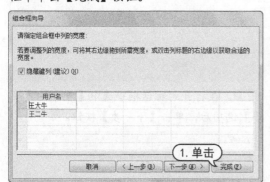

step 10 单击【下一步】按钮，在打开的对话框中单击【完成】按钮。

step 11 在【属性表】窗格中设置组合框的【边框颜色】，如下图所示。

step 12 调整组合框的布局，设置其中的文本大小，完成后在窗体视图中效果如下图所示。

step 13 使用同样的方法添加文本框控件和两个按钮控件，其属性参照下表所示。

类　　型	名　　称	标　　题
标签	1bl1	用户名：
标签	1bl2	密码：
标签	1bl3	客户管理系统-登录
列表框	Username	
文本框	Password	
按钮	OK	确定
按钮	Cancle	取消
矩形框	Box1	

step 14 在快速访问工具栏中单击【保存】按钮，保存设计的窗体，完成【用户登录】窗体的创建，最终效果如下图所示。

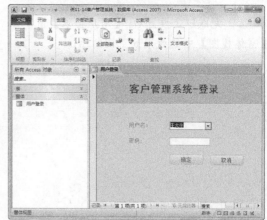

11.3.2 设计【登录背景】窗体

为了在用户登录时，既能阻止用户看到数据库中的任何数据，又可以增强程序的美观性，要给登录窗口添加登录背景。当用户进入系统时，先弹出登录背景窗体，只有完成登录后才能关闭该窗体。

【例 11-15】在【客户管理系统】数据库中创建【登录背景】窗体。

视频+素材 (光盘素材\第 11 章\例 11-15)

step 1 打开【客户管理系统】数据库，在【创建】选项卡的【窗体】组中单击【窗体设计】按钮，新建一个宽度为【25cm】、主题区域高度为【16cm】的窗体，如下图所示。

step 2 设置窗体的背景色，在【属性表】窗格中设置窗体的背景色为【#000000】。

step 3 在快速访问工具栏中单击【保存】按钮，保存窗体。

11.3.3 设计【主页】窗体

【主页】窗体是整个客户管理系统的入口，它的主要功能是导航。客户管理系统中各个功能模块在该导航窗体中都建立了链接，当用户点击该窗体中的链接时，即可进入相应的功能模块。

【例 11-16】在【客户管理系统】数据库中创建【主页】窗体。

视频+素材 (光盘素材\第 11 章\例 11-16)

step 1 打开【客户管理系统】数据库，在【创建】选项卡的【窗体】组中单击【窗体设计】按钮，新建一个宽度为【14cm】、主体区域高度为【7.5cm】、窗体页眉区域的高度为【1.9cm】的空白窗体，如下图所示。

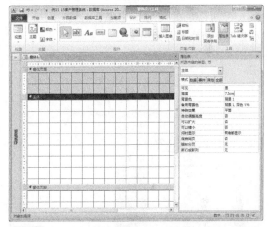

step 2 设置页眉区域，添加窗体的标题为【客户管理系统】，并为【窗体页眉】区域添加背景图片和徽标，设置主体区域的背景色。

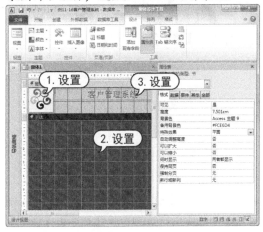

step ③ 添加矩形框 box1，作为放置导航按钮的区域(矩形框的大小由用户自行设置，背景色为白色)。

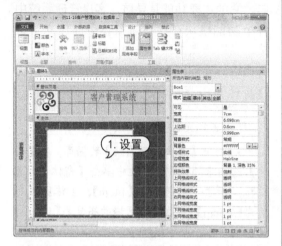

step ④ 向绘制的矩形框中添加命令按钮，以实现各个功能的导航作用。

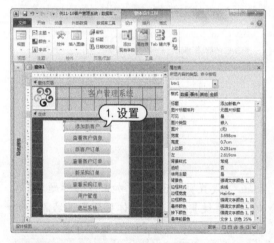

step ⑤ 在【属性表】窗格中设置命令按钮的背景样式为【透明】。

step ⑥ 完成以上设置后，导航页面的效果如下图所示。在快速访问工具栏中单击【保存】

按钮，保存【主页】窗体。

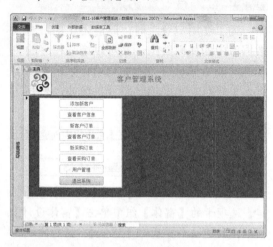

11.3.4 设计【添加客户信息】窗体

【添加客户信息】窗体可以实现客户资料的输入操作。可以【客户】表为数据源，建立【添加客户信息】窗体，并将该窗体设置为弹出式窗体。

【例 11-17】在【客户管理系统】数据库中创建【添加客户信息】窗体。

🎬 视频+素材 (光盘素材\第 11 章\例 11-17)

step ① 打开【客户管理系统】数据库，选择【创建】选项卡，在【窗体】组中单击【窗体向导】按钮。

step ② 打开【窗体向导】对话框，在【表/查询】下拉列表框中选中【表：客户】选项，将【可用字段】列表框中的所有字段添加到右侧的【选定字段】列表框中，如下图所示。

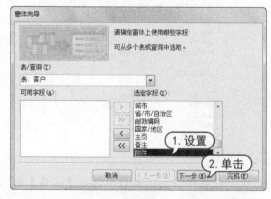

step ③ 单击【下一步】按钮，选中【纵栏表】

单选按钮。

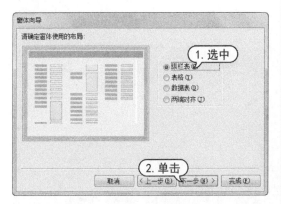

step 4 单击【下一步】按钮，在【请为窗体指定标题】文本框中输入【添加客户信息】，选中【打开窗体查看或输入信息】单选按钮。

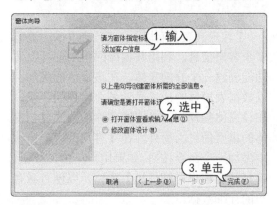

step 5 单击【完成】按钮，完成窗体的创建，效果如下图所示。

step 6 在窗体中右击鼠标，在弹出的菜单中选中【设计视图】命令，进入窗体的【设计视图】，如右上图所示。

step 6 在【设计视图】中对自动生成的窗体做进一步修改，并重新调整窗体中各个文本框的尺寸，如下图所示。

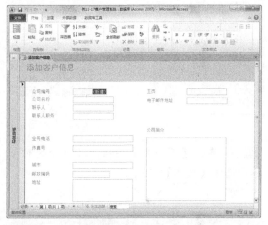

step 7 在快速访问工具栏中单击【保存】按钮，保存【添加客户信息】窗体。

11.3.5　设计【客户详细信息】窗体

　　【客户详细信息】窗体与【添加客户信息】窗体的设计方法相似，区别是前者主要用于查看信息，而后者主要用于添加信息。

【例 11-18】 在【客户管理系统】数据库中创建【客户详细信息】窗体。

视频+素材 (光盘素材第 11 章例 11-18)

step 1 打开【客户管理系统】数据库，在导航窗格中右击【添加客户信息】窗体，在弹出的菜单中选中【复制】命令。

step 2 在导航窗格的空白处右击鼠标，在弹出的菜单中选中【粘贴】命令，打开【粘贴为】

对话框，在【窗体名称】文本框中输入【客户详细信息】，然后单击【确定】按钮。

step 3 打开【客户详细信息】窗体，进入【设计视图】。选择【设计】选项卡，在窗体底部添加一个按钮，在打开的【命令按钮导航】对话框的【类别】列表框中选中【记录导航】选项，在【操作】列表框中选中【转至第一项记录】选项。

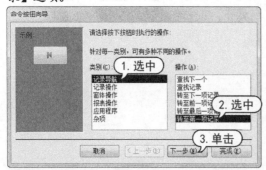

step 4 单击【下一步】按钮，在打开的对话框中选中【文本】单选按钮。

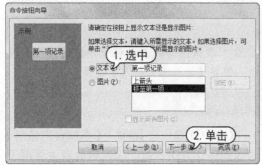

step 5 单击【完成】按钮，在窗体中添加如下图所示的【第一项记录】按钮。

step 6 使用同样的方法，在窗体中添加【前一项记录】、【下一项记录】和【最后一项记录】

按钮，如下图所示。

11.3.6 设计【客户列表】窗体

　　【客户列表】窗体用于在一个页面中查看多个客户信息。利用数据库的自动创建窗体功能创建一个分割窗体。在该窗体的底部，以数据表窗体的形式显示各个客户的记录；在该窗体的顶部，以普通窗体的形式显示窗体的重要信息。另外，在【客户列表】窗体中添加一个命令按钮，如果用户单击该按钮，将打开【客户详细信息】窗体，以便查看客户的详细数据。

【例 11-19】在【客户管理系统】数据库中创建【客户列表】窗体。

视频+素材 (光盘素材第 11 章\例 11-19)

step 1 打开【客户管理系统】数据库，在导航窗格中双击打开【客户】表。

step 2 选择【创建】选项卡，在【窗体】组中单击【其他窗体】下拉列表按钮，在弹出的下拉列表中选择【分割窗体】选项。

step 3 此时，软件将自动根据【客户】表创建一个如下图所示的窗体。

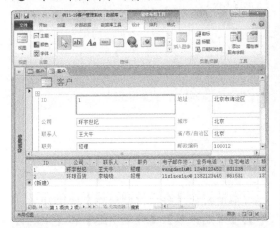

step 4 切换至窗体的【设计视图】，对窗体的布局与设计进行修改，删除窗体中的一部分字段，如下图所示。

step 5 在快速访问工具栏中单击【保存】按钮，将创建的窗体以【客户列表】为名保存。

11.3.7 设计【添加客户订单】窗体

下面将使用 Access 的自动创建窗体功能，以【订单】表为数据源创建【添加客户订单】窗体。

【例 11-20】在【客户管理系统】数据库中创建【添加客户订单】窗体。
🎬 视频+素材（光盘素材第 11 章例 11-20）

step 1 打开【客户管理系统】数据库后，在导航窗格中双击打开【订单】表。

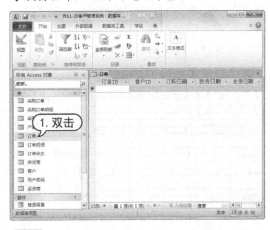

step 2 选择【创建】选项卡，在【窗体】组中单击【窗体】按钮，创建一个包含子数据表的窗体，如下图所示。

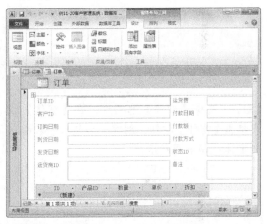

step 3 切换至窗体的【设计视图】，对自动生成的窗体格式进行设置，如下图所示。

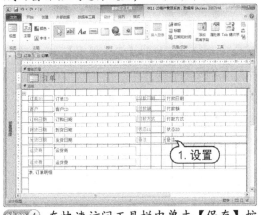

step 4 在快速访问工具栏中单击【保存】按钮，将窗体以【添加客户订单】为名保存。

11.3.8 设计【添加采购订单】窗体

下面使用与创建【添加客户订单】窗体一样的方法，在【客户管理系统】数据库中创建【添加采购订单】窗体。

【例11-21】在【客户管理系统】数据库中创建【添加采购订单】窗体。

📀 视频+素材 (光盘素材\第 11 章\例 11-21)

step 1 打开【客户管理系统】数据库后，在导航窗格中双击打开【采购订单】表。

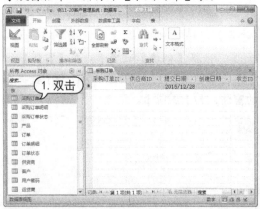

step 2 选择【创建】选项卡，在【窗体】组中单击【窗体】按钮，创建一个包含子数据表的窗体，如下图所示。

step 3 切换至窗体的【设计视图】，对自动生成的窗体格式进行设置，如下图所示。

step 4 在快速访问工具栏中单击【保存】按钮，将窗体以【添加采购订单】为名保存。

11.3.9 创建数据表窗体

本节将在【客户管理系统】中创建【订单】、【采购订单】、【订单明细】和【采购订单明细】4 个数据表窗体，以作为其他窗体的子窗体(这些窗体的创建步骤类似)。

【例11-22】在【客户管理系统】数据库中创建数据表窗体。

📀 视频+素材 (光盘素材\第 11 章\例 11-22)

step 1 打开【客户管理系统】数据库，在导航窗格中打开【订单】表，选择【创建】选项卡，在【窗体】组中单击【其他窗体】选项，在弹出的下拉列表中选中【数据表】选项。

step 2 此时，将创建一个数据表窗体，在快速访问工具栏中单击【保存】按钮，将该窗体以【订单】为名保存。

step 3 使用同样的方法，创建【采购订单】数据表窗体，如下图所示。

step 4 创建【订单明细】数据表窗体，如下图所示。

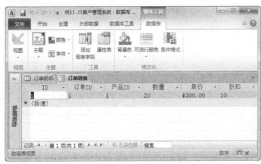

step 5 创建【采购订单明细】数据表窗体，如下图所示。

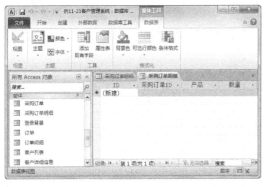

11.3.10 设计【客户订单】窗体

下面利用拖动窗体和字段的方法，设计【客户订单】窗体，该窗体主要用于查看客户的主要信息及相关订单。

【例 11-23】在【客户管理系统】数据库中创建【客户订单】窗体。

视频+素材 (光盘素材第 11 章\例 11-23)

step 1 打开【客户管理系统】数据库，选择【创建】选项卡，在【窗体】组中单击【空白窗体】按钮，创建一个空白窗体。

step 2 选择【设计】选项卡，在【工具】组中单击【添加现有字段】按钮，打开【字段列表框】窗格。

step 3 在【字段列表】窗格中单击【显示所有表】选项，显示所有数据表。

step 4 将【字段列表】窗格中【客户】表中的选定字段拖动到空白窗体中，创建如下图所示的窗体。

step 5 进入窗体的【设计视图】，将导航窗格中的【订单】窗体拖动到窗体中，为窗体添加子窗体，并调整窗体的布局。

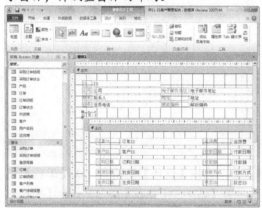

step 6 选中子窗体，在【属性表】窗格的【数据】选项卡中单击【链接主字段】行右侧的省略号按钮。

step 7 打开【子窗体字段链接器】对话框，在该对话框中设置链接字段，单击【确定】按钮，完成设置。

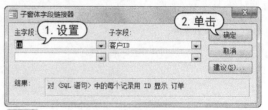

step 7 设置链接主/次字段后，就完成了完整子窗体的建立，如下图所示。

step 8 下面添加嵌入到子窗体的二级子窗体【订单明细】。将导航窗格中的【订单明细】窗体拖动到【订单】子窗体中，并用相同的方法设置链接主/次字段。

step 9 切换至【设计视图】，在【设计】选项卡的【页眉/页脚】组中单击【徽标】按钮，在打开的对话框中选中徽标图片文件。

step 10　单击【确定】按钮，在窗体的页眉部分插入如下图所示的徽标图像。

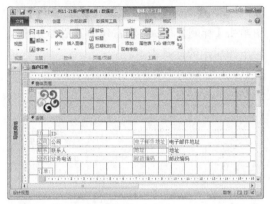

step 11　在【设计】选项卡的【页眉/页脚】组中单击【标题】按钮，在窗体的页眉部分插入如下图所示的标题文本。

1.设置

step 12　打开【属性表】窗格，在【格式】选项卡中为窗体的主体部分设置背景色为【浅色文本】。

属性表		✕
所选内容的类型：节		
主体		▼
格式 数据 事件 其他 全部		
可见	是	
高度	11.51c	1.设置
背景色	浅色文本	▼ ...
备用背景色	背景 1, 深色 5%	
特殊效果	平面	
自动调整高度	是	
可以扩大	是	
可以缩小	否	
何时显示	两者都显示	
保持同页	否	
强制分页	无	
新行或新列	无	

step 13　在快速访问工具栏中单击【保存】按钮，将窗体以【客户订单】为名保存。

11.3.11　设计【公司采购订单】窗体

下面将创建【公司采购订单】窗体。该窗体的主窗体中以【供应商】表为数据源，将【采购订单】作为一级子窗体，将【采购订单明细】作为二级子窗体。

【例 11-24】在【客户管理系统】数据库中创建【公司采购订单】窗体。

视频+素材 (光盘素材第 11 章例 11-24)

step 1　打开【客户管理系统】数据库，选择【创建】选项卡，在【窗体】组中单击【空白窗体】按钮，创建一个空白窗体。

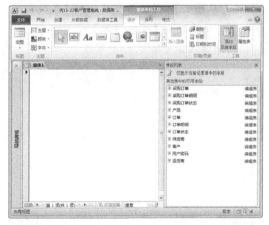

step 2　将【字段列表】窗格中【供货商】表中的选定字段拖动到空白窗体中，创建窗体。

step 3　进入窗体的【设计视图】，将导航窗格中的【采购订单】窗体拖动到窗体中，为窗体添加子窗体，并调整窗体的布局。

step 4 选中子窗体, 在【属性表】窗格的【数据】选项卡中单击【链接主字段】行右侧的省略号按钮 。

step 5 打开【子窗体字段链接器】对话框, 在该对话框中设置链接字段, 单击【确定】按钮, 完成设置。

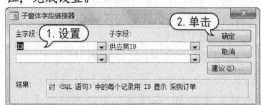

step 6 下面添加嵌入到子窗体的二级子窗体【采购订单明细】。将导航窗格中的【采购订单明细】窗体拖动到【采购订单】子窗体中, 并用相同的方法设置链接主/次字段。

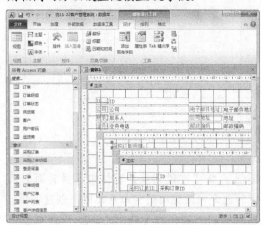

step 7 在【设计】选项卡的【页眉/页脚】组中单击【徽标】按钮, 在打开的对话框中选中徽标图片文件。

step 8 单击【确定】按钮, 在窗体的页眉部分插入徽标图像。

step 9 在【设计】选项卡的【页眉/页脚】组中单击【标题】按钮, 在窗体的页眉部分插入如下图所示的标题文本。

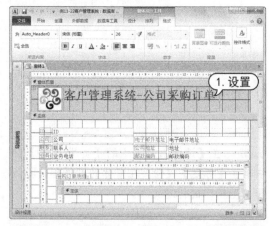

step 10 打开【属性表】窗格, 在【格式】选项卡中为窗体的主体部分设置背景色为【浅色文本】。

step 11 在快速访问工具栏中单击【保存】按钮, 将窗体以【公司采购订单】为名保存。

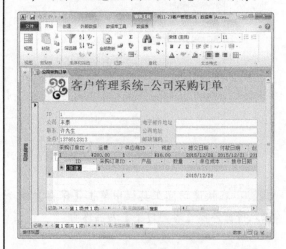

11.4　创建查询

为了方便用户工作，还需为客户管理系统设计两种查询，以实现输入参数后进行查询的操作。查询就是以数据库中的数据为数据源，根据给定的条件从指定的表或查询中检索出用户要求的数据，形成一个新的数据集合。本节将设计按照时间进行查询的【客户订单】查询，同时还要设计一种按照订单状态进行查询的【新增状态订单】查询。

11.4.1　客户订单查询

通过设置【客户订单】查询，用户可以查询某时间段内的客户订单情况。

【例 11-25】在【客户管理系统】数据库中创建【客户订单】查询。

视频+素材 (光盘素材\第 11 章\例 11-25)

step 1 打开【客户管理系统】数据库，选择【创建】选项卡，在【查询】组中单击【查询设计】按钮。

step 2 此时，系统进入【设计视图】，打开【显示表】对话框。

step 3 在【显示表】对话框中选择【订单】表，然后单击【添加】按钮，将该表添加到查询【设计视图】中。

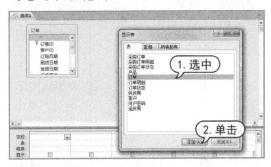

step 4 在【显示表】对话框中选择【订单明细】表，然后单击【添加】按钮，再单击【关闭】按钮，将【订单明细】表也添加进【设计视图】。

step 5 向查询设计网格中添加字段，将【订单】表中的【订单 ID】、【订购日期】等字段添加到【字段】行中。

step 6 在【订购日期】的【条件】行中输入如下查询条件：

Between [forms]![订单查询]![开始日期] And [Forms]![订单查询]![结束日期]

step 7 使用同样的方法，依次向网格中添加下表所示的字段。

字段	表	排序	条 件
订单 ID	订单	无	
客户 ID	订单	无	
产品 ID	订单明细	无	
产品 ID	订单	升序	Between [forms]![订单查询]![开始日期] And [Forms]![订单查询]![结束日期]
发货日期	订单	无	
状态 ID	订单	无	

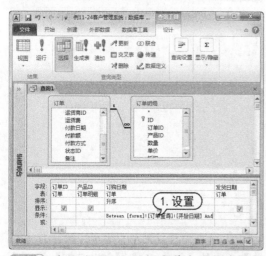

step 8 在快速访问工具栏中单击【保存】按钮，将查询保存为【客户订单】，这样就完成了能够查询员工订单信息的查询的创建。在导航窗格中双击执行【客户订单】查询，可以弹出要求用户【输入参数值】的对话框，如右上图所示。

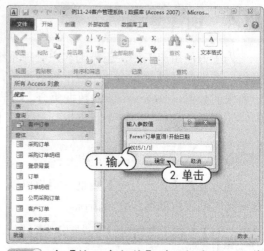

step 9 在【输入参数值】对话框中输入订单查询的开始日期，然后单击【确定】按钮，将打开第二个对话框，提示用户输入查询订单的结束日期。

step 10 输入订单查询的结束日期后，单击【确定】按钮，即可实现客户订单情况查询。

11.4.2 新增状态订单查询

下面将在【客户管理系统】中创建【新增状态订单】查询。

【例 11-26】在【客户管理系统】数据库中创建【新增状态订单】查询。

视频+素材 (光盘素材\第 11 章\例 11-26)

step 1 打开【客户管理系统】数据库，选择【创建】选项卡，在【查询】组中单击【查询设计】按钮。

step 2 打开【显示表】对话框，选中【订单】

和【订单明细】选项后，单击【添加】按钮，再单击【关闭】按钮。。

step ③　参考下表所示，依次向网格中添加下表所示的字段，并设置排序和条件。

字段	表	排序	条　件
订单ID	订单	无	
客户ID	订单	无	
产品ID	订单明细	无	
数量	订单明细	无	
单价	订单明细	无	
订购日期	订单	升序	
状态ID	订单	无	0

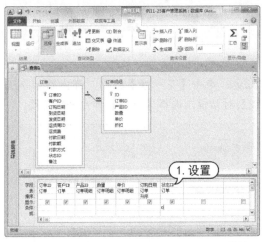

step ④　在快速访问工具栏中单击【保存】按钮，将查询保存为【新增状态订单】查询。

step ⑤　在导航窗格中双击执行【新增状态订单】查询，可以得到该查询的执行结果。

11.4.3　【主页】窗体绑定查询

下面将把创建的【新增状态订单】查询添加到【主页】窗体中。这样在每次登录该系统时，都能看到处于新增状态的订单，以便用户快速对该状态的订单进行处理。

【例 11-27】在【客户管理系统】数据库设置【主页】窗体绑定查询。

🔴视频+素材 (光盘素材第 11 章\例 11-27)

step ①　打开【客户管理系统】数据库后，进入【主页】窗体的【设计视图】。

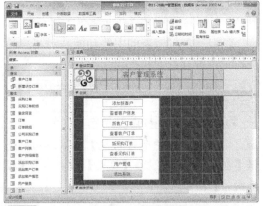

step ②　将导航窗格中的【新增状态订单】查询拖动至【主页】窗体中，打开【子窗体向导】对话框。

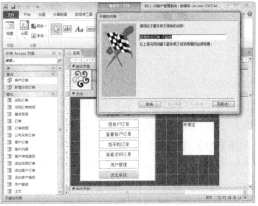

step 3 在【子窗体向导】对话框中输入【新增状态订单子窗体】后，单击【完成】按钮。

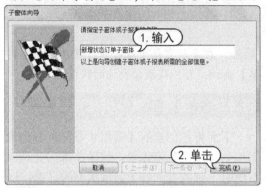

step 4 调整子窗体的布局，创建如右上图所示的子窗体。

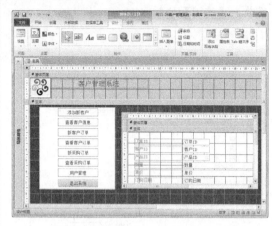

11.5 报表的实现

Access 2010 提供了很强大的报表功能，通过软件的报表向导，可以实现很多复杂报表的显示和打印。下面将建立两个报表，分别实现对客户资料、客户订单两个报表的创建。

11.5.1 创建【客户资料】报表

【客户资料】报表的主要功能是对客户的资料记录进行查询和打印。

【例 11-28】在【客户管理系统】数据库中创建【客户资料】报表。

视频+素材 (光盘素材第 11 章例 11-28)

step 1 打开【客户管理系统】数据库后，选择【创建】选项卡，在【报表】组中单击【报表向导】按钮。

step 2 打开【报表向导】对话框，在【表/查询】下拉列表框中选中【表：客户】选项，然后将【ID】、【公司】、【联系人】、【职务】、【电子邮件地址】、【传真号】、【地址】、【城市】和【邮政编码】等字段添加到【选定字段】列表框中。

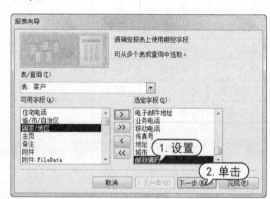

step 3 单击【下一步】按钮，弹出添加分组级别对话框，选择【公司】作为分组字段。

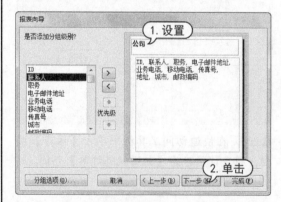

step④ 单击【下一步】按钮，打开选择排序字段对话框，选择通过 ID 排序，排序方式为【升序】，如下图所示。

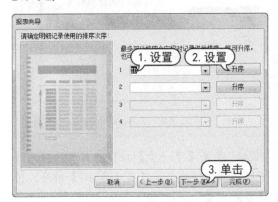

step⑤ 单击【下一步】按钮，打开选择布局方式对话框，选中【递阶】单选按钮，方向为【横向】，如下图所示。

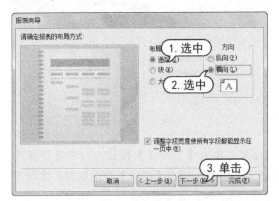

step⑥ 单击【下一步】按钮，输入标题为【客户资料报表】，并选中【预览报表】单选按钮。

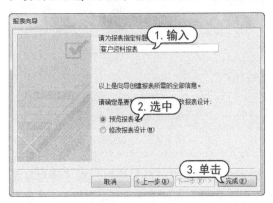

step⑦ 单击【完成】按钮，这样就创建了一个【客户资料报表】。

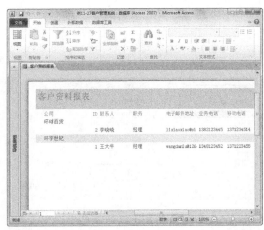

step⑧ 进入报表的【设计视图】，对以上用向导自动生成的报表进行适当调整，例如设置标题格式、页脚内容等。

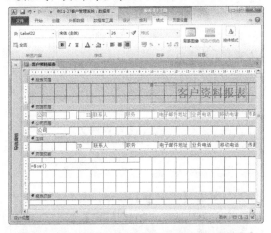

11.5.2 创建【客户订单】报表

【客户订单】报表的主要功能是对客户的订单记录进行查询和打印。

【例 11-29】在【客户管理系统】数据库中创建【客户订单】报表。

视频+素材 (光盘素材第 11 章\例 11-29)

step① 打开【客户管理系统】数据库后，选择【创建】选项卡，在【报表】组中单击【报表向导】按钮。

step② 打开【报表向导】对话框，在【表/查询】下拉列表框中选中【表：订单】选项，然后将【订单 ID】、【客户 ID】、【订购日期】和【运货商 ID】等字段添加到【选定字段】列表框中。

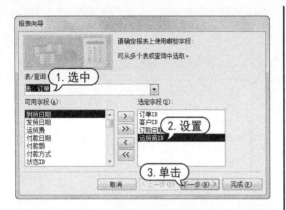

step 3 在【表/查询】下拉列表框中选中【表：订单明细】选项，然后将【产品 ID】、【数量】和【单价】字段添加到【选定字段】列表框中。

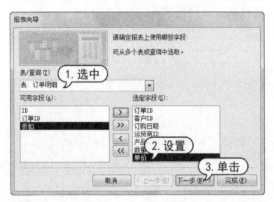

step 4 单击【下一步】按钮，打开确定查看数据的方式对话框，这里选择【通过 订单】选项。

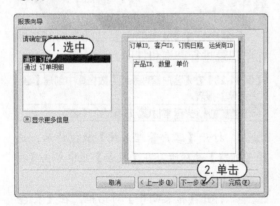

step 5 单击【下一步】按钮，弹出添加分组级别对话框，选择【订单 ID】字段作为分组字段。

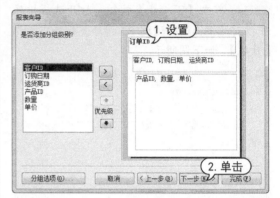

step 6 单击【下一步】按钮，打开选择排序字段对话框，选择通过【产品 ID】排序，排序方式为【升序】，如下图所示。

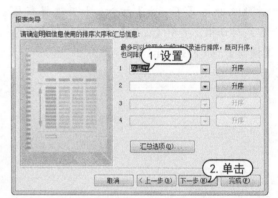

step 7 单击【下一步】按钮，打开选择布局方式对话框，选中【递阶】单选按钮，方向为【横向】，如下图所示。

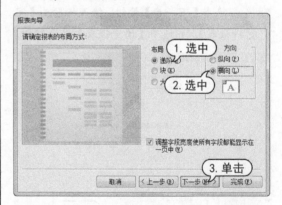

step 8 单击【下一步】按钮，在【请为报表指定标题：】文本框中输入标题【客户订单表】，并选中【预览报表】单选按钮。

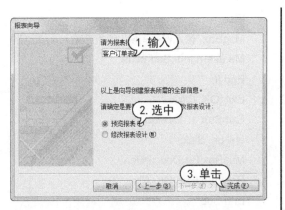

step⑨ 单击【完成】按钮，这样就创建了一个【客户订单报表】。进入报表的【设计视图】，

对以上用向导自动生成的报表进行适当调整。

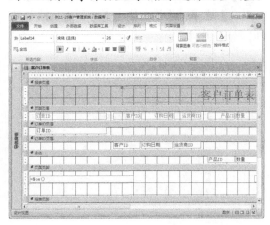

11.6　编码的实现

前面各节中创建的查询、窗体、报表都是孤立和静态的。本节将为各个窗体和查询创建链接，从而实现各自的查询。

11.6.1 【登录】窗体代码

【登录】模块是所有系统程序的基本模块。下面将为【客户管理系统】增加登录模块代码，以实现用户登录功能。

【例 11-30】在【用户登录】窗体中为 OK 按钮控件添加【单击】事件过程。

视频+素材（光盘素材\第 11 章\例 11-30）

step① 打开【客户管理系统】数据库后，打开【用户登录】窗体。

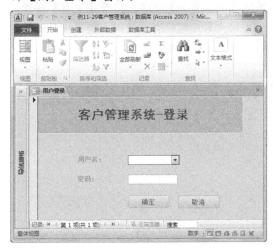

step② 【用户登录】窗体中各个控件的名称

和参数如下表所示。

类　型	名　称	标　题
标签	用户名	用户名：
标签	密码	密码：
文本框	Username	
文本框	Password	
按钮	OK	确定
按钮	Cancle	取消

step③ 切换至窗体的【设计视图】，单击【确定】按钮，选中 OK 按钮控件。

step④ 在【属性表】窗格中为 OK 按钮控件添加【单击】事件过程。在【属性表】窗格中

选中【事件】选项卡，在【单击】行中选择【事件过程】选项，并单击该选项右侧的省略号按钮，如下图所示。

step 5 进入 VBA 编辑器，自动创建一个名为 OK_Click()的 sub 过程。

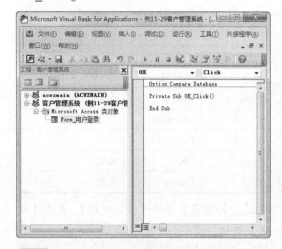

step 6 在【代码】窗口中输入以下 VBA 代码，给按钮控件添加【单击】事件过程：

```
Private Sub OK_Click()
On Error GoTo err_ok_click
If Nz([Password]) = Nz(DLookup("[密码]", "用户密码", "[用户名]=" & """ & username & """)) And Me.username <> "" Then
    Me.Visible = False
    DoCmd.Close acForm, "登录背景", acSaveYes
    DoCmd.OpenForm "主页"
```

```
Else
    MsgBox "输入密码有误，请重新输入",,"出错"
    Me.username.SetFocus
End If
Exit_OK_Click:
Exit Sub
err_ok_click:
MsgBox Err.Description
Resume Exit_OK_Click
End Sub
```

step 7 保存 VBS 代码，即可给 OK 按钮控件增加【单击】事件过程。此时，【代码】窗口如下图所示。

step 8 以上【单击】事件过程的作用，是当用户单击【确定】按钮时，系统自动检查输入的 Password 文本框中的值，并将该值和【用户密码】表中的值进行比较。如果用户名和密码都存在，则登录成功，隐藏【登录】窗体，关闭【登录背景】窗体，打开【主页】窗体；如果用户名或密码存在错误，则弹出对话框，提示登录过程出错。

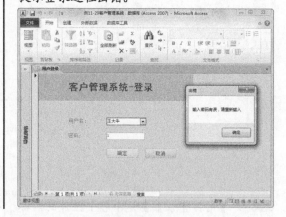

【例 11-31】在【用户登录】窗体中为 Cancle 按钮添加【单击】事件过程。

视频+素材 (光盘素材\第 11 章\例 11-31)

step 1 打开【客户管理系统】数据库后，打开【用户登录】窗体。

step 2 选中 Cancel 按钮控件，在【属性表】窗格中为 Cancel 按钮控件添加【单击】事件过程。选择【事件】选项卡，在【单击】行中选择【事件过程】选项，并单击该选项右侧的省略号按钮。

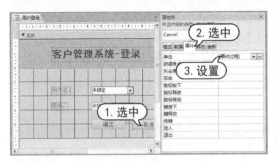

step 3 进入 VBA 编辑器，并自动新建一个名为 Cancel_Click() 的 Sub 过程。

step 4 在【代码】窗口中输入以下 VBA 代码，给按钮控件添加【单击】事件过程：

```
Private Sub Cancel_Click()
On Error GoTo err_cancel_click
DoCmd.Close
Quit
exit_cancel_click:
Exit Sub


err_cancel_click:
MsgBox Err.Description
Resume exit_cancel_click
```

End Sub

step 5 保存 VBS 代码，即可给 Cancel 按钮控件增加【单击】事件过程。此时【代码】窗口如下图所示。

step 6 以上【单击】事件过程的作用是在用户单击【取消】按钮时，系统关闭【用户登录】窗体，并退出数据库。

11.6.2 【登录背景】窗体代码

本节将为【登录背景】窗体编写代码，因为登录背景的主要功能是在用户登录之前保护数据，所以只要添加一行代码，将该窗体在打开时最大化即可。

【例 11-32】在【登录背景】窗体中编写代码，使其在打开时最大化显示。

视频+素材 (光盘素材第 11 章\例 11-32)

step 1 打开【客户管理系统】数据库后，打开【登录背景】窗体。

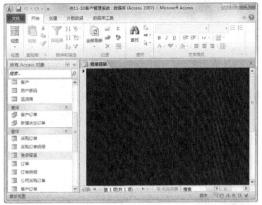

step 2 切换至【设计视图】后，打开【属性表】窗格，选择【事件】选项卡，在【加载】行中选择【事件过程】选项。

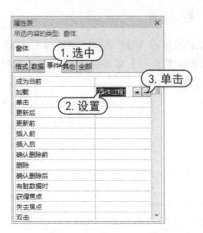

step 3 单击【事件过程】选项后的省略号按钮，打开 VBA 编辑器，在编辑器的【代码】窗口中输入以下代码：

```
Private Sub Form_Load()
DoCmd.Maximize
End Sub
```

step 4 此时，【代码】窗口如下图所示。

11.6.3 【主页】窗体代码

　　在本章前面的内容中，建立了【主页】窗体，但没有设置窗体中的各个控件。下面将为窗体添加各种按钮事件。

【例 11-33】在【主页】窗体中为各个按钮添加事件过程。

视频+素材（光盘素材\第 11 章\例 11-33）

step 1 启动【客户管理系统】数据库后，打开【主页】窗体。

step 2 切换至【设计视图】，选中【添加新客户】按钮。

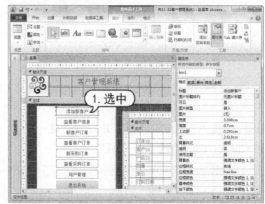

step 3 在【属性表】窗格的【事件】选项卡中单击【单击】行右侧的省略号，打开【选择生成器】对话框。

step 4 在【选择生成器】对话框中选中【宏生成器】选项后，单击【确定】按钮。

step 5　进入【宏生成器】，在第一行的【操作】栏中选择 OpenForm 选项。

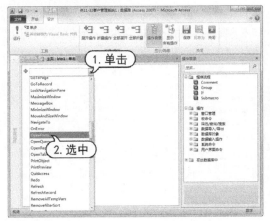

step 6　在【操作参数】区域选择要打开的窗体为【添加客户信息】，【当条件】为【1=0】(这里设置【1=0】条件，作用是由该表达式返回一个 False 值，记录自动指向最后一条空白记录，用于新添加记录)。

step 7　关闭【宏生成器】，在【属性表】窗格中可以看到有【嵌入的宏】提示。

step 8　返回【主页】的【窗体视图】，单击【添加新客户】按钮，即可打开如下图所示的窗体。

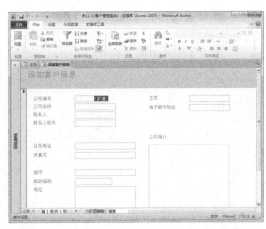

step 9　使用同样的方法，为【主页】窗体中的其他按钮添加【嵌入的宏】，用于分别打开相应的窗体。

11.6.4　【添加客户信息】窗体代码

在【添加客户信息】窗体中，用户输入了客户的信息，要进行保存。虽然在输入过程中，数据自动保存到了数据表中，但是如果新用户不了解 Access 的这种工作流程，就很容产生困惑。

下面将为【添加客户信息】窗体添加一个【保存并新建】按钮，并为该按钮添加一个嵌入式宏，用于保存窗体中的数据，同时接受输入新的客户资料。

【例 11-34】在【添加客户信息】窗体中添加【保存并新建】按钮，并为该按钮添加相应的嵌入式宏。

视频+素材 (光盘素材\第 11 章\例 11-34)

step 1　启动【客户管理系统】数据库后，打开【添加客户信息】窗体。

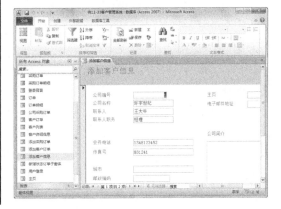

step ② 切换至窗体的【设计视图】，使用【控件】组中的命令按钮，为窗体添加一个命令按钮，标题为【保存并新建】。

step ③ 选中创建的按钮控件，在【属性表】窗格的【事件】选项卡中单击【单击】行右侧的省略号按钮，打开【选择生成器】对话框。

step ④ 在【选择生成器】对话框中选中【宏生成器】选项后，单击【确定】按钮，进入【宏设计器】，在第一行的【操作】栏中选择 If 选项，设置条件为【[form].[Dirty]】，即当检测到当前窗体中存在数据时，运行 SaveRecord 命令，将数据存储到数据表中。

step ⑤ 在第二行的【操作】栏中选择 GotoRecord 选项，设置为【新记录】，即当用户执行了上一句命令以后，在该命令中将记录光标移到【新记录】行中，以方便接受输入新的数据。

step ⑥ 在第三行的【操作】栏中选择

GotoControl 选项，控件名为 Company，执行该语句后，系统将光标移到 Company 字段，以利于从头开始输入。

step ⑦ 使用相同的方法，为【添加客户订单】窗体和【添加采购订单】窗体设置【添加并新建】按钮。也可以直接将设置好的按钮复制到另两个窗体中，嵌入式宏也会作为按钮属性一起被复制。

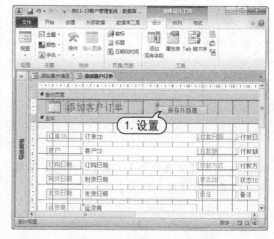

step ⑧ 复制成功后，用户根据实际情况，将 GotoControl 命令中的 Company 改为相应的名称即可。

11.6.5 【客户订单】窗体代码

下面将创建【客户订单】窗体，并添加控件和代码，实现窗体和查询之间的交互功能。

【例 11-35】创建【客户订单】窗体，并为窗体中的【订单查询】按钮添加【单击】事件过程。

📀 视频+素材 (光盘素材\第 11 章\例 11-35)

step ① 打开【客户管理系统】数据库，创建如下图所示的【订单查询】窗体。

step ② 根据下表所示设置【订单查询】窗体中各控件的名称等属性。

类　型	名　　称	标　题
标签	开始时间标签	开始时间：
标签	结束时间标签	结束时间：
文本框	开始时间	
文本框	结束时间	
按钮	订单查询	订单查询
按钮	取消	取消

step ③ 在【订单查询】窗体的【设计视图】中选择【订单查询】按钮。在【属性表】窗格中选中【事件】选项卡，在【单击】行中选择【事件过程】选项，并单击选项右侧的省略号按钮，如下图所示。

step ④ 进入 VBA 编辑器，自动新建一个名为【订单查询_Click】的过程，输入以下 VBA 代码，为按钮控件添加【单击】事件过程：

```
Private Sub 订单查询_Click()
If [开始时间] > [结束时间] Then
MsgBox "结束时间必须大于开始时间！"
DoCmd.GoToControl "开始时间"
Else
DoCmd.OpenQuery "客户订单"
Me.Visible = fakse
End If
End Sub
```

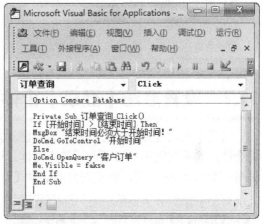

step ⑤ 保存以上 VBA 代码，为【订单查询】按钮控件添加【单击】事件过程。该事件过程的作用是在单击【订单查询】按钮时，系统自动检查【开始时间】、【结束时间】文本框中的值，并自动对比【开始时间】和【结束时间】的大小。如果【开始时间】大于【结束时间】，则提示出错，如果没有错误，则继续执行，打开【客户订单】查询

【例11-36】在【订单查询】窗体中为【取消】按钮添加【单击】事件过程。

🔘视频+素材 (光盘素材\第11章\例11-36)

step 1 在【订单查询】窗体的【设计视图】中选中【取消】按钮，然后在【属性表】窗格的【事件】选项卡中为【单击】行设置【事件过程】选项，并单击选项右侧的省略号按钮。

step 2 进入VBA编辑器，自动创建【取消_Click()】的Sub过程，输入以下代码：

```
Private Sub 取消_Click()
DoCmd.Close
End Sub
```

step 3 保存VBA代码，为【取消】按钮控件

加上【单击】事件过程。该单击事件过程的作用是在单击【取消】按钮时，系统关闭登录按钮，如下图所示。

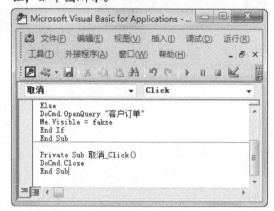

11.7 设置启动【登录】窗体

当用户双击打开程序时，有时为了使用方便，需要直接进入某个窗体；或者为了系统的安全性，需要强制用户必须通过某个窗体。这时，自动启动窗体就显得非常有用了。本节将编写一个AutoExec宏，以实现自动启动【登录背景】窗体和登录【窗体】。

【例11-37】编写一个AutoExec宏，实现自动启动窗体【登录背景】窗体和【用户登录】窗体。

🔘视频+素材 (光盘素材\第11章\例11-37)

step 1 打开【客户管理系统】数据库，选择【创建】选项卡下的【宏代码】组中的【宏】按钮，新建一个名为AutoExec的宏。

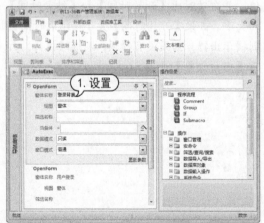

step 2 这样，当重新启动数据库时，就可以自动运行AutoExec宏，自动打开【登录背景】窗体和【登录】窗体，效果如右下图所示。